MANDARA10
パーフェクトマスター

谷 謙二 著

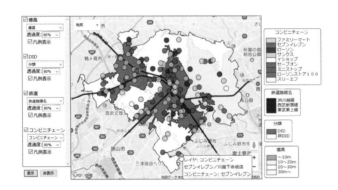

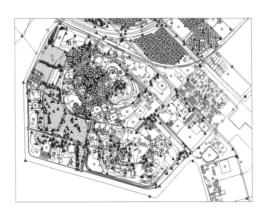

古今書院

はじめに

　地理情報分析支援システム「MANDARA」は，Windows 対応のフリーGIS（地理情報システム）ソフトで，地域統計など様々なデータを地図化することができます。2011 年にはバージョン 9.31 に対応した『フリーGIS ソフトMANDARAパーフェクトマスター』を出し，その機能を詳しく解説しました。その後もバージョン 9 が使われていましたが，このほどプログラムを全面的に書きかえ，さらに使いやすくなった「MANDARA10（テン）」を公開しました。本書は MANDARA10 のほぼすべての機能を網羅した解説書です。

　MANDARA は，筆者が 1990 年代の初めから開発を継続しているソフトです。その間 GIS は，著しく発展してきました。2000 年代になってからは，Web 上で動作するWebGIS の利用が拡大しました。Google マップ等の地図サイトでも，最短経路探索のような GIS 機能が使われるようになり，スマートフォンの普及で身近なものとなりました。日常的な地図利用は，紙地図から Web に移行したといっても過言ではないでしょう。

　WebGIS は，地図の閲覧にはたいへん便利ですが，複雑な分析やデータの生成のような，ユーザが詳細な設定を必要とする領域に関しては，現在でも PC 上で動作するスタンドアローン GIS が有効です。この間，スタンドアローン GIS は，オープンソースソフトウェアの「QGIS」が普及するなど，変化が起こっています。そうした中でも，Excel との連携や，難しい GIS の概念を知らなくても操作できる点などが評価され，MANDARA は幅広い領域で利用されています。

　本書は短めのサンプルデータを使って，MANDARA10 の各種機能を紹介し，体験してもらえるように構成しています。必要に応じて機能を調べる，リファレンス・マニュアルとしても使用できますが，特に第 1 章から第 6 章までは，属性データの作成から読み込み・表示までを扱っているので，MANDARA 初心者の方が学習するのに適しています。経験者の方も，同じことを実現するために多様な方法があることを知れば，より効率的な活用が可能になります。

　第 7 章から第 10 章にかけては，地図データの作成・編集について解説しており，サンプル地図データを詳細な解説に沿って編集することができます。特に，第 9 章の時空間モード地図ファイル，第 10 章の集成オブジェクトなどは，MANDARA 独自の便利な地図データ編集機能なので，ぜひ試していただきたいと思います。既存の地図データを MANDARA 上で自由に加工し，さらに加工した地図データをシェープファイルで出力すれば，他の GIS ソフトと連携することも可能です。第 11 章では，GPS データの利用などで拡充された移動データモードを紹介し，第 12 章では共通して使われる画面を紹介しています。また本書では，各所に「アルゴリズム」欄を設け，MANDARA で使用している機能の仕組みを解説しています。GIS を使うだけでなく，GIS を作りたいと考えている人にも参考にしてもらえれば嬉しい限りです。

　長期にわたり本ソフトの開発を続けることができたのも，多くのユーザの皆様のおかげです。Web サイト（http://ktgis.net/mandara/）の掲示板では，プログラムのバグの報告や機能改善のヒントをいただいています。大学での MANDARA の実習を通して，より効率的な処理方法のヒントを得ることもありました。最後に，以前のテキストからお世話になっている古今書院編集部の原光一氏には，本書の出版においてもご尽力いただきました。ここに感謝申し上げます。

2018 年 3 月　谷　謙二

本書の使い方

■参照先の表記
　本書では関連する箇所を参照しやすいよう，参照先のページを【p.317】のように【　】でくくって示しています。

■メニューの表記
　メニューの階層を示す場合は[ファイル]>[新規作成]のように[　]と＞の記号で示しています。

■ボタン等の表記
　操作画面でボタンやテキストボックスの入力欄を示す際には[　]でくくって示しています。

■図
　本書に掲載している図の画面表示は，Windows 10 で表示したものです。OS のバージョンや画面設定によって，画面表示は異なることがあります。

■サンプルデータの表記
　サンプルデータを参照する場合は，データのフォルダ名を[　]で，ファイル名を「　」でくくって示しています。サンプルデータのダウンロード先については【p.4】を参照してください。

■本書で使用するPCの条件
・インターネットに接続している PC
・オペレーティングシステム(OS)
　　　Windows 7/8/8.1/10 のいずれか
・必要なソフトウェア
　　　Microsoft Excel
　　　地理情報分析支援システム「MANDARA10」のインストールについては【p.3】を参照してください。

■お問い合わせ
　本書の内容に関するお問い合わせは，E-mail のほか，MANDARA の Web サイトの掲示板でも受け付けています。
　　　E-mail: mandara@ktgis.net
　　　MANDARA ホームページ: http://ktgis.net/mandara/

＊地理情報分析支援システム「MANDARA」の著作権は谷 謙二が有します。
＊Microsoft, Windows, Excel は，米国 Microsoft Corporation の登録商標です。
＊その他，本書に記載されている会社名，製品名，プログラム名などは，一般に各社の商標または登録商標です。
＊本書で紹介されているウェッブサイトは，2018 年 3 月現在のものです。その後，名称や URL，画面のレイアウト等が変更されている可能性があります。

目　次

第 1 章　地理情報分析支援システム「MANDARA」
- 1.1　MANDARA の特徴 1
- 1.2　MANDARA のインストールとサンプルデータのダウンロード 3
  - 1.2.1　MANDARA10 のインストール
  - 1.2.2　サンプルデータのダウンロード
- 1.3　フォルダ・ファイル構成 5
- 1.4　MANDARA の画面 8
- 1.5　最新バージョンのチェックと更新 9
- 1.6　地図ファイルとオブジェクト 10
- 1.7　地図ファイルとレイヤ 13
- 1.8　地図ファイルを見る 14
  - 1.8.1　白地図・初期属性データ表示
  - 1.8.2　複数の地図ファイルを表示

第 2 章　Excel 上での属性データの作成
- 2.1　属性データと地図ファイル 18
  - 2.1.1　地図ファイルとオブジェクト
  - 2.1.2　付属の地図ファイル
- 2.2　Excel でタグを使って属性データ作成 20
  - 2.2.1　MANDARA タグの設定
  - 2.2.2　属性データを MANDARA に読み込む
  - 2.2.3　属性データ項目の種類
  - 2.2.4　データの欠損値とデータ項目の注釈の設定
  - 2.2.5　時空間モード地図ファイルを使う
  - 2.2.6　地点定義レイヤの設定とダミーオブジェクト
  - 2.2.7　メッシュレイヤの設定
  - 2.2.8　オブジェクトの形状の設定
  - 2.2.9　複数レイヤの設定
  - 2.2.10　複数地図ファイルの設定
- 2.3　MANDARA タグ一覧 34
  - 2.3.1　全体にかかるタグ
  - 2.3.2　レイヤにかかるタグ
  - 2.3.3　データ項目にかかるタグ
  - 2.3.4　データ項目の特性に関するタグ
- 2.4　属性データ読み込み時のエラー 43

第 3 章　属性データ編集機能
- 3.1　属性データ編集機能で新規作成 45
  - 3.1.1　属性データの作成
  - 3.1.2　属性データ編集画面
- 3.2　機能解説 48
  - 3.2.1　データの入力方法
  - 3.2.2　レイヤ操作

3.2.3　オブジェクト名コピーパネル
　3.3　初期属性追加 51
　　　3.3.1　オブジェクトグループごとに初期属性データを追加
　　　3.3.2　必要なオブジェクトのみに初期属性データを追加
　3.4　属性データ修正後の新旧対応設定 53

第 4 章　設定画面と属性データの地図化

　4.1　設定画面とデータ表示モード 55
　4.2　データ表示モード 56
　　　4.2.1　表示方法
　　　4.2.2　表示方法の選択
　　　4.2.3　デフォルトの表示方法
　4.3　単独表示モード 61
　　　4.3.1　階級区分モード
　　　4.3.2　記号モード
　　　4.3.3　等値線モード
　　　4.3.4　文字モード
　　　4.3.5　線形状オブジェクトの表示
　4.4　グラフ表示モード 92
　　　4.4.1　円グラフモード
　　　4.4.2　帯グラフモード
　　　4.4.3　折れ線グラフモード
　　　4.4.4　棒グラフモード
　4.5　ラベル表示モード 99
　　　4.5.1　ラベル表示モードの設定画面
　　　4.5.2　ラベル表示位置の移動
　4.6　重ね合わせ表示モード 102
　　　4.6.1　重ね合わせ表示モードへの設定方法
　　　4.6.2　常に重ねる設定
　　　4.6.3　異なる形状のレイヤの重ね合わせ
　　　4.6.4　タイル画像の使用
　4.7　連続表示モード 109
　　　4.7.1　連続表示モードへの設定方法
　　　4.7.2　連続表示モードのファイル出力

第 5 章　設定画面のメニューと機能

　5.1　ファイルメニュー 114
　　　5.1.1　上書き保存・名前をつけて保存
　　　5.1.2　データ挿入
　　　5.1.3　シェープファイル読み込み・出力
　5.2　編集メニュー 121
　5.3　分析メニュー 122
　　　5.3.1　空間検索
　　　5.3.2　距離測定
　　　5.3.3　面積・周長取得
　　　5.3.4　データ計算

  5.3.5 時系列集計
  5.3.6 レイヤ間オブジェクト集計
  5.3.7 クロス集計
  5.3.8 属性検索設定
  5.3.9 表示オブジェクト限定
 5.4 ツールメニュー 146
  5.4.1 記号表示位置等操作
  5.4.2 オブジェクト名入れ替え
  5.4.3 オプション

第 6 章 出力画面の機能

 6.1 出力画面 150
  6.1.1 画面構成
  6.1.2 右クリックメニュー
 6.2 ファイルメニュー 154
  6.2.1 画像の保存
  6.2.2 KML 形式で保存
  6.2.3 Google マップに出力
  6.2.4 タイルマップ出力
 6.3 編集メニュー 163
 6.4 分析メニュー 164
  6.4.1 標準偏差楕円
  6.4.2 複数オブジェクト選択
  6.4.3 距離・面積測定
 6.5 表示メニュー 169
  6.5.1 地図画面サイズ変更
  6.5.2 表示範囲指定
  6.5.3 画面設定保存・切り替え
  6.5.4 ダミーオブジェクト・グループ変更
  6.5.5 背景画像設定
  6.5.6 3D 表示
  6.5.7 オブジェクト名・データ値表示
 6.6 オプションメニュー 178
  6.6.1 全般タブ
  6.6.2 背景・描画タブ
  6.6.3 凡例設定タブ
  6.6.4 欠損値の凡例タブ
  6.6.5 スケール設定タブ
 6.7 図形モードメニュー 187
  6.7.1 文字
  6.7.2 線・多角形
  6.7.3 四角形
  6.7.4 円
  6.7.5 オブジェクト円
  6.7.6 点

   6.7.7 画像
   6.7.8 図形一覧
 6.8 印刷メニュー 195

第 7 章　マップエディタと地図ファイルの作成

 7.1 マップエディタの画面 196
 7.2 ファイルメニュー 197
   7.2.1 地図ファイル保存
   7.2.2 地図ファイルの挿入
   7.2.3 シェープファイル出力
 7.3 編集メニュー 200
 7.4 オブジェクト編集メニュー 201
   7.4.1 オブジェクト名編集
   7.4.2 オブジェクト名置換
   7.4.3 オブジェクト名一括変換
   7.4.4 オブジェクト名のクリック割り当て
   7.4.5 代表点座標の一括設定
   7.4.6 初期属性データ編集
   7.4.7 初期時間属性データ編集
   7.4.8 時間設定
 7.5 ライン編集メニュー 211
   7.5.1 ラインの取り込み
 7.6 表示メニュー 213
 7.7 地図データ取得メニュー 214
   7.7.1 Export(e00)形式ファイル
   7.7.2 基盤地図情報
   7.7.3 オープンストリートマップデータ
   7.7.4 統計 GIS 国勢調査小地域データ
   7.7.5 標高データから等高線取得
 7.8 設定メニュー 228
   7.8.1 座標変換
   7.8.2 投影法変換
   7.8.3 オプション
 7.9 右側操作パネル 232
   7.9.1 オブジェクト編集パネル
   7.9.2 複数オブジェクト編集パネル
   7.9.3 時空間モードオブジェクト編集パネル
   7.9.4 ライン編集パネル
   7.9.5 複数ライン編集パネル

第 8 章　地図データの編集

 8.1 地図編集の実例－基本編－ 236
   8.1.1 新規オブジェクト作成
   8.1.2 ラインを修正して面形状オブジェクトに
 8.2 地図編集の実例－初級編－ 239
   8.2.1 オブジェクトグループと線種

8.2.2 新設鉄道路線の作成－線形状オブジェクト－
8.2.3 新設駅の作成－点形状オブジェクト－
8.2.4 行政界の変化
8.2.5 市町村の合併
8.2.6 線種の追加と変更
8.2.7 オブジェクトグループと面形状オブジェクトの追加
8.2.8 県外の駅・鉄道オブジェクトの削除
8.2.9 緯度経度による点オブジェクトの追加と初期属性の設定
8.3 地図編集の実例－中級編－ 256
8.3.1 オブジェクトグループと初期属性，線種の確認
8.3.2 オブジェクト名を市町村名とし，市町村ごとに1つのオブジェクトにする
8.3.3 市町村の境界線を共有させ，位相構造化する
8.3.4 県境・海岸線の線種を作成
8.3.5 湖沼を市町村の行政界に設定する
8.3.6 ラインの精度を下げる，小さなループを削除する
8.3.7 メッシュオブジェクトの作成

第9章 時空間モード地図ファイルの作成

9.1 時間情報の必要性 276
9.2 時間情報を付与する要素 277
9.2.1 時間属性を付与できる要素
9.2.2 オブジェクト名の期間設定
9.2.3 オブジェクトの使用するラインの期間設定とオブジェクトの継承設定
9.2.4 代表点とラインの期間設定
9.2.5 初期属性の期間設定
9.3 時空間モード地図ファイルの作成例 282
9.3.1 オブジェクトグループ連動型線種
9.3.2 オブジェクト名への期間設定
9.3.3 オブジェクトの編入と新設合併
9.3.4 区オブジェクトの作成
9.3.5 時間情報の一括設定
9.3.6 初期時間属性の設定

第10章 集成オブジェクトの作成

10.1 集成オブジェクト作成の準備 299
10.1.1 集成オブジェクトとは
10.1.2 集成オブジェクトの作成計画
10.2 集成オブジェクトの作成 301
10.2.1 オブジェクトグループとオブジェクトグループ連動型線種の設定
10.2.2 集成オブジェクトの作成
10.3 集成オブジェクトへの時間設定 306
10.3.1 時間変化
10.3.2 構成オブジェクトの構成期間設定
10.3.3 集成オブジェクトの結合
10.3.4 新設・終了・継承

第 11 章　移動データの表示	
11.1　移動データ描画の準備	310
11.2　移動データの描画	312
11.3　オプション設定	316
11.4　緯度経度による滞在地点指定	317
11.5　GPX ファイルのデータの取り込み	319

第 12 章　共通ウィンドウ	
12.1　ハッチ設定画面	322
12.2　記号設定画面	323
12.3　フォント設定画面	324
12.4　背景フレーム設定画面	324
12.5　ラインパターン設定画面	325
12.6　画像選択画面	327
12.7　サイズ・間隔・%について	328

文　　献	329
索　　引	331

コラム	
MANDARA 開発史①　－MS-DOS 時代－	12
MANDARA 開発史②　－Windows・インターネット時代へ－	42
MANDARA 開発史③　－地理教育への活用と時間情報－	60
MANDARA 開発史④　－集成オブジェクトの実装－	66
MANDARA 開発史⑤　－解説書の発行－	94
MANDARA 開発史⑥　－MANDARA10 の開発－	98
いろいろな GIS データ①　－日本－	121
いろいろな GIS データ②　－世界－	139
ジオコーディングと地図化の Web サイト	195
Web 等高線メーカーサイト	226
今昔マップ旧版地形図タイル画像配信・閲覧サービス	328

アルゴリズム	
等値線の描き方	86
四分木を利用した等値線取得の高速化	88
オブジェクトの空間検索の方法	152
タイルマップとは	162
境界線自動設定	265
位相構造暗示式と明示式	297
過去の行政界を復元する 2 つの方法	298

第1章 地理情報分析支援システム「MANDARA」

1.1 MANDARAの特徴

■データをさまざまな表現方法で地図化できます

　地理情報分析支援システム「MANDARA」を使うと，塗りつぶしやハッチ，記号の大きさや等値線，段彩図など各種データを多様な表現方法で地図上に示し，空間的な情報をわかりやすく伝えることができます。

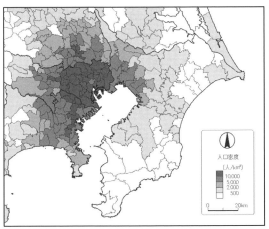
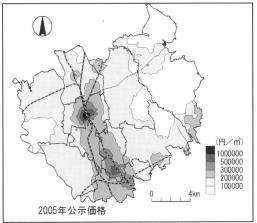

■Excel上のデータを簡単に取り込めます

　Excelのデータを範囲を選択してコピーし，MANDARAに取り込んで簡単に地図化できます。

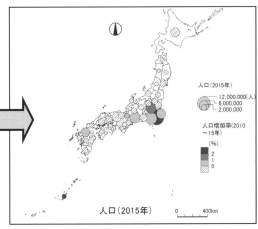

■地図の時間的な変化を扱うことができます

任意の年月日の市区町村界を表示できる地図ファイルが付属しているので，合併によって市町村が変化しても地図化には困りません。下の図では左側が 2000 年の行政界，右側は 2015 年の行政界で人口密度を表示しています。ずいぶん合併が進んだことがわかります。

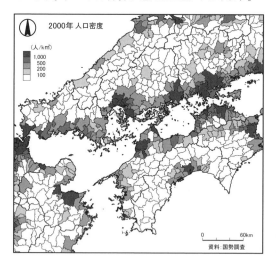
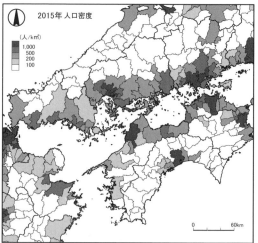

■Google Earth やシェープファイルへ出力できます

MANDARA では，作成した地図を画像ファイルとして保存できるほか，GIS の標準フォーマットであるシェープファイル形式での出力や，Google Earth のファイル形式である KML 形式での出力も可能です。右の図は，関東地方の 3 次メッシュ昼間人口データを MANDARA で表示した後，KML 形式で出力して Google Earth で表示したもので，棒の高さで昼間人口数を示しています。

■地図データを作成・編集できます

地図に統計データを表示するには，ベースとなる地図データが必要となります。MANDARA には，日本の市区町村や都道府県の行政界の入った地図ファイル，中国の省，アメリカ合衆国の州，世界の国の境界線の情報の入った地図ファイルが付属しています。それらを使う限りは地図ファイルの作成方法について詳しく知る必要はありません。

一方，市町村内の狭い範囲や，外国など，付属の地図ファイルで対応できない地域を地図化したい場合もあります。そうした場合は，ユーザ自身で地図ファイルを作成することができます。現在では無償・有償を含めさまざまな地図データが存在しており，国外のデータも含めれば膨大な量にのぼります。MANDARA ではそれらの地図データを取り込み，MANDARA 用の地図ファイルとして保存することができます。また，取り込んだデータを編集し，ユーザの必要なデータに修正することができます。

1.2 MANDARA のインストールとサンプルデータのダウンロード

1.2.1 MANDARA10 のインストール

■インストールに必要なパソコン
OS: Microsoft Windows 7/8/8.1/10
.NET Framework 4.5 以降
必要なハードディスクの空き容量：約 60MByte

■ソフトは無料でダウンロード・インストールできます。
まず Web サイトから MANDARA をダウンロードし、パソコンにインストールしてください。ソフトは無料です。
http://ktgis.net/mandara/

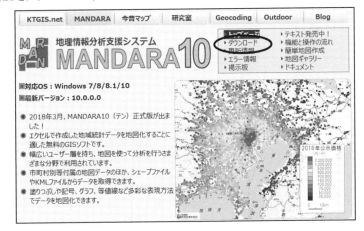

本書は MANDARA10 のバージョン 10.0.0.0 に対応していますが、より新しいバージョンが出ている場合は、最新のものをダウンロードしてください。

ダウンロードしたファイルを実行すると、インストーラが起動します。画面の指示に従ってインストールしてください。インストールの際は管理者権限で実行してください。

インストールすると、Windows のスタートボタン内の「すべてのアプリ」に MANDARA が登録されます。また、デスクトップには MANDARA のアイコンが表示されます。インストールが済んだら、ダウンロードしたファイルは削除しても構いません。

インストール後に、インターネットに接続した状態で、一度 MANDARA を実行してください。最初の実行時に、[ドキュメント]フォルダ内に[MANDARA10]フォルダが作成され、地図ファイル等のデータファイルが作られます。

アンインストールするには、Windows10 の場合、スタートメニューから、[設定]＞[アプリ]＞[アプリと機能]から行ってください。アンインストールを行っても、[ドキュメント][MANDARA10]フォルダは削除されないので、手動で削除してください。

> **参考**　「インストール不要版」について
> 　　ダウンロードページには、「インストール不要版」というファイルもあります。「インストール不要版」を使う場合は、ダウンロード後にファイルを展開（解凍）し、出てきたフォルダ内の MANDARA10.exe を直接実行できます。パソコンにインストール作業を行わなくても使えるわけです。ただし、パソコンのセキュリティ設定によっては実行できない場合もあります。

1.2.2　サンプルデータのダウンロード

本書で使用するサンプルデータは次の URL からダウンロードできます。

　http://ktgis.net/mandara/text/master10.html

ダウンロードしたファイルを解凍すると，各章ごとのサンプルデータの入ったフォルダと，[サンプル地図ファイル]フォルダが現れます。このうち[サンプル地図ファイル]フォルダの中に含まれるファイルは，すべて[ドキュメント][MANDARA10]フォルダ中の[MAP]フォルダにコピーしてください。

各章ごとのフォルダ内のサンプルデータは，MANDARA で開くための MDRZ ファイル，Excel で開くための CSV ファイル，XLSX ファイルです。そのため，Excel または Excel と互換性のある表計算ソフトが必要となります。

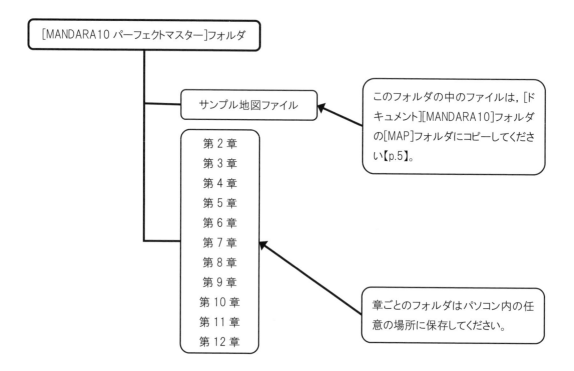

参考　圧縮ファイルと拡張子の表示

　拡張子が「ZIP」のファイルは，ファイルサイズを小さくするために圧縮されているので，展開（解凍）する必要があります。無償の解凍ソフトをインターネットからダウンロードしてインストールすると便利ですが，インストールされていない場合は，圧縮ファイルを右クリックし，[すべて展開]メニューを選択して展開してください。

　また，パソコンで拡張子が表示されない設定になっている場合は，拡張子を表示するようにしてください。Windows 10 の場合は，エクスプローラーを表示し，[表示]タブから「ファイル名拡張子」にチェックします。

1.3 フォルダ・ファイル構成

ここでは、MANDARA をインストールした際に作成されるフォルダとファイルの概要、および MANDARA で入出力するファイルを説明します。

■インストールされるファイル

インストールの際に変更しなければ、「C:¥Program Files (x86)¥MANDARA10」というフォルダにインストールされるので、開いてみてください。

実行ファイル・ライブラリ：プログラムが入っているファイルです。

MANDARA10.exe	MANDARA の本体です。
MANDARA10Update.exe	MANDARA の更新時に使用する実行ファイルです。
KTGISUserControl.dll	MANDARA10 から呼び出されるライブラリです。
alzs.dll	ごぉき様作成のデータ圧縮 DLL です。

データファイル・フォルダ

MarkShape.csv	既定記号の形状データです。
japan_indexfile.mpfz	プログラム内部で使用する日本地図の輪郭線データが入っています。
world_indexfile.mpfz	プログラム内部で使用する世界地図の輪郭線データが入っています。
mapfiles.zip	初回実行時に [ドキュメント]フォルダの[MANDARA10][MAP]フォルダに展開されます。
samplefiles.zip	初回実行時に [ドキュメント]フォルダの [MANDARA10][SAMPLE]フォルダに展開されます。
[HELP]フォルダ	プログラムのヘルプで表示される HTML ファイルが入っています。

■MANDARA10 フォルダに作成されるフォルダとファイル

初回実行時には、[ドキュメント] [MANDARA10]フォルダが作成され、その中に次のサブフォルダおよびファイルが作成されます。

[Map]	MANDARA で使用する地図ファイルが保存されています。デフォルトでは、このフォルダ内の地図ファイル（拡張子 MPFZ）が使用されます。付属の地図ファイルについては【p.19】をご覧ください。
[Sample]	属性データのサンプルが入っています。
settings.xml	使用ファイルの履歴等の情報が入った設定ファイルです。
Color_settings.xml	ユーザが作成した色や最近使用した色の情報が入っています。
Line_settings.xml	ユーザが作成した線種や最近使用した線種の情報が入っています。

kjmapdata.js tilemapdata.xml dataversion.txt	背景画像で使用されるタイルマップサービスの情報です。これらのファイルは，初回実行時にネットに接続されている場合，Web から自動的にダウンロードされます。

■MANDARA で作成するファイル

MANDARA で作成されるデータには次の 3 種類があり，それぞれ異なる拡張子のファイルで保存されます。

種類	拡張子	保存箇所	内容
地図ファイル	MPFZ MPFX	マップエディタ	地図データのオブジェクトの座標などが保存されています。基本的に上記[MAP]フォルダに保存します。MPFZ ファイルは MPFX ファイルを ZIP 圧縮したものです。
	MPF		MANDARA9 までで作成された旧地図ファイルです。
属性データファイル	MDRZ	設定画面	属性データと，MANDARA 上でのさまざまな表示設定が保存されます。
	MDR		MANDARA9 までで作成された旧属性データファイルです。
地図ファイル付属形式の属性データファイル	MDRMZ	設定画面	属性データとともに，地図ファイルの内容も保存されています。データを配布する際に 1 つのファイルですむ利点があります。
	MDRM		MANDARA9 までで作成された旧地図ファイル付属形式ファイルです。

■MANDARA にインポートできるファイル

MANDARA では，外部で作成した属性データおよび地図データをインポートして使用することができます。

種類	拡張子	読み込み箇所	内容
クリップボード		設定画面	クリップボードはファイルではありませんが，Excel 上でコピーした MANDARA タグつきのデータをクリップボードから読み込むことができます。
属性データ	CSV	設定画面	MANDARAタグを付加したCSVファイルを読み込めます【p.21】。
シェープファイル	SHP	設定画面 マップエディタ	シェープファイルは GIS で広く使用されるファイル形式です。設定画面で直接読み込んで表示するほか，マップエディタで読み込んで編集することもできます【p.117】【p.214】。
e00 ファイル	E00	マップエディタ	e00 ファイルは，位相構造を持つテキスト形式の GIS データファイルです。マップエディタで読み込んで編集します【p.215】。

種類	拡張子	入力箇所	内容
KML/KMZ ファイル	KML KMZ	マップエディタ	KML/KMZファイルはGoogle Earthなど広く使われているファイル形式です。マップエディタで取り込んでMANDARAの地図ファイルにすることができます【p.214】。
GPX ファイル	GPX	属性データ編集画面, 図形モード	GPXファイルはGPSデータを記録したファイル形式で, 属性データ編集画面から移動データとして取り込むことができます【p.319】。また, 図形モードでも線として取り込めます【p.190】。
標高データ		マップエディタ	国土地理院の基盤地図情報のDEMやSRTMなどの標高データから等高線データを作成し, MANDARAの地図ファイルとして保存することができます【p.222】。
外部地図データ		マップエディタ	自由に使えるオープンストリートマップのデータや, 国土地理院の基盤地図情報, 総務省統計局の統計GIS国勢調査小地域データを地図データとして取り込むことができます【p.216】。

■MANDARAからエクスポートできるファイル

MANDARAで作成したデータや画像を他のソフトで利用するために出力することができます。

種類	拡張子	出力箇所	内容
シェープファイル	SHP	設定画面 マップエディタ	シェープファイルはGISで広く使用されるファイル形式です。拡張子SHP, SHX, DBF, PRJの4つのファイルが作成されます【p.120】【p.200】。
KML ファイル	KML	出力画面	KMLファイルはGoogle Earthで表示できるファイル形式です【p.155】。
HTML	HTML	出力画面	HTMLファイルはインターネットで閲覧するためのファイル形式です。連続表示モードで作成した画像を切り替えて表示するページを出力することができます【p.112】。 また, Googleマップで表示する形式で出力することもできます【p.158】。
画像ファイル・メタファイル	EMF JPEG PNG BMP	出力画面	表示された地図を画像として保存します。拡張メタファイルのEMF形式は, ベクターデータなのでドロー系ソフトで編集できます【p.154】。 Web地図サービスで使用できる, タイルマップ形式の画像で出力することもできます【p.160】。

1.4 MANDARAの画面

起動画面

MANDARAを実行して最初に現れる画面です。属性データの読み込みや，属性データ編集画面，マップエディタの画面に移ることができます。

設定画面

属性データを読み込み，さまざまな表現方法で表示するための設定を行う画面です。ここから[描画開始]ボタンをクリックすると出力画面に指定された設定で地図が表示されます。

出力画面

設定画面で設定した状態で地図が表示されます。画像のコピー，ファイルへの出力や，文字・図形の追加などの機能があります。

属性データ編集画面

属性データの作成・修正，レイヤの追加などを行うことができます。

マップエディタ

地図ファイルを作成・編集する画面です。シェープファイルや基盤地図情報，標高データといった，さまざまな外部の地図データを読み込むことができます。読み込んだデータはユーザで編集することができ，MANDARA用の地図ファイルとして保存します。

1.5 最新バージョンのチェックと更新

現在使用している MANDARA のバージョンをチェックし，最新バージョンかどうかをチェックします。その際，インターネットに接続している必要があります。より新しいバージョンがある場合は，更新することができます。

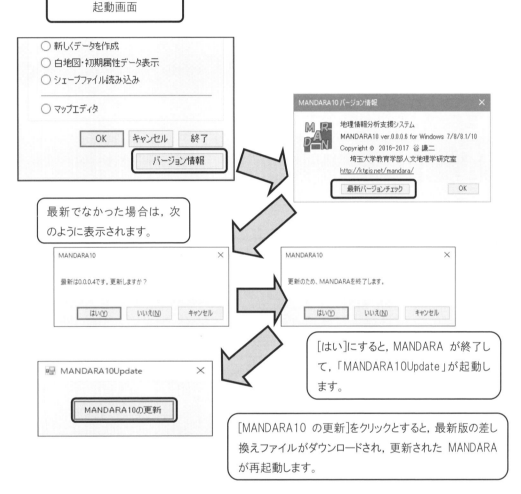

参考　ベクターとラスター

MANDARA では次ページで述べるように主にベクターデータを扱います。ベクター以外に，ラスターデータというデータがあります。これは右図のように地表面を細かなグリッド（メッシュ）で区切り，その内部を数値化して示したデータで，標高や土地利用など地表面全域を覆うデータで使われます。MANDARA でラスターデータを扱う場合は，小さな四角形のオブジェクトとして処理します。

1.6 地図ファイルとオブジェクト

　土地や建物など，地表にはいろいろなモノがありますが，これらをまとめて「地物」と呼んでいます。GIS ではこの地物をコンピュータで扱いやすいよう，位置や形状を緯度経度の座標などの数値に変換して記録しています。その変換の際に，単に地図上の模様・絵として座標を記録するのではなく，要素の形状ごとに大きく点・線・面の3つに分類して記録しています。このようなデータをベクターデータと呼び，MANDARA では主にこのベクターデータを扱います。

　たとえば日本全体を考えれば，都道府県は面の形状，高速道路は線の形状，都道府県庁の位置は点の形状として分類できます。GIS によっては，それぞれの地物の要素を「フィーチャ」と呼び，形状ごとにファイルを分けて「レイヤ」と呼んで管理しているものもあります。一方 MANDARA では，点・線・面の3つ形状すべてを同一の地図ファイルに含めることができ，それぞれの構成要素を「オブジェクト」と呼んでいます。

　MANDARA の地図ファイルの内容は次のようになっています。個々のオブジェクトは，同一の形状・性質を持つ「オブジェクトグループ」にまとめられています。また図の中で「ラインに関する情報」とは，線・面形状オブジェクトを構成しているラインについての座標等の情報になります。

地図ファイルの内容

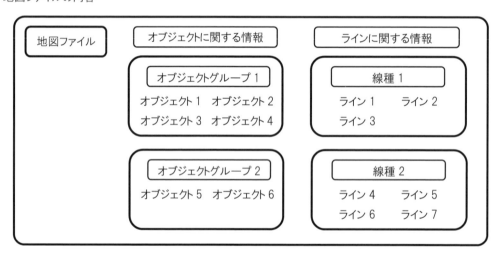

　個々のオブジェクトの持つ主要な情報は次のようになります。「オブジェクト名」はオブジェクトを呼び出す際の ID となる情報です。空間属性として代表点の座標と，輪郭となるラインへの参照情報を持っています。空間属性とは別に，任意の情報を「初期属性データ」として設定できます。

地図ファイル中のオブジェクトの持つ情報

次に形状ごとのオブジェクトの特徴は次のようになります。各形状オブジェクトの代表点は，記号やラベルの表示，オブジェクト間の距離の測定の際の基準になります。線形状・面形状のオブジェクトは，それぞれラインを参照し，自身の形状を構成します。

形状ごとのオブジェクトの特徴

オブジェクトの形状	点	線	面
模式的なパターン			
記録される空間属性	代表点の位置	代表点の位置，使用するライン	代表点の位置，使用するライン
備考	1つのオブジェクトは1つの代表点からなる。	1つのオブジェクトは，1本以上のラインと，1つの代表点からなる。	1つのオブジェクトは，1本以上のラインによって作られた閉じた領域と，1つの代表点からなる。隣接する面形状オブジェクトは，境界線を共有する。

たとえば次の図は，面形状オブジェクトの群馬県，埼玉県を示しています。それぞれのオブジェクトの輪郭となるラインは，交点で分かれた線分となっています。この中で，群馬県と埼玉県の境となる⑤のラインは，両方のオブジェクトに共有されています。これによって，隣接しているオブジェクトがすぐにわかります。こうした隣接関係などを保持しているデータを，位相構造を持つデータと呼びます。隣接関係がわかるだけでなく，境界の座標が変わった場合も共有する1本のラインの座標を変更するだけですみ，記録する座標の数も半分ですむので，データ管理上も都合のよい構造です。

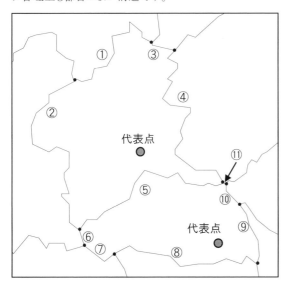

		群馬県オブジェクト	埼玉県オブジェクト
オブジェクト名		群馬県	埼玉県
空間属性	ラインへの参照	①②③④⑤	⑤⑥⑦⑧⑨⑩⑪
	代表点	X,Y	X,Y
属性データ	初期属性データ	人口，面積…	人口，面積…
	属性データ	店舗数，…	店舗数，…

地図ファイルの作成・編集はすべて「マップエディタ」で行います。前記のオブジェクトは，それぞれ代表点を持ち，ラインを参照して自身の形状を構成しています。MANDARA ではこうした通常のオブジェクトに加え，他のオブジェクトを参照して自身を構成する「集成オブジェクト」というオブジェクトを作ることができます。この集成オブジェクトについては第 10 章で解説します。空間属性はすべて地図ファイル中に保存されますが，属性データのうち地図ファイル中に保存されたデータを「初期属性データ」と呼んでいます。

　また，オブジェクトにはさまざまな時間属性を設定することができます。時間属性を設定すると，オブジェクトの時間的な変化を記録し，任意の時期のオブジェクトとその形状，初期属性を取り出すことができるようになります。この時間属性の設定方法については第 9 章で解説します。

コラム　MANDARA 開発史①－MS-DOS 時代－

　本ソフトの開発は筆者自身で行っていますが，その開発の開始は 1992 年末頃のことで，当時筆者は大学学部 3 年生でした。

　最初の頃は NEC の PC-9801 という，当時のビジネス向けパソコンの中では最もシェアの高い機種に対応しており，MS-DOS という OS 上で動作していました。開発言語は N88-BASIC という言語です。BASIC 言語はマイクロソフト創業者のビル・ゲイツが開発した言語として知られています。しかし，当時のパソコンの実行速度は遅く，より高速に動作させるためにアセンブリ言語（CPU の実行可能な命令と 1 対 1 で対応する言語）をグラフィック関係の処理に使用していました。今ではまったく使う機会はありませんが，命令が非常に単純なので，複雑なコンピュータも実際は単純な作業の連続であるということを理解するのに役立つ言語です。

　また，当時のパソコンは OS の行う領域が非常に小さく，プログラミングにも労力がかかりました。現在ではプリンタメーカーから Windows 対応プリンタドライバが提供され，開発者はそのプリンタドライバを意識せずに印刷できます。しかし当時はプリンタドライバもプリンタごとに開発する必要があり，私も 3 種類ほどのプリンタに対応させました。同様にスキャナのドライバなども作成しました。

　当時は在学していた名古屋大学文学部地理学教室内の学生の間で使われていただけでしたので，ソフトの名前も当時筆者の自宅で飼っていたニワトリの名前をつけていたのですが，それがそのまま現在のソフトの名称になっています。今となっては，もう少しマシな名前を付ければよかったと思いますが…。

　DOS 版は雑誌「地理」で紹介させていただくことができ，（谷 1994），1995 年の日本地理学会秋季大会では，たまたま名古屋大学が会場となったこともあり，当時存在した「コンピュータセッション」で発表する機会を得ました。しかし，Windows95 の発売前で，またインターネットも発達前ということで，ソフトの配布は容易ではありませんでした。また既存データの種類も少なく，あっても高額という状況で，まさに GIS 黎明期といった感じでした。

（【p.42】に続く）

DOS 版用にアセンブリ言語で作成した多角形塗りつぶしプログラム（一部）

```
;93/3/12
;POLYGON_ PAINT
;CALL AD1(COL,PX(0),PY(0),F,P)
POLAD1:
        LES     SI,[BX]
        MOV     AX,ES:[SI]
        MOV     CS:[COL],AX
        LES     SI,4[BX]
        MOV     AX,ES:[SI]
        MOV     CS:[F],AX
        LES     SI,8[BX]
        MOV     AX,ES
        MOV     CS:[PY_SEG],AX
        MOV     CS:[PY_AD],SI
        LES     SI,12[BX]
        MOV     AX,ES
        MOV     CS:[PX_SEG],AX
        MOV     CS:[PX_AD],SI
        LES     SI,16[BX]
        MOV     AX,ES:[SI]
        MOV     CS:[SCREEN],AX
        PUSH    CS
        POP     DS
```

1.7 地図ファイルとレイヤ

　MANDARAの地図ファイルのオブジェクトと，MANDARAで「レイヤ」と呼ぶ構造の関係を説明します。まず，レイヤは属性データの中に作られるオブジェクトの集合です。地図ファイルの中には存在せず，属性データの中に指定の地図ファイルから抜き出して構成されています。その際，同一レイヤ内には，同一の時期設定で，同一の形状のオブジェクトが含まれている必要があります。

　たとえば次のような4種類のオブジェクトグループと10個のオブジェクトを含む地図ファイルがあったとします。

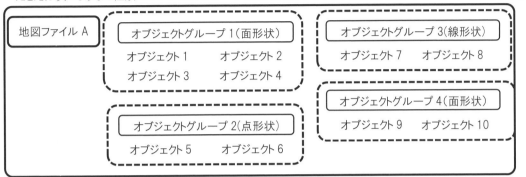

　この地図ファイルAを使用した属性データのレイヤでは，たとえば次のように設定できます。ここでは，レイヤ1にオブジェクトグループ1，4の面形状オブジェクトが4つ，レイヤ2にオブジェクトグループ2の点形状オブジェクトが2つ入っています。このように，レイヤには形状が同じであれば，異なるオブジェクトグループのオブジェクトを含めることができます。また，地図ファイル中の必要なオブジェクトだけを使用すればよく，不要なオブジェクトは無視することができます。

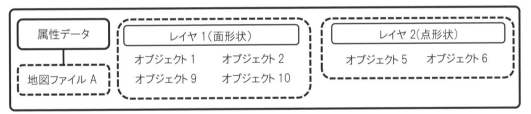

　そのほか，次のようなレイヤの設定など，いろいろなパターンでレイヤを構成することができます。

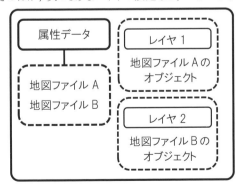

異なる地図ファイルのオ
ブジェクトでレイヤを構成

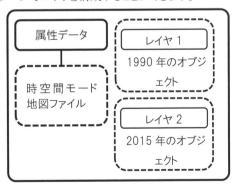

時空間モード地図ファイルの異
なる時期設定でレイヤを構成

1.8 地図ファイルを見る

1.8.1 白地図・初期属性データ表示

作成済みの地図ファイルの情報を見るために，最も簡便な方法は「白地図・初期属性データ表示」機能です。この機能は，起動画面から[白地図・初期属性データ表示]を選択するか，設定画面メニューの[ファイル]＞[白地図・初期属性データ表示]を選択して実行することができます。

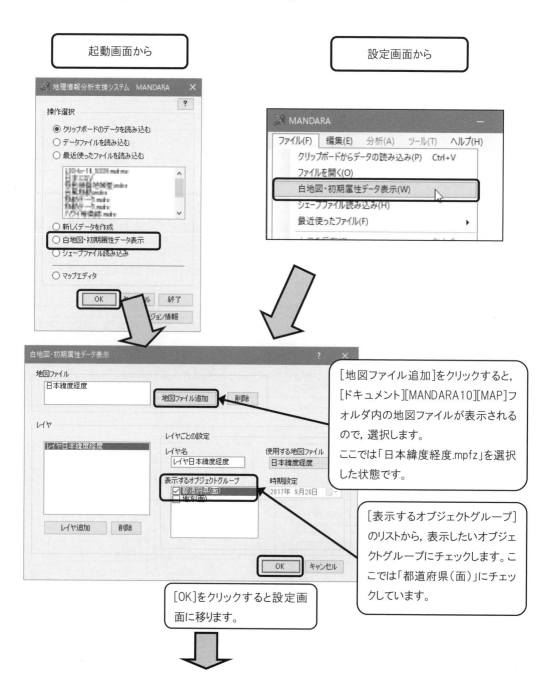

同様に，MANDARA付属の「WORLD.mpfz」を表示してみます。

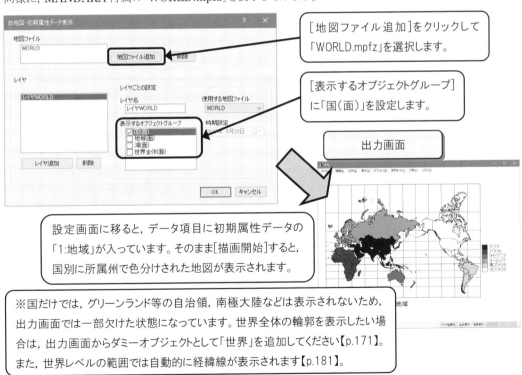

ほかにも，沖縄県の位置を動かしてコンパクトに表示できるように設定した日本地図「JAPAN.mpfz」，アメリカ合衆国の地図ファイル「USA.mpfz」，中国の地図ファイル「CHINA.mpfz」なども表示してみてください。

次は，全国の市区町村別の地図ファイルである「日本市町村緯度経度.mpfz」を表示してみます。この地図ファイルは，1990年以降の任意の日付で全国の市区町村を表示することができる「時空間モード地図ファイル」で，初期属性データに国勢調査の人口データが設定されています。

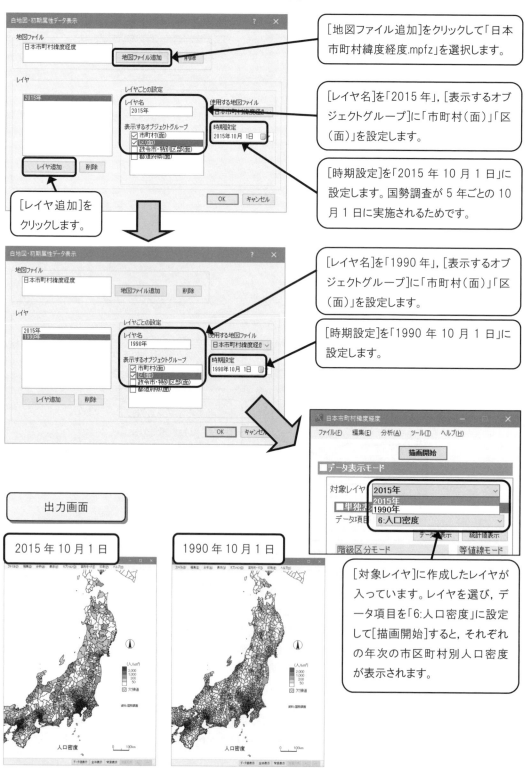

1.8.2 複数の地図ファイルを表示

MANDARA10 では，複数の地図ファイルを同時に読み込み，それぞれのレイヤを作成することができます。その際，地図ファイルの座標系が一致している必要があります【p.228】。

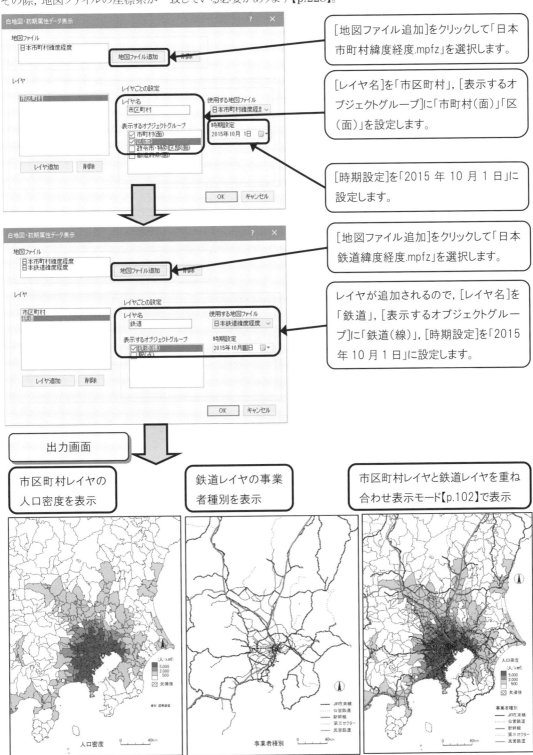

第 2 章 Excel 上での属性データの作成

2.1 属性データと地図ファイル

2.1.1 地図ファイルとオブジェクト

　地図ファイル中に含まれる初期属性データを表示する場合は，前章の白地図・初期属性表示機能を使えば簡単です。それでは，Excel で作成した任意の属性データを表示する場合はどのようにするのでしょうか。そこで重要な点が，属性データと地図ファイル中のオブジェクトをマッチングする方法です。

属性データ

次のようなデータを Excel に入力してコピーし，MANDARA の起動画面「クリップボードからデータの読み込み」で読み込みます。

作成済みの地図ファイル「JAPAN.mpfz」

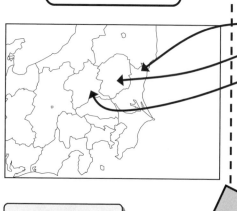

MAP	JAPAN
TITLE	人口
UNIT	万人
茨城県	292
栃木県	197
群馬県	197

MANDARA 側では，属性データを読み込むと，指定された地図ファイル「JAPAN.mpfz」を読み込みます。
そして，属性データ側と地図ファイル側のオブジェクト名をチェックし，両方に一致するオブジェクトが地図ファイルから呼び出されます。

出力画面

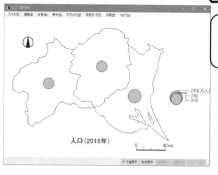

属性データに含まれるオブジェクトのみが表示されます。

このように，属性データ中のオブジェクト名と地図ファイル中のオブジェクト名が一致していることが重要です。

2.1.2 付属の地図ファイル

MANDARAには、1.8【p.14】で見たように、インストール時にいくつかの地図ファイルが付属しており、[ドキュメント][MANDARA10][MAP]フォルダ内に入っています。国や都道府県、市区町村別のデータを表示する場合は、付属の地図ファイルを使用することができます。それぞれのオブジェクト名と特徴は次のようになります。

このうち「座標系」が「なし」の場合は、背景のタイルマップと重ねたり、他の地図ファイルと重ねたりすることができません。「時空間モード」で時期が設定してある地図ファイルの場合は、日付を指定してその時点の地図を表示できます。

地図ファイル名	概要	オブジェクト名の規則	座標系	時空間モード
日本緯度経度.mpfz	47都道府県の日本地図	・「北海道」「青森県」など都道府県名 ・「青森」「東京」など「県都府」を除いた名称 ・「01」～「47」までの行政コード	緯度経度	なし
日本市町村緯度経度.mpfz	1990年以降の変化に対応した日本の市区町村地図。初期属性データとして国勢調査の人口データを含む。	・市町村、東京都特別区の場合は「埼玉県さいたま市」など県名＋市区町村名 ・政令指定都市の区の場合は「さいたま市中央区」など政令市名＋区名 ・「13101」など5桁の行政コード	緯度経度	1990年以降
日本鉄道緯度経度.mpfz	日本の鉄道・駅地図データで、緯度経度情報を含む地図。初期属性データとして運営会社情報を含む。	・駅の場合は「東海旅客鉄道東海道新幹線東京駅」のように運営会社名＋路線名＋駅名 ・路線の場合は「東海旅客鉄道東海道新幹線」のように運営会社名＋路線名	緯度経度	1990年以降
JAPAN.mpfz	47都道府県の日本地図ファイル	日本緯度経度.mpfzと同様。沖縄県が左上に表示	なし	なし
日本市町村.mpfz	日本全国の市区町村境界地図	日本市町村緯度経度.mpfzと同様。沖縄県が左上に表示	なし	1960年以降
日本市町村鉄道緯度経度.mpf	従来版との互換用の旧地図ファイル	日本市町村緯度経度.mpfz、日本市町村緯度経度.mpfzと同様	緯度経度	1995年以降
WORLD.mpfz	世界の国別地図	「日本」「Japan」「JP」「JPN」「392」のように、日本語表記、英語表記、ISO3166-1の2文字のコード、同3文字のコード、同3桁の数字、のいずれかが可能	緯度経度	なし
USA.mpfz	アメリカ合衆国の州別地図	・「テキサス州」「ハワイ州」などの州 ・「ニューヨーク」「ロサンゼルス」などの主要都市	なし	なし
CHINA.mpfz	中国の省別地図	・「福建省」「北京市」などの省と直轄市	なし	なし

2.2 Excelでタグを使って属性データ作成

2.2.1 MANDARAタグの設定

　MANDARAで任意の属性データを作成する最も基本的な方法は，Excel上で作成するものです。その際，MANDARA用の属性データであることを示すための「MANDARAタグ」を追加します。

　MANDARAタグの例として，ダウンロードしたサンプルデータの[第2章]フォルダの「都道府県.xlsx」を開いてください。そこでのタグは次のように入っています。

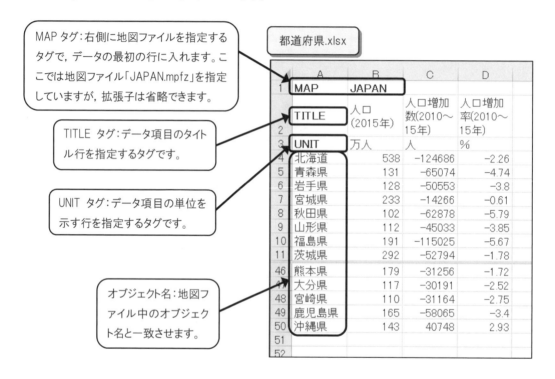

　タグは半角文字で入力します。全角では認識されないので注意してください。半角であれば大文字・小文字の区別はありません。

　タグ以外には，左端の列にオブジェクト名を入れます。このオブジェクト名は地図ファイル中のオブジェクト名と一致する必要があります。たとえば地図ファイル「JAPAN.mpfz」を使用する場合，「青森県」「岩手県」のような都道府県名が基本となります。ただし「JAPAN.mpfz」では，オブジェクト名に複数の「オブジェクト名リスト」【p.202】が設定してあり，「青森県」以外にも「県」を抜いた「青森」や，行政コードの「02」でも青森県を設定することができます。

　MANDARA付属の地図ファイルのオブジェクト名を知るには，[ドキュメント][MANDARA10][SAMPLE]フォルダ内に，付属の地図ファイルを使用したCSVファイルが入っています。このCSVファイルをExcelで開くと，オブジェクト名を見ることができます。

2.2.2 属性データを MANDARA に読み込む

2.2.2.1 クリップボードや CSV ファイル経由で読み込む

　MANDARAタグを付けて作成したExcel上の属性データを読み込む最も基本的な方法は，セルのデータをコピーしてクリップボードを介してMANDARAに読み込む方法です。クリップボードとは，コピーした情報を一時的に保管するパソコン内のメモリ領域を指します。

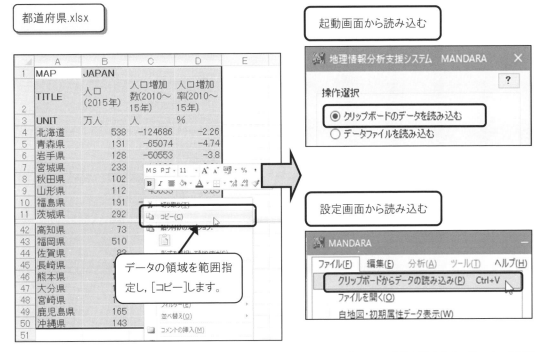

　クリップボード経由の他に，CSVファイルを経由してMANDARAで読み込む方法があります。Excelで「都道府県.xlsx」を開き，「名前をつけて保存」の際にファイル形式を「CSV（カンマ区切り）」として保存し，以下のようにMANDARAで読み込んでください。MANDARAに読み込む場合，クリップボードよりもCSVファイルから読み込んだ方が高速に読み込むことができるので，データ量が多い場合は有効です。

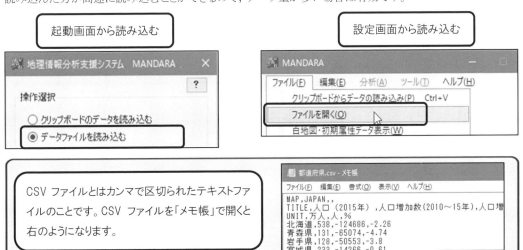

2.2.2.2 オブジェクト名が違っていた場合

もしオブジェクト名が地図ファイル中のオブジェクト名と一致しなかった場合はどうなるのか，試してみます。ここでもサンプルデータの[第2章]フォルダの「都道府県.xlsx」を使います。

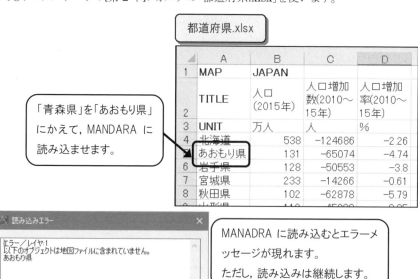

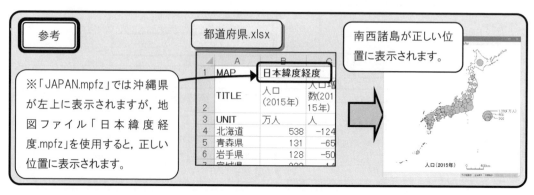

2.2.3 属性データ項目の種類

MANDARA の属性データのデータ項目として設定できるデータの種類は，以下のようになります。それぞれの種類の区別は，TITLE 欄または UNIT 欄に入れるタグによって行います。なお MANDARA では，画像データを直接属性データに入れることはできません。

種類	内容	TITLE 欄のタグ	UNIT 欄のタグ	描画方法
通常のデータ（数値データ）	連続して変化する数値データです。	任意	任意	すべての表示方法が可能。
カテゴリーデータ	特定の値をとる数値や，文字です。	任意	CAT	記号・等値線・グラフ表示モードは不可。
文字データ	不特定の文字です。	任意	STR	文字・ラベル表示モードのみ可。
リンク	インターネットホームページへのリンクや，ローカルのファイルへのリンクです。	URL	—	出力画面からオブジェクトをクリックしてリンク。
リンクの名称	リンクの名称です。	URL_NAME	—	—

データ項目の種類の設定方法をここでは[第 2 章]フォルダの「データの種類.xlsx」を使って見てみます。

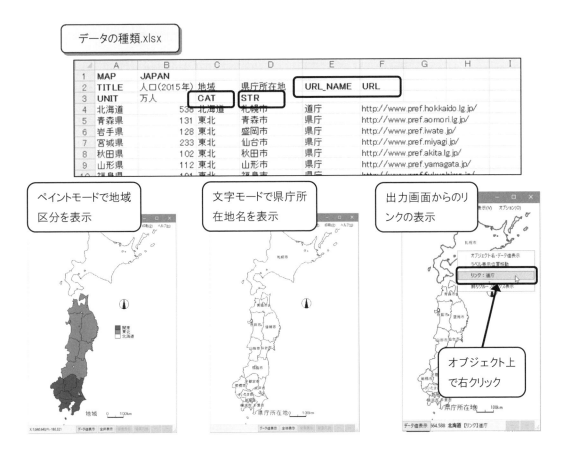

2.2.4 データの欠損値とデータ項目の注釈の設定

統計データによっては，特定の地区のデータが欠損値になっていることがあります。MANDARA では次のような DATA_MISSING タグを使用することで，データ項目ごとに空白セルを欠損値扱いにすることができます。

また，データ項目ごとに NOTE タグを使うとデータの出典など注釈をつけることができます。

ここでは[第2章]フォルダの「欠損値と注釈.xlsx」を使ってそれぞれの設定方法を見てみます。

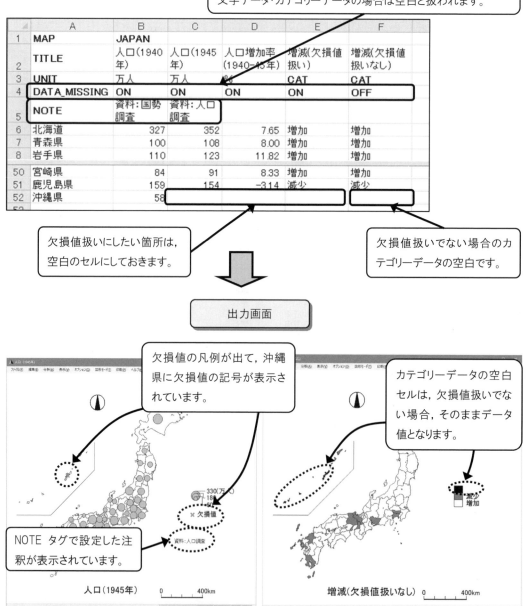

2.2.5 時空間モード地図ファイルを使う

　MANDARAでは，地図データのオブジェクトやラインに時間情報を付与することができます。しっかりと設計・構築された時空間モード地図ファイルを使用すれば，任意の期日の地図を表示し，そこに属性データをのせて表示することができます。そうした地図ファイルの1つに，【p.16】で紹介した，「日本市町村緯度経度.mpfz」があります。ここでは[第2章]フォルダの「愛知県市区町村.xlsx」を開いて必要なタグを見てみます。

　MANDARAでは，属性データ中に存在するオブジェクトが取り出されるので，日本全国の市区町村オブジェクトが入っている「日本市町村緯度経度.mpfz」から，愛知県分だけを表示できます。しかし，市区町村は合併などに伴い時期によって変化するため，次のようにTIMEタグを使用して時期を特定する必要があります。

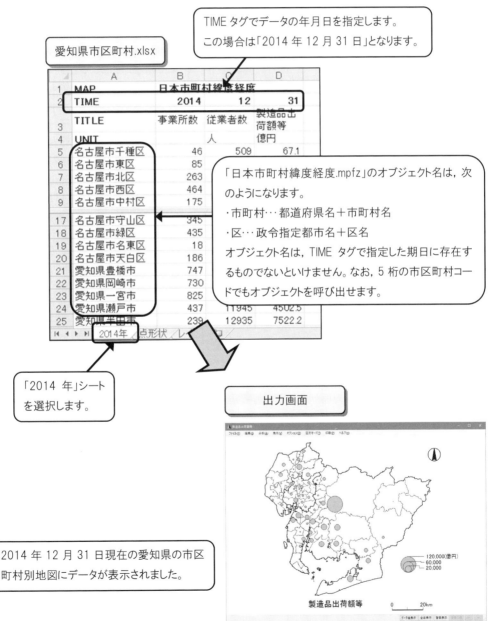

2.2.6 地点定義レイヤの設定とダミーオブジェクト

MANDARAでは，地図ファイル中に含まれるオブジェクトを呼び出す方法が基本ですが，「地点定義レイヤ」を使えば，地図ファイルに含まれない点形状データを表示することができます。その際，データ項目中に地点の緯度・経度を設定します。

本章ではこれまで「レイヤ」という用語を使わずに説明してきましたが，これまでもレイヤは使ってきていました。MANDARAではレイヤが1つだけの場合は，明示的に示す必要がないため，省略してきたためです。

ここでは[第2章]フォルダの「地点定義レイヤ.xlsx」を開いて必要なタグを見てみます。

2.2.6.1 地点定義レイヤの設定

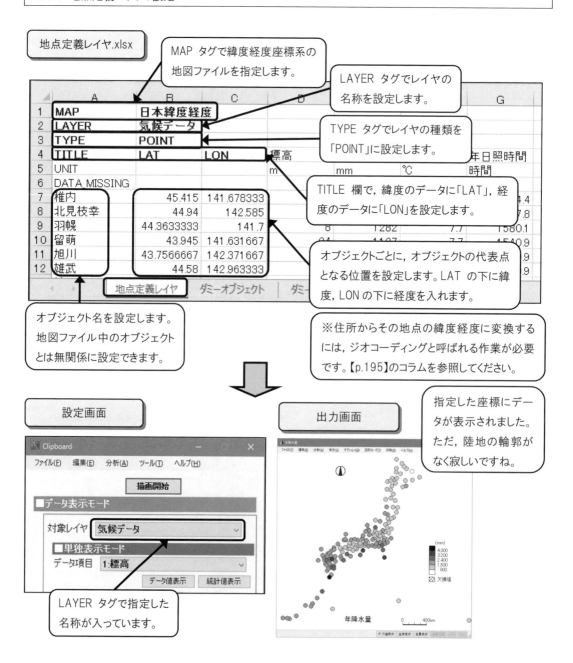

2.2.6.2 ダミーオブジェクトの設定

　MANDARAでは属性データを持つオブジェクトを呼び出して表示しますが，属性データを持たず，背景として表示したいオブジェクトも表示することができます。その方法が「ダミーオブジェクト」です。ここでは[第2章]フォルダの「地点定義レイヤ.xlsx」の気候データの点オブジェクトに，都道府県の輪郭線をつけてみます。

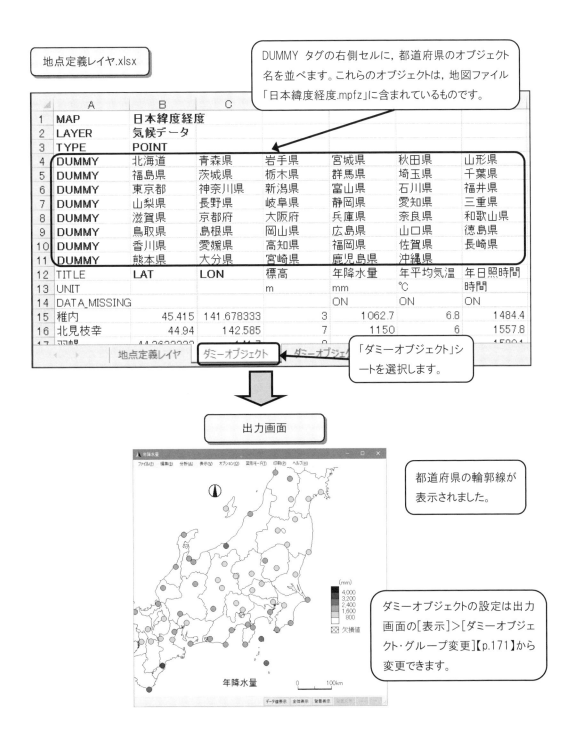

2.2.6.3 ダミーオブジェクトグループの設定

　ダミーオブジェクトでは，オブジェクトを1つずつ指定することができますが，数が多いと設定がたいへんです。対象となるダミーオブジェクトが，オブジェクトグループ全体の場合は，オブジェクトグループ単位でダミーオブジェクトに指定できます。これを「ダミーオブジェクトグループ」と呼びます。ここでは[第2章]フォルダの「地点定義レイヤ.xlsx」で都道府県をダミーオブジェクトグループに設定してみます。

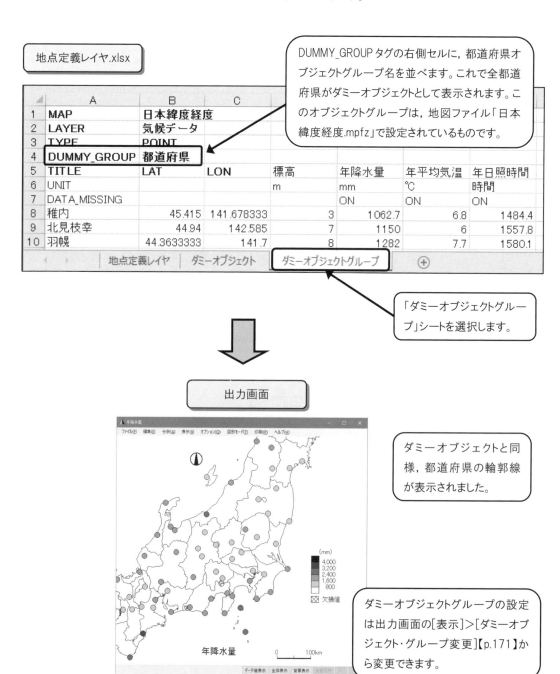

2.2.7 メッシュレイヤの設定

2.2.7.1 地域メッシュとは

地表面を緯度・経度などをもとに四角形の形状に区切ったものをメッシュ(またはグリッド)と呼びます。日本では，国勢調査などの各種統計，および土地利用や気候などのデータがメッシュデータとして提供されています。

行政区画を単位とするデータは，年次によって集計単位が異なったり，集計単位間で面積が異なったりするため，比較が難しいという問題があります。そこでメッシュデータを使用すると，異なるデータや異なる時期のデータを共通の地域区分で比較できて便利で，細かな地域で提供されており詳細な分析が可能です。

日本では「標準地域メッシュ」が作られて昭和48年行政管理庁告示第143号で告示され，昭和51年には日本工業規格になっています(総務庁統計局1999)。標準地域メッシュではメッシュごとにコード番号がつけられます。MANDARAでは，地図ファイル中にメッシュが含まれていなくても，メッシュコードを指定してデータを地図化することができます。

メッシュコードは，次のような規則に従って設定されています。

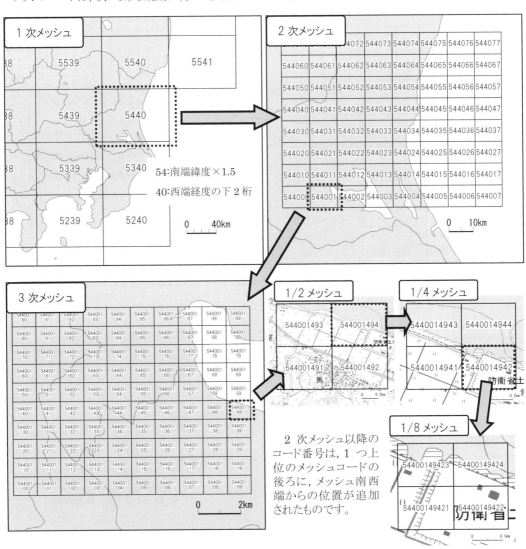

メッシュ区画	メッシュコードの桁数	緯度間隔	経度間隔	備考
1次メッシュ	4	40分	1度	1/20万地勢図
2次メッシュ	6	5分	7分30秒	1/2.5万地形図
3次メッシュ	8	30秒	45秒	「基準メッシュ」「1kmメッシュ」とも呼ばれる
1/2メッシュ	9	15秒	22.5秒	「4次メッシュ」「500mメッシュ」とも呼ばれる
1/4メッシュ	10	7.5秒	11.25秒	
1/8メッシュ	11	3.75秒	5.5125秒	
1/10メッシュ	10	3秒	4.5秒	コードが1/4メッシュと重複

2.2.7.2 メッシュレイヤの設定

タグを使ったメッシュレイヤの設定方法を[第2章]フォルダの「茨城栃木3次メッシュ土地利用.xlsx」を使って見てみます。ここでは，3次メッシュのデータを表示してみます。

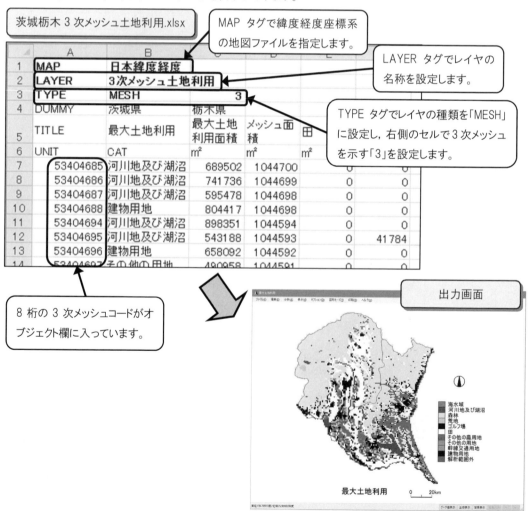

2.2.8 オブジェクトの形状の設定

　表示されるオブジェクトの形状は，基本的に地図ファイル中で設定されたオブジェクトの形状となります。しかし，SHAPEタグで形状を設定すると，地図ファイル中で設定した形状と異なる形状で表示することができます。

　設定できる形状には次のパターンがあります。まず，地図ファイル中の面オブジェクトは線・点の形状に設定できます。また，同じく線オブジェクトは点形状のオブジェクトとして表示できます。しかし，線や点のオブジェクトを面形状で表示するようなことはできません。

　設定の例を[第2章]フォルダの「愛知県市区町村.xlsx」で，面オブジェクトを点形状で表示する設定を見てみます。

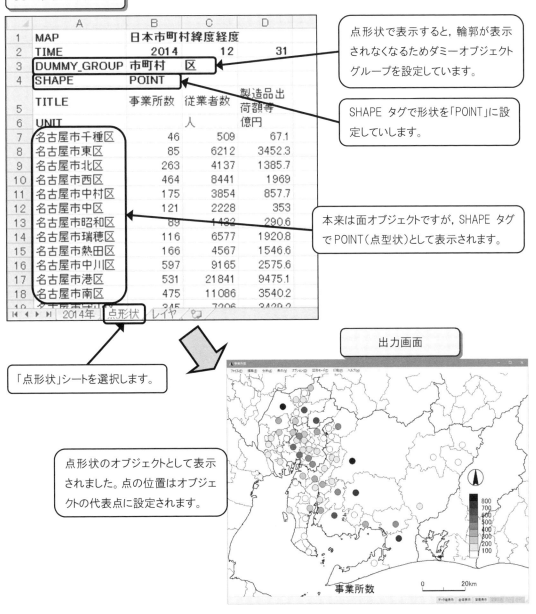

2.2.9 複数レイヤの設定

本章でここまで使ってきたデータでは,レイヤは1つだけでした。ここで複数のレイヤを使って異なる時期のデータを設定した例を[第2章]フォルダの「愛知県市区町村.xlsx」で見てみます。

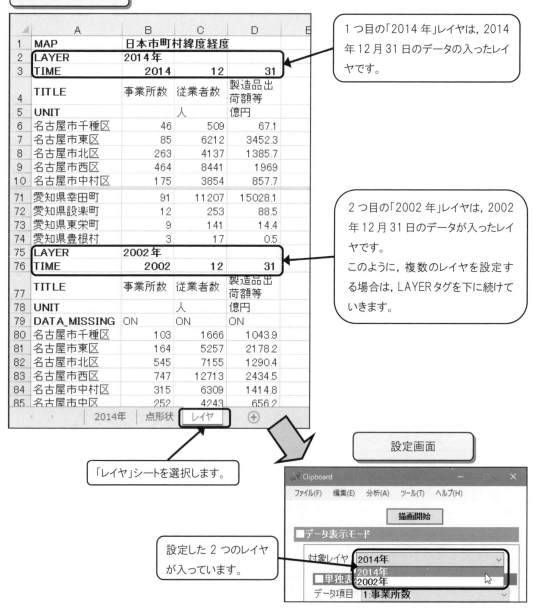

2.2.10 複数地図ファイルの設定

複数の地図ファイルを同時に扱いたい場合は，それぞれの地図ファイルを読み込み，レイヤごとに割り当てます。[第2章]フォルダの「複数地図ファイル.xlsx」を使い，地図ファイル「日本市町村緯度経度.mpfz」と「日本鉄道緯度経度.mpfz」をレイヤに設定する例を見てみます。

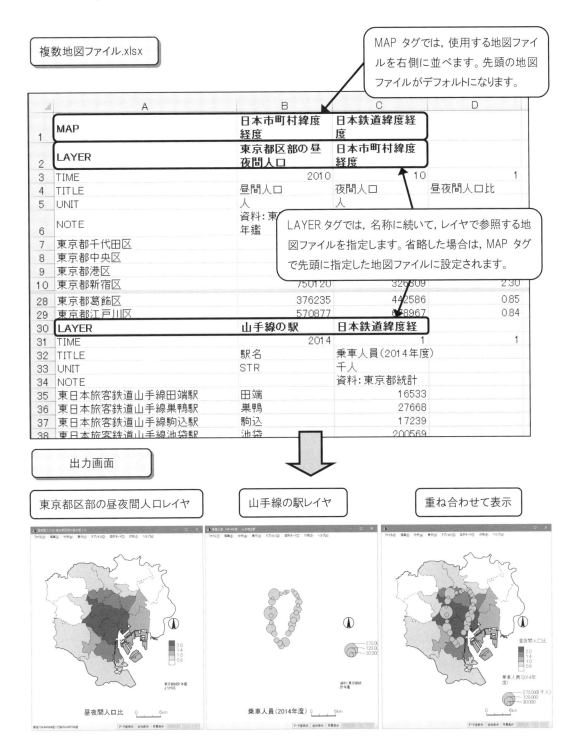

2.3 MANDARA タグ一覧

MANDARA タグは以下の通りです．タグを使って属性データを MANDARA に送る方法は，別の方法でも代替できますので，同等の機能を行う箇所も記してあります．

2.3.1 全体にかかるタグ

タグ 同等機能	機能
MAP 【p.20】 第 3 章 属性データ編集	■属性データで使用する地図ファイルを指定します． 文法 | MAP | 地図ファイル 1 | 地図ファイル 2 | ･･･ | 地図ファイル n | 例1 1つの地図ファイルを指定した場合 | MAP | JAPAN | 例2 複数の地図ファイルを指定した場合 | MAP | 日本緯度経度 | WORLD | ・最初の行は必ずMAPタグから始めます．このタグの存在により，MANDARAの属性データと認識します． ・MANDARA は，MAP タグを見つけると，自動的に［ドキュメント］[MANDARA10][MAP]フォルダの中から指定された地図ファイルを検索し，見つかった場合はそのまま読み込みます．見つからなかった場合は，ユーザに地図ファイルを指定するように促します． ・地図ファイルの拡張子は省略可能です．同名で拡張子の異なる地図ファイルが見つかった場合の優先順位は，①MPFZ，②MPFX，③MPFとなります． ・ここで複数の地図ファイルを指定した場合，各レイヤは，MAP タグで指定した地図ファイルから，レイヤで使う地図ファイルを選択することができます． ・複数指定した場合，「地図ファイル 1」に指定した緯度経度座標系の地図ファイルに，「地図ファイル 2」以降の地図ファイルの測地系・投影法は合わせられます．また，座標系の設定してある地図ファイルと，設定していない地図ファイルを混在させることはできません． ・MAPタグは，1つの属性データにつき1箇所しか指定できません．
COMMENT 設定画面 ［ファイル］>［プロパティ］	■属性データ全体の注釈をつけます． 文法 | COMMENT | 注釈内容 | 例 | MAP | JAPAN | | COMMENT | このデータは都道府県別のデータです． | | COMMENT | 2016年10月1日作成． | ・COMMENTタグは複数の行に入れることができます． ・LAYERタグの下につけた場合は，レイヤの注釈になります． ・省略可能です．

タグ	機能
MISSING	■属性データ全体について，空白セルが欠損値であることを宣言または解除します。 文法 <table><tr><td>MISSING</td><td>ON または OFF</td></tr></table> 例 <table><tr><td>MAP</td><td>WORLD</td></tr><tr><td>MISSING</td><td>ON</td></tr><tr><td>TITLE</td><td>国民総生産</td></tr><tr><td>アイスランド</td><td>7175</td></tr><tr><td>アイルランド</td><td>62040</td></tr><tr><td>アンドラ</td><td></td></tr></table> ・右側のセルでONとした場合は属性データ中の空白セルを欠損値とし，OFFとした場合は欠損値と見なしません。 ・省略された場合は，OFFの状態となっています。 ・OFFの場合，データの種類が数値データの場合は 0, カテゴリーデータ・文字データの場合は空白と見なされます。 ・MANDARA10では，データ項目ごとに設定するDATA_MISSINGタグを推奨しています。

2.3.2 レイヤにかかるタグ

タグ	機能
LAYER 【p.26】 第3章 属性デー タ編集	■属性データをレイヤ構造化するとともに，レイヤ名とレイヤで使用する地図ファイルを指定します。 文法 <table><tr><td>LAYER</td><td>レイヤ名</td><td>(使用する地図ファイル)</td></tr></table> 例1 データの種類ごとにレイヤ分けしたケース <table><tr><td>MAP</td><td>JAPAN</td></tr><tr><td>LAYER</td><td>人口</td></tr><tr><td>TITLE</td><td>2010年人口</td></tr><tr><td>北海道</td><td>551</td></tr><tr><td colspan="2">〜</td></tr><tr><td>LAYER</td><td>チェーン店</td></tr><tr><td>TITLE</td><td>ローソン店舗数</td></tr><tr><td>北海道</td><td>500</td></tr></table> 例2 複数の地図ファイルを使用したケース <table><tr><td>MAP</td><td>日本緯度経度</td><td>WORLD</td></tr><tr><td>LAYER</td><td>日本</td><td>日本緯度経度</td></tr><tr><td>TITLE</td><td>2010年人口</td><td></td></tr><tr><td>北海道</td><td>551</td><td></td></tr><tr><td colspan="3">〜</td></tr></table>

LAYER		LAYER	日本周辺	WORLD
		TITLE	2010年人口	
		日本	12800	
	・LAYERタグはMAPタグよりも下の行に置きます。 ・レイヤが1つしかない場合は，省略できます。 ・MAPタグで複数の地図ファイルが指定してある場合は，レイヤで使用する地図ファイルをレイヤの名称の右側に指定します。省略した場合は，MAPタグで最初に指定した地図ファイルが使われます。 ・同一レイヤ内には，同一の形状のオブジェクトを入れます。その際，オブジェクトグループが異なっていてもかまいません。 ・レイヤで使用できるオブジェクトは，同一の地図ファイルに含まれるオブジェクトです。異なる地図ファイルのオブジェクトを同一レイヤに入れることはできません。				
TYPE 【p.26,30,311】 第3章 属性データ編集	■レイヤの種類を指定します。 文法				
		TYPE	レイヤの種類	(パラメータ1)	(パラメータ2)
	レイヤの種類				
			名称	機能	パラメータ
		NORMAL	通常のレイヤ	地図ファイル中のオブジェクトを使用するレイヤです。	パラメータは使用しません。
		POINT	地点定義レイヤ	データ中に経緯度を入れ，点オブジェクトを表示するレイヤです。	パラメータ1では，経緯度の測地系を指定します。パラメータ2は使用しません。
		MESH	メッシュレイヤ	地域メッシュコードを使って，メッシュデータを表示するレイヤです。	パラメータ1では，メッシュの種類を指定します。パラメータ2では，経緯度の測地系を指定します。
		TRIP_DEFINITION	移動主体定義レイヤ	移動データレイヤで使われる，移動主体を定義するレイヤです。地図表示はできません。	パラメータは使用しません。
		TRIP	移動データレイヤ	移動データを表示するレイヤです。	パラメータ1では，経緯度の測地系を指定します。パラメータ2は使用しません。
	経緯度の測地系の指定 ・日本測地系の場合は「日本」，世界測地系の場合は「世界」とします。省略した場合は世界測地系になります。 メッシュレイヤのメッシュの種類				

メッシュの指定	メッシュの名称	メッシュコードの桁数	備考
1	1次メッシュ	4	1/20万地勢図の範囲
2	2次メッシュ	6	1/2.5万地形図の範囲
3 1km	3次メッシュ	8	2次メッシュを縦横10分割したサイズ
4 1/2 500m	4次メッシュ	9	3次メッシュを4分割したサイズ
5 1/4 250m	5次メッシュ	10	4次メッシュを4分割したサイズ
1/8	1/8メッシュ	11	5次メッシュを4分割したサイズ
1/10	1/10メッシュ	10	3次メッシュを縦横10分割したサイズ

TYPE

例1 通常のレイヤ

LAYER	データ
TYPE	NORMAL

・TYPEタグを省略した場合は通常のレイヤとなります。

例2 地点定義レイヤ

MAP	日本緯度経度	
LAYER	気象台・測候所	
TYPE	POINT	世界
TITLE	LON	LAT
UNIT		
稚内	141.6783	45.415
北見枝幸	142.585	44.94

・地点定義レイヤでは，TYPEタグでPOINTを指定するとともに，パラメータに測地系を指定します。例では世界測地系にしてありますが，省略した場合は世界測地系になります。

・地点定義レイヤでは，下に地点のオブジェクト名を続け，TITLEタグのデータ項目にLONタグとLATタグをつけ，地点の経度・緯度を指定する必要があります。

・地点定義レイヤでは，指定した地図ファイル中のオブジェクトを使用しない場合でも，緯度経度座標系の地図ファイルを指定する必要があります。

例3 メッシュレイヤ

MAP	日本緯度経度		
LAYER	3次メッシュ		
TYPE	MESH	3	世界

TYPE	TITLE	最大土地利用		
	UNIT	CAT		
	53404685	河川地及び湖沼		
	53404686	建物用地		

・メッシュレイヤでは，オブジェクト名にメッシュコードを指定します。例では，TYPE タグで世界測地系の 3 次メッシュが指定され，8 桁のメッシュコードが入っています。

・メッシュレイヤでは，指定した地図ファイル中のオブジェクトを使用しない場合でも，緯度経度座標系の地図ファイルを指定する必要があります。

・移動主体定義レイヤと移動データレイヤについては，第 11 章の移動データを参照してください。

TIME

【p.25】

第 3 章 属性データ編集

■時空間モード地図ファイルを使用する際に，属性データの時期を年・月・日で設定します。

文法

TIME	年	月	日

例

MAP	日本市町村緯度経度		
TIME	2010	10	1
TITLE	2010 年人口		
UNIT	万人		
埼玉県さいたま市	122		

・TIME タグは，MAP, LAYER タグよりも下，オブジェクト名よりも上に置いてください。
・複数のレイヤを持つ場合は，レイヤごとに設定してください。
・月，日は省略可能です。省略した場合，1 月 1 日に設定されます。

SHAPE

【p.31】

第 3 章 属性データ編集

■レイヤ中のオブジェクトの形状は，点・線・面の 3 種類に分かれており，地図ファイルが作成された際に決められますが，SHAPE タグではその形状を変更できます。

文法

SHAPE	形状

・形状の指定は，点の場合 POINT，線の場合 LINE，面の場合 POLYGON となります。

例 本来面形状の北海道が，代表点のみの点形状データとして扱われます。

MAP	JAPAN
SHAPE	POINT
TITLE	人口
UNIT	万人
北海道	551

・地図ファイル中の面オブジェクトは線・点の形状に設定できます。同じく線オブジェクトは点形状のオブジェクトとして設定できます。しかし，線や点のオブジェクトを面形状で表示するようなことはできません。
・省略した場合は，地図ファイル中のオブジェクトの形状が設定されます。

DUMMY 【p.27】 出力画面 [表示]>[ダミーオブジェクト・グループ変更] 【p.171】	■属性値を持たず，輪郭のみ表示されるオブジェクトである「ダミーオブジェクト」を指定します。 文法 | DUMMY	オブジェクト名1	（オブジェクト名2）	・・・	（オブジェクト名n）
---|---|---|---|---| 例 次の例では北海道と青森県の輪郭が表示されます。 | MAP	日本緯度経度		
---	---	---	---
DUMMY	北海道	青森県	
TITLE	標高	全年平均気温	
UNIT	m	℃	
稚内	3	6.6	
北見枝幸	7	5.8		 ・DUMMタグは複数行にわけて使うこともできます。 ・点オブジェクトを指定した場合は，記号が表示されます。
DUMMY_GROUP 【p.28】 出力画面 [表示]>[ダミーオブジェクト・グループ変更] 【p.171】	■ダミーオブジェクトをオブジェクトグループごとに指定します。オブジェクトを1つずつ設定するよりも簡単です。 文法 | DUMMY_GROUP	オブジェクトグループ名1	（オブジェクトグループ名2）	・・・	（オブジェクトグループ名n）
---|---|---|---|---| 例 次の例では全都道府県の輪郭が表示されます。 | MAP	日本緯度経度	
---	---	---
DUMMY_GROUP	都道府県	
TITLE	標高	全年平均気温
UNIT	m	℃
稚内	3	6.6
北見枝幸	7	5.8	 ・DUMM_GROUPタグは複数行にわけて使うこともできます。 ・点形状のオブジェクトグループを指定した場合は，記号が表示されます。
COMMENT 第3章 属性データ編集	■レイヤの注釈をつけます。 文法 	COMMENT	注釈内容
---	---	 例 	MAP	JAPAN
---	---
LAYER	都道府県データ
COMMENT	このデータは都道府県別のデータです。
COMMENT	2016年10月1日作成。	 ・LAYERタグの下に入れます。 ・LAYERタグの上につけた場合は，属性データ全体の注釈になります。 ・COMMENTタグは複数の行に入れることができます。 ・省略可能です

2.3.3 データ項目にかかるタグ

タグ	機能
TITLE 【p.20】 第 3 章 属性データ編集	■属性データのデータ項目のタイトルを指定します。 文法 <table><tr><td>TITLE</td><td>データ項目 1 のタイトル</td><td>(データ項目 2 のタイトル)</td><td>‥ ・</td><td>(データ項目 n のタイトル)</td></tr></table> 例 <table><tr><td>MAP</td><td>JAPAN</td><td></td></tr><tr><td>TITLE</td><td>人口</td><td>面積</td></tr></table> ・TITLE タグはレイヤに 1 箇所のみ指定します。
UNIT 【p.20】 第 3 章 属性データ編集	■属性データのデータ項目の単位を指定します。 文法 <table><tr><td>UNIT</td><td>データ項目 1 の単位</td><td>(データ項目 2 の単位)</td><td>‥ ・</td><td>(データ項目 n の単位)</td></tr></table> 例 <table><tr><td>MAP</td><td>JAPAN</td><td></td></tr><tr><td>TITLE</td><td>人口</td><td>面積</td></tr><tr><td>UNIT</td><td>人</td><td>平方キロメートル</td></tr></table> ・UNIT タグはレイヤに 1 箇所のみ指定します。
DATA_MISSING 【p.24】 第 3 章 属性データ編集	■属性データのデータ項目の空白セルを欠損値扱いにするかどうかを設定します。 文法 <table><tr><td>DATA_MISSING</td><td>データ項目 1 ON または OFF</td><td>(データ項目 2) ON または OFF</td><td>・ ・ ・</td><td>(データ項目 n) ON または OFF</td></tr></table> ・ON の場合は，空白セルを欠損値扱いとし，それ以外の場合は 0(カテゴリーデータの場合は空白)として扱います。 例 <table><tr><td>MAP</td><td>JAPAN</td><td></td></tr><tr><td>TITLE</td><td>人口</td><td>面積</td></tr><tr><td>UNIT</td><td>人</td><td>平方キロメートル</td></tr><tr><td>DATA_MISSING</td><td>ON</td><td>OFF</td></tr></table> ・DATA_MISSING タグはレイヤに 1 箇所のみ指定します。
NOTE 【p.24】 第 3 章 属性データ編集	■属性データのデータ項目の注釈を設定します。 文法 <table><tr><td>NOTE</td><td>データ項目 1 の注釈</td><td>(データ項目 2 の注釈)</td><td>・・・</td><td>(データ項目 n の注釈)</td></tr></table> 例 <table><tr><td>MAP</td><td>JAPAN</td><td></td></tr><tr><td>TITLE</td><td>人口</td><td>面積</td></tr></table>

NOTE	UNIT	人	平方キロメートル
	NOTE	資料：国勢調査	資料：国土地理院
	・NOTE タグはレイヤに 1 箇所のみ指定します。		
	・設定した注釈は出力画面に表示することができます。		

2.3.4 データ項目の特性に関するタグ

タグ	機能
CAT 【p.23】 第 3 章 属性デ ータ編集	■UNIT タグの単位記入欄に記述するタグで，当該データ項目がカテゴリーデータ(名義尺度)であることを指定します。データが人口や面積のように，連続して変化するデータではなく，0 と 1，a, b, c といった，特定の値しかとらないようなデータの場合に使います。文字を使うこともできます。 例 <table><tr><td>TITLE</td><td>地域</td></tr><tr><td>UNIT</td><td>CAT</td></tr><tr><td>北海道</td><td>北海道</td></tr><tr><td>青森県</td><td>東北地方</td></tr><tr><td>岩手県</td><td>東北地方</td></tr></table>
STR 【p.23】 第 3 章 属性デ ータ編集	■UNIT タグの単位記入欄に記述するタグで，当該データ項目が文字データであることを指定します。数値で表すことができないデータで，オブジェクト間で共通性のない文字を示す場合に使用します。 例 <table><tr><td>TITLE</td><td>県庁所在地</td></tr><tr><td>UNIT</td><td>STR</td></tr><tr><td>北海道</td><td>札幌市</td></tr><tr><td>青森県</td><td>青森市</td></tr><tr><td>岩手県</td><td>盛岡市</td></tr></table>
URL_NAME URL 【p.23】 第 3 章 属性デ ータ編集	■どちらも TITLE タグの中で使用し，URL_NAMEタグはデータ項目が Web サイトの名称，URL タグは URL であることを示し，2 つを一体として使用します。読み込まれた後は，設定画面のデータ項目欄には表示されません。出力画面でオブジェクトをクリックした際に表示されます。 ・1つのオブジェクトに対して複数のURLを設定する場合は，URL_NAME，URLタグを横方向に繰り返して設定します。 例 <table><tr><td>TITLE</td><td>URL_NAME</td><td>URL</td></tr><tr><td>UNIT</td><td></td><td></td></tr><tr><td>北海道</td><td>道庁</td><td>http://www.pref.hokkaido.lg.jp/</td></tr></table>

LAT LON 【p.26,317】 第3章 属性データ編集 第11章 移動データの表示	■地点定義レイヤまたは移動データレイヤのTITLEタグ欄で使用し，データ項目が緯度/経度であることを示します．LATが緯度，LONが経度となります． 例 <table><tr><td>MAP</td><td>日本緯度経度</td><td></td></tr><tr><td>TYPE</td><td>POINT</td><td>世界</td></tr><tr><td>TITLE</td><td>LON</td><td>LAT</td></tr><tr><td>UNIT</td><td></td><td></td></tr><tr><td>稚内</td><td>141.6783</td><td>45.415</td></tr><tr><td>北見枝幸</td><td>142.585</td><td>44.94</td></tr></table>・LON，LATタグの，データ項目中の位置・順序については，指定はありません．

コラム MANDARA開発史②－Windows・インターネット時代へ－

（【p.12】から続く）

　1995年発売のWindows95の登場により，パソコンは新しい時代に入りましたが，DOS版ソフトをWindowsへ対応させるのはかなり苦労しました．DOSからWindowsへの移行期にシェアが変化したジャンルも少なくなく，表計算ソフトではLotus123からExcelへと変化しました．MANDARAもすぐにはWindowsに移行できませんでしたが，96年からWindows版の開発に取り組むことにしました．

　開発言語はVisual Basic4.0でしたが，同じ「Basic」とついていても以前のN88-BASICとはまったく違い，かなり苦戦しました．特にユーザがボタンや画面をクリックすると，対応するプロシージャ（手続き）が実行される「イベントドリブン」というプログラムの実行形式には驚かされました．DOSからWindowsへと変化する中で，プログラミングをやめてしまった人も少なくないと思いますが，幸い大学院博士課程在学中で時間には困らなかったため，何とかMANDARAをWindowsに移行することができました．

　ところが当時は，Windowsが頻繁にフリーズし，さらにプログラム言語自体が発展途上でバグが多かったという問題がありました．ようやく安定してきたのは，Windows98になり，Visual Basic6.0が出た98年頃のことです．さらにWindows2000になってフリーズがほとんどなくなり，開発環境という点では大きく改善されました．

　2000年には，MANDARAをインターネットのホームページで公開し，オンラインソフト配布サイトの「VECTOR」に登録しました．2001年1月にはVECTORと「窓の杜」で紹介していただきましたが，その後のダウンロードの増加は驚くべきもので，インターネット時代の到来を実感しました．

（【p.60】に続く）

2.4 属性データ読み込み時のエラー

クリップボード経由またはCSVファイルから属性データを読み込む場合に表示されるエラーについて，その原因と対応方法を以下に説明します。

メッセージ	原因	対応
クリップボードにデータがありません。	クリップボードにデータがコピーされていません。	Excelでデータの範囲を指定してコピーしてください。
データの先頭にMAPタグが見つかりません。	先頭のセルにMAPタグが見つかりません。	データの先頭行にMAPタグをつけ，その右側セルに地図ファイルを指定してください。
地図ファイルを指定してください。	MAPタグの右側に地図ファイル名が指定されていません。	次に現れる画面で地図ファイルを直接指定するか，キャンセルして地図ファイル名を正しく設定し，再度読み込んでください。
地図ファイル…が見つかりません。	MAPタグで指定した地図ファイルがMAPフォルダ内に見つからない。	
MAPタグは一カ所しかつけることはできません。	MAPタグが複数箇所に使用されている。	MAPタグは先頭1箇所のみで指定し，途中で変更することはできません。
この地図ファイルはバージョンが古いので読み込めません。	古いmpfファイルで10では対応できないものを指定した。	MANDARAのVer9.45のマップエディタで当該地図ファイルを読み込み，上書き保存してから再度読み込んでください。
これは新しい地図ファイルの形式なので，このバージョンでは読みこめません。最新のMANDARAをダウンロードしてください。	MAPタグで指定した地図ファイルが，新しい形式だった。	MANDARAを終了し，ホームページから最新版をダウンロードしてバージョンアップしてください。
使用する地図ファイルは，時空間モードで作成されています。レイヤごとにTIMEタグを使用して属性データの時期を指定してください。	時空間モード地図ファイルを使用する際に，属性データの時期をTIMEタグで指定していない。あるいはTIMEタグの位置が適切でない。	TIMEタグで時期を指定してください。TIMEタグはオブジェクト名よりも前に指定する必要があります。
1つのレイヤには1箇所しかTIMEタグは使用できません。	レイヤ内に複数のTIMEタグが使われている。	1つのレイヤにつき時期は1つで固定されているので，TIMEタグは複数使えません。
TIMEタグの時期設定が不正です。	TIMEタグで指定した年月日が正しくない。	TIMEタグで正しい年月日を指定してください。
TIMEタグの時期は修正されました。	TIMEタグの年月日の指定で，おかしな部分をMANDARA側で修正した。	修正された指定が正しくない場合は，TIMEタグで正しい年月日を指定してください。

メッセージ	原因	対応
以下のオブジェクトは地図ファイルに含まれていません。 レイヤ「…」には有効なオブジェクトがありません。 データ中に有効なオブジェクトがありません。	地図ファイル中のオブジェクト名と，データ中のオブジェクト名が一致していない。	地図ファイル中のオブジェクト名と属性データ中のオブジェクト名を一致させてください。TIMEタグを使用している場合は時期にも注意してください。
以下のオブジェクトは同一レイヤ内に複数含まれていました。最初に出てきたものが採用されています。	同一オブジェクト名が1つのレイヤ中に存在していた。	1つのレイヤには重複して同じオブジェクトを入れることはできません。
データの含まれていないレイヤがあります。	データ値部分がすべて空欄の場合など。	データ部分に値を設定してください。
このバージョンでは，DUMMY-END，DUMMY_GROUP-ENDタグのENDタグは使用しません。	バージョン9までの古いタグの仕様です。	ENDタグを削除してください。
ダミーオブジェクト指定で地図ファイルに含まれないものがあります。	DUMMYまたはDUMMY_GROUPタグで指定されているオブジェクト/オブジェクトグループが地図ファイル中に存在しない。	地図ファイル中のオブジェクト名/オブジェクトグループ名と一致させてください。
移動主体定義レイヤは1つしか設定できません。	TRIP_DEFINITIONの指定のあるレイヤが複数存在する。	TRIP_DEFINITIONの指定はデータ中に1箇所だけです。
移動主体定義レイヤにはダミーオブジェクト・ダミーオブジェクトグループは設定できません。	TRIP_DEFINITION指定のあるレイヤにDUMMYまたはDUMMY_GROUPタグが存在する。	DUMMYまたはDUMMY_GROUPタグを削除してください。

第3章 属性データ編集機能

　第2章で解説したMANDARAタグを使えば，ExcelからMANDARAに属性データを取り込むことができます。しかし，MANDARAタグを覚えるのが手間という場合や，MANDARAに読み込んだ属性データを修正・追加したい場合には，属性データ編集機能を使用して新規作成／修正することができます。なお，MANDARAの属性データ編集機能には，Excelのような計算機能，グラフ作成機能は備わっていません。

3.1 属性データ編集機能で新規作成

3.1.1 属性データの作成

　属性データ編集機能で属性データを新規作成する場合，起動画面または設定画面から属性データ編集画面に入ることができます。ここでは[第3章]フォルダの「属性データ編集都道府県.xlsx」を使って設定方法を見てみます。

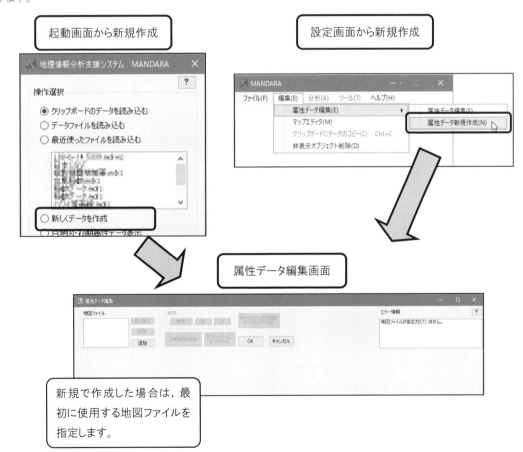

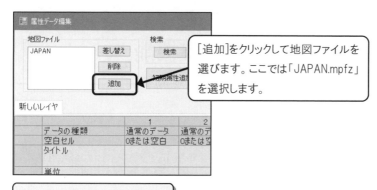

[追加]をクリックして地図ファイルを選びます。ここでは「JAPAN.mpfz」を選択します。

属性データ編集都道府県.xlsx

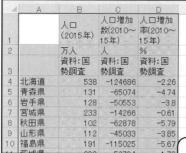

Excelで「属性データ編集都道府県.xlsx」を開き、A1セルからデータの範囲を選択し、コピーします。

属性データ編集画面の「タイトル」セルで右クリックし、メニューの「貼り付け」を選択します。するとコピーしたデータが貼り付けられます。

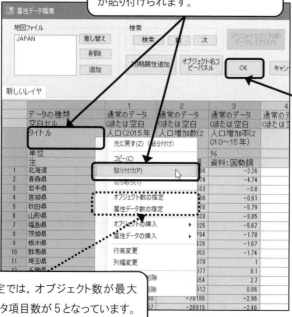

[OK]をクリックすると設定画面に移ります。

初期設定では、オブジェクト数が最大50、データ項目数が5となっています。これより多い場合は、最大数を設定する必要があります。

3.1.2 属性データ編集画面

属性データ編集画面の内容は，第 2 章の MANDARA タグによる設定方法と対応しています。

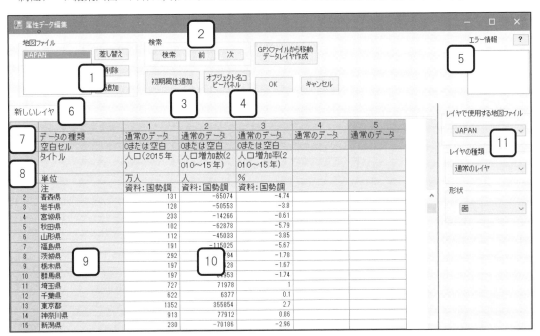

	機能	対応するタグ
1	使用する地図ファイルを指定します。新規に作成する場合には，最初に行います。複数の地図ファイルを指定することができます。また，設定した地図ファイルを削除したり，別の地図ファイルと差し替えたりすることもできます。	MAP
2	文字を指定して検索します。	
3	地図ファイル中の初期属性をデータとして追加します。	
4	地図ファイル中のオブジェクト名を表示・コピーすることができます。	
5	オブジェクト名が異なるなど，エラーがある場合に表示されます。	
6	レイヤの追加，削除，移動，名称の変更等の処理を行います。	LAYER
7	データ項目の種類，空白セルの取り扱いを設定します。	DATA_MISSING, CAT,STR,URL,URL_NAME
8	データ項目の種類，タイトル，単位，注釈を設定します。	TITLE,UNIT,NOTE
9	オブジェクト名を設定します。	
10	データの入力，貼り付けなどの作業を行います。	
11	レイヤの内容を設定します。レイヤで使用する地図ファイル，地点定義レイヤ，メッシュレイヤ，移動データ等のレイヤの種類，時空間モード地図ファイルを使用する場合の時期，オブジェクトの形状，レイヤコメント等を設定します。	LAYER,TYPE,TIME, COMMENT, TRIP,TRIP_DEFINITION

3.2 機能解説

3.2.1 データの入力方法

　入力したいセルの上でダブルクリックすると，文字を入力することができます。その状態で矢印キーを押すと，指定した方向に入力セルが移動します。セルの範囲を指定するには，マウスで選択します。また，列・行番号上をクリックすると，行全体・列全体を選択できます。列や行の幅・高さは変更できます。マウスで操作する場合は，行・列の境界線をドラッグします。

　セル上で右クリックすると，次のようなメニューが表示されます。

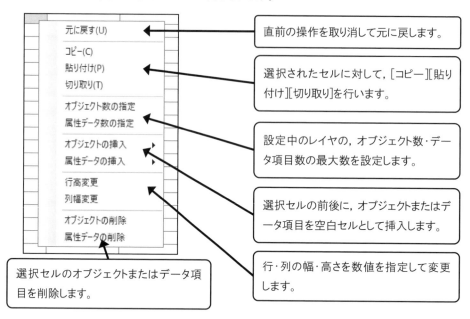

キー操作

　操作に便利なように，次のようなショートカットキーが設定されています。

↓↑←→	上下左右に移動	Ctrl+C	コピー
Shift+↓↑←→	上下左右に移動しながら選択	Ctrl+V	貼り付け
Ctrl+↓↑←→	上下左右端にジャンプ	Ctrl+X	切り取り
Tab	右に移動	Ctrl+Z	元に戻す
Shift+Tab	左に移動		

　「データの種類」欄をクリックすると，右の図のようなメニューが現れます。それぞれの意味は【p.23】を参照してください。ここで変更すると，単位欄が対応するタグに変更されます。

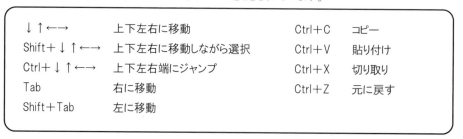

「空白セル」欄をクリックすると，右の図のように「欠損値」「0または空白」のメニューが出ます。これはそれぞれ DATA_MISSING タグを「ON」「OFF」にした場合と同様の機能となります。

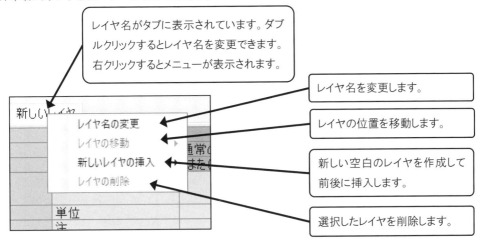

3.2.2 レイヤ操作

入力画面の上にレイヤを操作するレイヤタブが表示されています。レイヤタブを左クリックするとレイヤが選択され，右クリックするとメニューが表示されます。

レイヤ名がタブに表示されています。ダブルクリックするとレイヤ名を変更できます。右クリックするとメニューが表示されます。

レイヤ名を変更します。

レイヤの位置を移動します。

新しい空白のレイヤを作成して前後に挿入します。

選択したレイヤを削除します。

画面右側にはレイヤ単位で設定する項目が並んでおり，必要に応じて設定します。

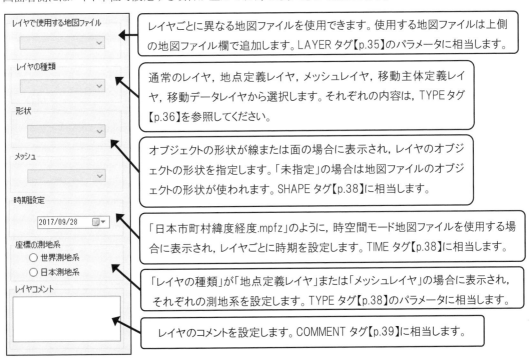

レイヤごとに異なる地図ファイルを使用できます。使用する地図ファイルは上側の地図ファイル欄で追加します。LAYER タグ【p.35】のパラメータに相当します。

通常のレイヤ，地点定義レイヤ，メッシュレイヤ，移動主体定義レイヤ，移動データレイヤから選択します。それぞれの内容は，TYPE タグ【p.36】を参照してください。

オブジェクトの形状が線または面の場合に表示され，レイヤのオブジェクトの形状を指定します。「未指定」の場合は地図ファイルのオブジェクトの形状が使われます。SHAPE タグ【p.38】に相当します。

「日本市町村緯度経度.mpfz」のように，時空間モード地図ファイルを使用する場合に表示され，レイヤごとに時期を設定します。TIME タグ【p.38】に相当します。

「レイヤの種類」が「地点定義レイヤ」または「メッシュレイヤ」の場合に表示され，それぞれの測地系を設定します。TYPE タグ【p.38】のパラメータに相当します。

レイヤのコメントを設定します。COMMENT タグ【p.39】に相当します。

3.2.3 オブジェクト名コピーパネル

　オブジェクト名コピーパネルでは，地図ファイル中のオブジェクトのオブジェクト名の一覧を表示し，コピーすることができます。例として，地図ファイル「日本市町村緯度経度.mpfz」を使用している状態で見てみます。

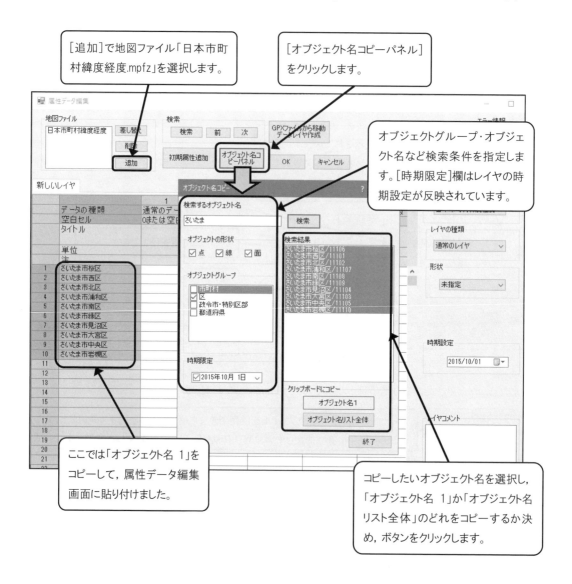

※MANDARAの地図ファイルでは1つのオブジェクトに対して複数のオブジェクト名（オブジェクト名リスト）をつけることができます。地図ファイル「日本市町村緯度経度.mpfz」では市区町村名と5桁の市区町村コードがつけられています。

3.3 初期属性追加

【p.15】では「白地図・初期属性データ表示」機能で地図ファイル中の初期属性データを表示しました。ここでは「日本市町村緯度経度.mpfz」を使って，属性データ編集画面から地図ファイル中の初期属性データ取り出します。

3.3.1 オブジェクトグループごとに初期属性データを追加

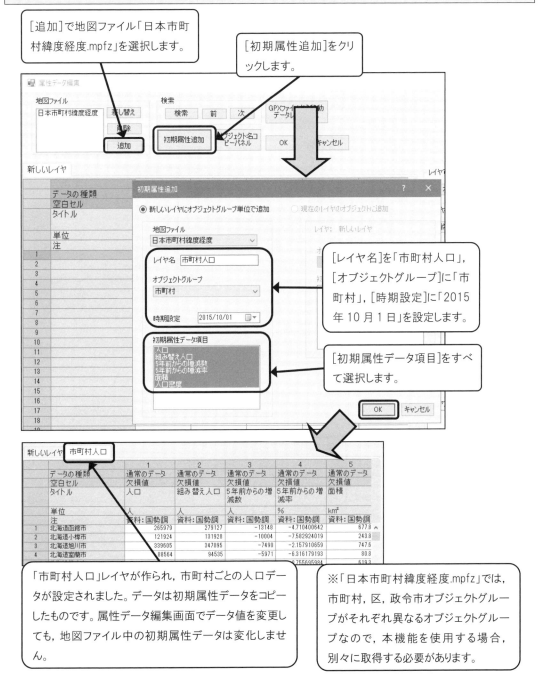

3.3.2 必要なオブジェクトのみに初期属性データを追加

オブジェクトグループ全体ではなく，必要なオブジェクトのみ初期属性データを追加する方法もあります。

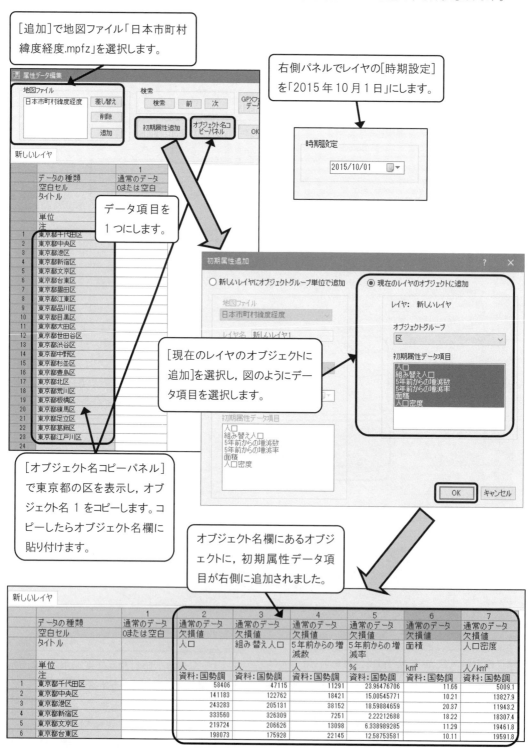

3.4 属性データ修正後の新旧対応設定

　属性データを新規に作成した場合は、[OK]をクリックすると設定画面に移ります。一方、いったん読み込んだ属性データを設定画面の[編集]>[属性データ編集]>[属性データ編集]から入ってデータを修正した場合は多少異なります。それでは、[第 3 章]フォルダの「都道府県 3.xlsx」を開き、【p.21】の要領でクリップボードから MANDARA に読み込んでください。

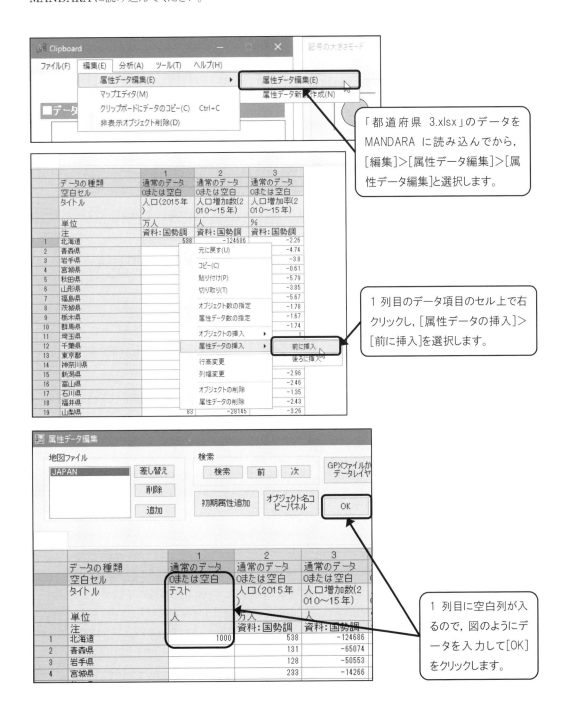

「新旧データ項目対応設定」画面に移ります。

現在属性データ編集画面上に存在するレイヤとデータ項目です。

現在の各データ項目に対応する，旧データ項目です。

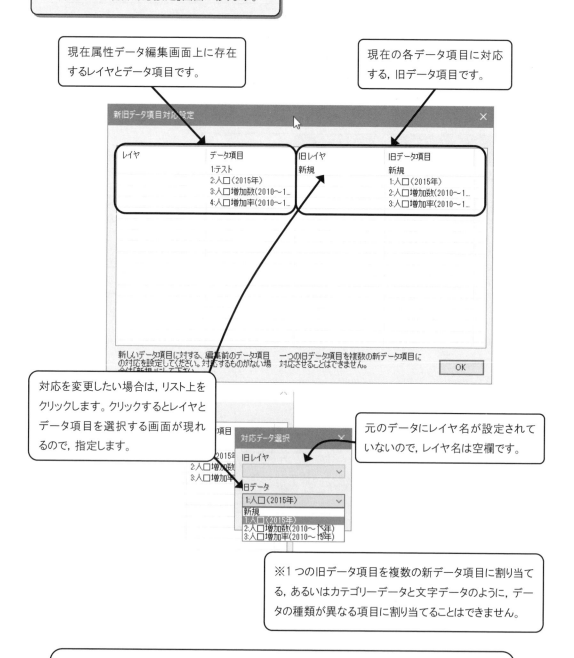

対応を変更したい場合は，リスト上をクリックします。クリックするとレイヤとデータ項目を選択する画面が現れるので，指定します。

元のデータにレイヤ名が設定されていないので，レイヤ名は空欄です。

※1つの旧データ項目を複数の新データ項目に割り当てる，あるいはカテゴリーデータと文字データのように，データの種類が異なる項目に割り当てることはできません。

※デフォルトの新旧データ項目の設定は，データ項目名，単位，平均値，分散等によって設定されています。これは必ずしもユーザの希望と一致するとは限らないので，確認が必要です。
※旧データ項目を設定すると，主題図表示設定が新データ項目に引き継がれます。一方，引き継がれなかったデータ項目は，グラフ表示モード，重ね合わせ表示モード，連続表示モードなどの設定からも削除されます。

第4章 設定画面と属性データの地図化

4.1 設定画面とデータ表示モード

第2章, 第3章では, 属性データの読み込み方法を解説しました。第4章では, 読み込んだ属性データをさまざまな表現方法で地図化する方法を解説します。地図化のための設定を行う画面が「設定画面」です。設定画面では, アイコンから表示方法を選択してそれぞれの表示方法の設定を行い, [描画開始]ボタンで出力画面に描画するのが基本的な使い方です。ここではデータ表示モードの画面を説明します。

メニュー
各メニューの詳細は第5章で解説します。

[描画開始]ボタン
設定画面で設定した状態で出力画面に主題図を描画します。

データ表示モード
特定のレイヤのデータ項目に対して表示設定を行う, 最も基本的な表示方法です。データ表示モードはさらに「単独表示モード」「複数表示モード」に分かれます。
それぞれさらに細かく分かれてさまざまな表示方法から最適な方法を選択できます。

複合表示モード
データ表示モードで設定した複数の主題図を重ねて表示する「重ね合わせ表示モード」, データ表示モードで設定した複数の主題図を連続して表示する「連続表示モード」があります。

4.2 データ表示モード

4.2.1 表示方法

データ表示モードでは，レイヤを指定してデータを設定し，地図化します。そのうち「単独表示モード」では，特定のレイヤの 1 つのデータ項目に対してさまざまな設定を行い，表示します。「複数表示モード」では複数のデータ項目で円グラフや棒グラフ，ラベルの表示などを行います。データ表示モードに含まれる表示方法の作図例を示すと，次のようになっています。

4.2.1.1 単独表示モードの階級区分モードと等値線モード

単独表示モードの階級区分モードでは，階級区分を設定してデータの数値を表現します。等値線モードでは，代表点の座標から等値線を生成して表現します。

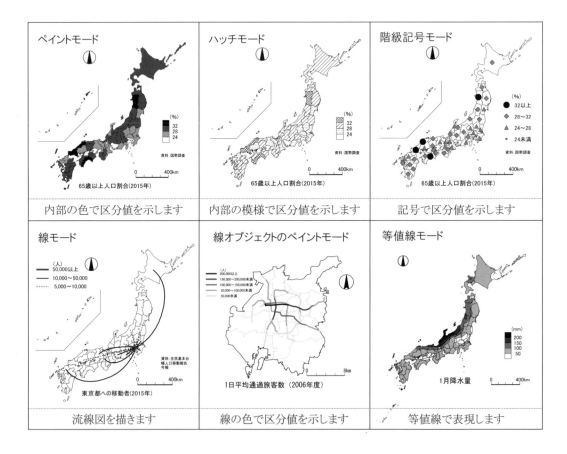

4.2.1.2 単独表示モードの記号モードと文字モード

単独表示モードの記号モードでは，記号の大きさや数，高さなどでデータの数値を表現します。文字モードはデータ値をそのまま表示します。

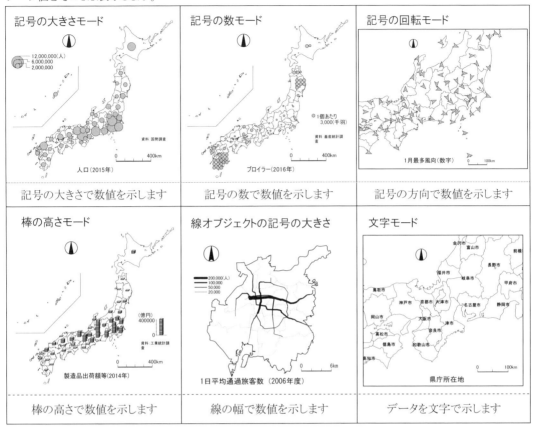

4.2.1.3 複数表示モード

複数表示モードは，複数のデータ項目を同時に表示します。

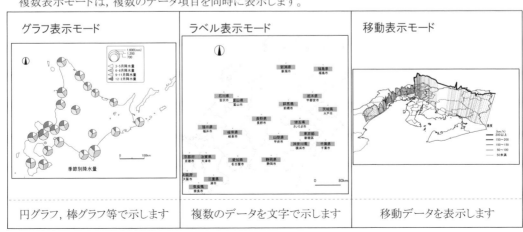

4.2.2 表示方法の選択

データの特性に応じて,どのような表示方法を選べばよいのか,オブジェクトの形状と属性データの種類【p.23】ごとに表で示しました。

表示方法			面形状オブジェクト					
			属性データの種類					
			文字	カテゴリー	通常のデータ			
					面積の影響を受ける	面積の影響を受けない	特定オブジェクトへの移動量を示す	方向を示す
単独表示モード	階級区分	ペイント ハッチ 階級記号	－	○	×	○	×	×
		線	－	△	×	×	○	×
	記号	記号の大きさ 記号の数 棒の高さ	－	－	○	×	○	×
		記号の回転	－	－	×	×	×	○
	等値線		－	－	×	○	×	×
	文字		○	○	○	○	○	○
グラフ表示モード			－	－	○	△	○	×
ラベル表示モード			○	○	○	○	○	○

表示方法			線形状オブジェクト	点形状オブジェクト				
				属性データの種類			
				文字	カテゴリー	通常のデータ		
						特定オブジェクトへの移動量を示す	方向を示す	その他
単独表示モード	階級区分	ペイント	○	－	○	×	×	○
		ハッチ 階級記号	－	－	○	×	×	○
		線	○	－	△	○	×	×
	記号	記号の大きさ	△	－	－	○	×	○
		記号の数 棒の高さ	－	－	－	○	×	○
		記号の回転	－	－	－	×	○	×
	等値線モード		－	－	－	×	×	○
	文字		○	○	○	○	○	○
グラフ表示モード			△	－	－	○	×	○
ラベル表示モード			○	○	○	○	○	○

○ 適当な表示方法　△ データによっては不適当な表示方法　× 選択はできるが不適当な表示方法
－ 選択できない表示方法

カテゴリーデータ，文字データは属性データ作成時にユーザ側で「CAT」タグ，「STR」タグで指定します。文字データはラベル表示モードでしか描画できません。カテゴリーデータは記号モードやグラフ表示モードでは表示できません。

カテゴリーデータでも文字データでもない通常のデータは，最適な表示方法をユーザ自身で選択する必要があります。特に面形状オブジェクトの場合は，「面積の影響を受けるデータ」と「面積の影響を受けないデータ」によって表示方法を区別し，前者の場合は記号の大きさや数，棒の高さで，後者の場合はペイントやハッチ，階級記号で表示します。

面積の影響を受けるデータとしては，地域ごとの人口数など絶対量のデータがあげられます。全体の人口密度が均一で，集計単位地域の面積が異なる地域を考えると，人口密度は同じでも，面積の広い地域が濃く塗りつぶされてしまい，誤った印象を与えてしまいます。

一方，面積の影響を受けないデータとしては，人口密度のように指標を面積で割ったデータや，人口1人当たりといった相対量のデータがあげられます。これらは，ペイントなど地域を塗りつぶす方法が適当です。ただし，相対量になっていても，全体地域に占める部分地域の割合などは絶対量と同じで，記号モードが適当です。

次の図は，面積の影響を受けるデータとして都道府県ごとの「耕地面積」を取り上げ，階級区分で塗りつぶした場合と，記号の大きさで示した場合とを比較したものです。記号の大きさで示すと，全国に均等に分布していることがわかりますが，階級区分のペイントでは東北地方に耕地が集中しているような誤解を与えてしまいます。

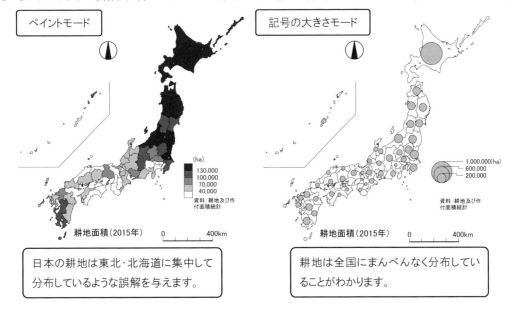

一方で，オブジェクトごとの面積・形状が同じであれば，面積の影響はなくなります。たとえばメッシュデータを地図化する場合や，点オブジェクトのデータを地図化する場合は，人口総数のようなデータであっても階級区分図で表示することが可能です。

4.2.3 デフォルトの表示方法

属性データをクリップボードまたは CSV ファイルから読み込んだ場合や，属性データ編集機能で作成した場合，次の表示方法がデータ項目ごとにデフォルトで選択されます。

条件		デフォルトの表示方法
点・線形状オブジェクト		階級区分モードのペイントモード
面形状オブジェクト	メッシュオブジェクト	階級区分モードのペイントモード
	■タイトルに次の文字を含むデータ項目 　率，割合，密度，平均，比，あたり，時間， 　距離，rate, ratio, density, ■単位に次の文字を含むデータ項目 　パーセント，パーミル，per, %, ‰, ／	階級区分モードのペイントモード
	上記以外	記号モードの記号の大きさモード

コラム　MANDARA 開発史③ －地理教育への活用と時間情報－

（【p.42】から続く）

　1999 年から 2002 年にかけてはバージョン 4 をこまめに修正していた時期でしたが，その間に名古屋大学教育学部附属中学校において MANDARA を地理教育に活用した授業実践が行われました。詳細は谷ほか(2002)を参照していただきたいのですが，そのために 2001 年夏に作成したのが「属性データ編集」機能です。中学生対象では Excel 上で MANDARA タグを使うのはたいへんだろうということで，Excel 風の入力フォームを作ったのですが，ユーザのさまざまな操作に対応する必要からなかなか動作が安定しませんでした。一時は削除しようかとも思ったほど頭痛の種でしたが，2008 年春に半月かかりきりでプログラミングし，汎用性の高い ActiveX コントロールとすることができました。このおかげで，バージョン 9.0 からは初期属性データを設定できるようになりました。

　また，2000 年頃から市町村の合併が盛んになり，地図データと統計データの時間のズレへの対応が必要となってきました。そのためには，地図データ中に時間要素を付与して，任意の時点の地図を表示できるようにする必要があります。その方法として【p.297】のアルゴリズム欄で紹介している「位相構造暗示方式」という，位相構造を地図データ中には保持せず，必要な時にその都度プログラム側で算出するという手法を検討しました。しかしこの手法を MANDARA に適用するには，従来からの互換性や処理速度等の問題から無理があり，結局位相構造を保持したまま時間情報を付けることにしました。2002 年春にプログラムに全面的に手を加え，第 9 章で紹介するような時空間モードを完成させ，バージョン 5.0 として公開しました。埼玉大学教育学部のゼミ学生に手伝ってもらい，1960 年以降の時間変化を持つ地図ファイル「日本市町村.mpf」も作成して，谷(2002)で報告しました。

　この時期には，国土数値情報をはじめ，数値地図 2500（空間データ基盤）や数値地図 25000（空間データ基盤）などのインターネットの公開が進み，それらへの対応を順次行っていきました。

（【p.66】に続く）

4.3 単独表示モード

単独表示モードでは，基本的にレイヤの中の1つのデータ項目に対して表示設定を行い，描画します。

4.3.1 階級区分モード

階級区分モードでは，データを特定の値で区切り，階級区分した値からオブジェクトに対してペイント，ハッチ等で塗り分けたり，記号を表示したりします。また，少しかわった表示方法として流線図を描くことができます。

なお階級区分モードで表示する際には，【p.59】のように，面積の影響を受けないデータを使用します。

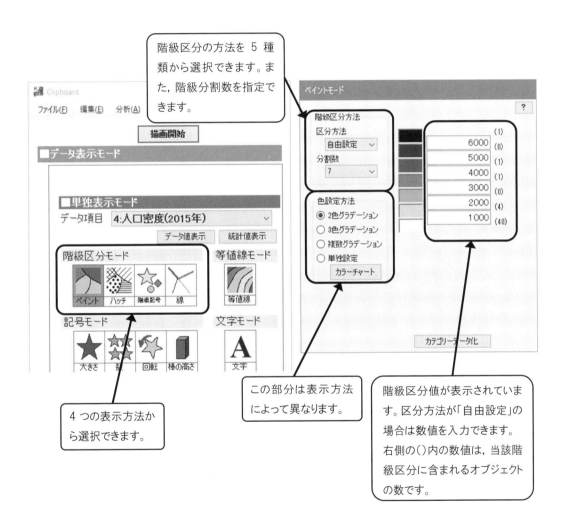

4.3.1.1 階級区分の方法

階級区分してデータを地図化するには，どのように数値を区分するかが問題となります。MANDARA では，階級区分の方法として以下の 5 種類から選択できます。

方法	詳細
自由設定	分割数を指定して任意の値で区切ります
分位数	指定した分割数をもとに，オブジェクト数が階級間で等しく分布するよう，区分値を決定します。
面積分位数	指定した分割数をもとに，含まれるオブジェクトの面積が階級間で等しく分布するように，区分値を決定します（面形状オブジェクトの場合にのみ使用できます）。
標準偏差	平均値+標準偏差，平均値+標準偏差/2，平均値，平均値-標準偏差/2，平均値-標準偏差，と区分値を決定します。分割数は 6 で固定です。
等間隔	指定した分割数で等間隔に区分します。

ここで[第 4 章]フォルダの「都道府県 4.xlsx」のデータを MANDARA に読み込み，そのうちデータ項目「4: 人口密度(2015 年)」を使っていろいろな区分方法を試してみます。

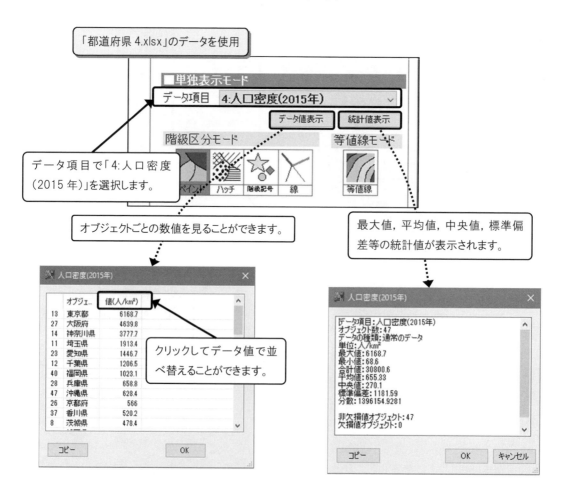

分位数	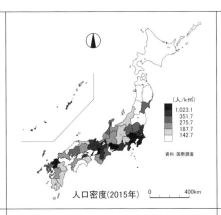 人口密度(2015年)	階級区分内のオブジェクト数が等しくなります。比較的見やすい地図になりますが、区分値の間隔は不規則になります。 　各区分内のオブジェクトの数は等しくなりますが、オブジェクトごとの面積は異なります。人口密度の場合は、高密度の都府県の面積が比較的狭いことが多いため、描画すると高密度の地域が少なく見えます。
面積分位数	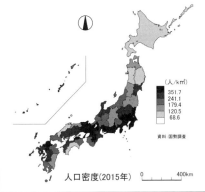 人口密度(2015年)	階級区分内のオブジェクトの面積が等しくなります。分位数と同様に、区分値の間隔は不規則です。この図では最低位の階級のオブジェクトがありません。これは、北海道のように特に面積の大きなオブジェクトがあるために起こります。
標準偏差	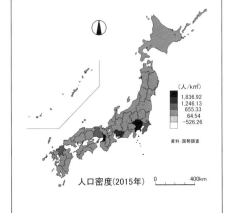 人口密度(2015年)	人口密度の平均値は655.33人/km²で、標準偏差は1181.59です。この両指標をもとに等間隔で区分していますが、「-526.26」のように人口密度では通常あり得ない区分値が入っています。標準偏差を用いる区分は、平均値と中央値が近く、度数分布の偏りの小さいデータには有効ですが、人口密度の中央値は270と、平均値よりもかなり小さいので、人口密度の場合は不適切な区分方法といえるでしょう。 　なお、ここでの「人口密度の平均」は、オブジェクトごとの人口密度の平均で、全国の総人口を総面積で除して求めた人口密度の数値とは異なります。
等間隔	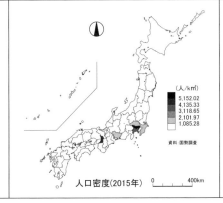 人口密度(2015年)	人口密度は一部の高い地域と多数の低い地域に分かれるため、等間隔で区分すると最低位の階級に多くのオブジェクトが分類されてしまい、意味のある図になっていません。等間隔の区分も、標準偏差と同様に、度数分布の偏りが小さいデータに使用します。

人口密度の場合は，下限が 0 に固定される一方で，上限には限りがありません。そのため度数分布に偏りが生じてしまい，等間隔の区分では対応できません。他にも，平均世帯所得や，平均地価などのデータも同様な傾向を持ちます。一方で，65 歳以上人口割合や，第一次産業人口割合のように，下限が 0%，上限が 100%に固定されている場合は，度数分布の偏りは比較的小さくなるので，標準偏差や等間隔の区分が有効です。

　これらの方法で機械的に階級区分すると，人間が見てきりのいい数字とはなりません。いったんこれらの方法で区分し，その後「自由設定」できりのいい数字に直してもよいでしょう。

　また，これまでの区分方法以外にも，データ値を昇順または降順に並べ替えた際に，大きな変化の見られる箇所で区分する方法もあります（自然分類と呼ばれます）。次の図は，データ値を見ながら，自然分類と分位を組み合わせ，さらにきりのいい数字に置き換えたものです。

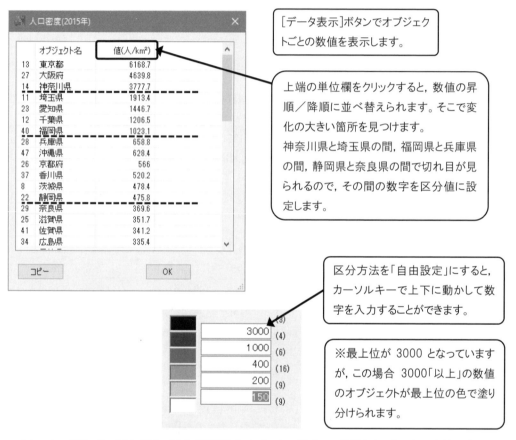

　また，人口増加率のように増加・減少が問題となるデータの場合は，基準となる「0」を区分値の中に入れるなど，データの性質と，示したい内容によって階級区分値の決め方は異なってきます。

　階級分割数については，人間の目の判読能力の関係から，4〜6 階級程度が適当ですが，思い切って単純化したい場合は 2 段階にしてもいいですし，オブジェクトが多く，グラデーションできれいに見せたい場合は分割数を増やしてもよいでしょう。MANDARA では最大 20 階級となっています。

　なおデフォルトで設定される階級区分値は，等間隔区分を基本に，比較的きりのいい数字に置き換えたものです。そのためデータの性質によっては不適切な区分となっていることがあるので，ユーザ自身で適切な区分を行ってください。

4.3.1.2 ペイントモード

　階級区分モードの中でも，ペイントモードではオブジェクト内部を指定された色で塗りつぶします。色の設定方法は，上下の 2 色を指定して中間の色はグラデーションにする「2 色グラデーション」，さらにグラデーションを増やした「3 色グラデーション」「複数グラデーション」，1 つずつ色を設定する「単独設定」の 4 種類があります。

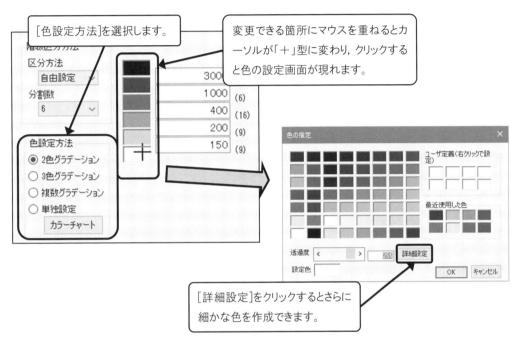

　色の選択は，白黒で表現する場合は白→黒へ，カラーで表現する場合は，数値の大きい階級を赤などの暖色系の色，小さい階級を青などの寒色系の色に設定するのが一般的です。

　「3 色グラデーション」は中間の特定の値を境とした変化を表現したい場合に使用します。たとえば，人口増加率であれば，増加している 0 以上の地域と，減少している 0 未満の地域の両方で強調する必要があります。その場合，最上位を赤，最下位を青，0 付近を白に設定すれば，増加が顕著な地域，変化の小さい地域，減少の顕著な地域の 3 つを容易に判読できるようになります。

　「複数グラデーション」は，次のように 3 つ以上の色を使ってグラデーションをかけることができます。

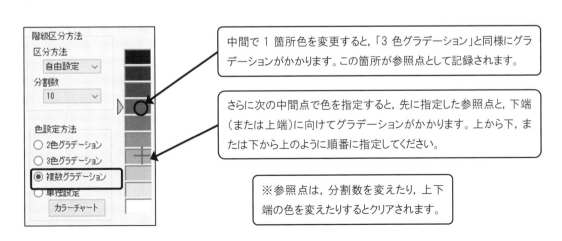

「単独設定」の場合は，各階級色を自動でグラデーションをかけることなく，1色ずつ設定することができます。

[カラーチャート]ボタンをクリックすると，既定のカラーチャートが表示されるので，選択してください。

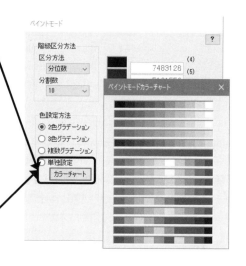

コラム　MANDARA 開発史④－集成オブジェクトの実装－

(【p.60】から続く)

　筆者は2000年頃から戦前の都市構造に関心を持っており，MANDARAの地図データに時間情報を付けられるようになったことから，大正～昭和の大合併の頃にかけての南関東の行政界地図データを作成することにしました。これもゼミ学生に協力してもらい，1/5 万地形図から行政界のトレース，スキャン，MANDARAでの白地図処理，マップエディタでの時間設定と行い，何と4年近くかかってようやく地図ファイル「大正昭和南関東.mpf」がだいたい完成しました(谷2007)。「だいたい」というのは，実は行政界の線種設定が完全ではないのです。戦前でも大都市周辺では合併を伴う市制施行や，区制施行が頻繁で，それらの設定を行う必要がありました。市町村オブジェクトの合併は簡単にできますが，合併に伴って町村界が市界に変化する設定，また郡の領域の変化の設定も別に行う必要があり，これらをミスなく設定するのはかなり困難でした。

　そこで考えたところ，行政界の場合は独自の線種があるというよりは，ラインを使用しているオブジェクトによって線種が決まる性質があるということに気づきました。この性質をそのままMANDARAで再現できれば，線種の設定の変化を行う必要がなくなります。そうして「オブジェクトグループ連動型線種」が作られました【p.282】。

　また，「郡」オブジェクトが町村オブジェクトから構成されていることから，部分である町村の集合として郡が構成されているとすれば，郡オブジェクト自体はラインを直接参照せず，町村オブジェクトを参照して形状を構成すれば，細かな設定が不要になると考えました。その頃有川・太田(2007)によるオブジェクト指向GISモデリングの本が出ており，その本に触発される形で「集成オブジェクト」(第10章)として実装しました(谷 2008)。その後に作成した地図ファイル「大正昭和東海近畿.mpf」は，これらの機能を使うことで短期間かつ正確に作成することができました(谷2009b)。

　こうしてMANDARAでの地図データの編集はたいへん便利になりました。

(【p.94】に続く)

4.3.1.3 ハッチモード

階級区分モードのハッチモードでは，オブジェクト内部を指定された模様でハッチングします。この模様はユーザ自身で柔軟に変更でき，水田の記号や画像で埋めたりすることもできます。

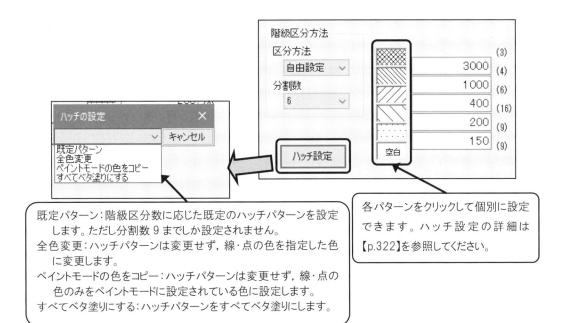

既定パターン：階級区分数に応じた既定のハッチパターンを設定します。ただし分割数9までしか設定されません。
全色変更：ハッチパターンは変更せず，線・点の色を指定した色に変更します。
ペイントモードの色をコピー：ハッチパターンは変更せず，線・点の色のみをペイントモードに設定されている色に設定します。
すべてベタ塗りにする：ハッチパターンをすべてベタ塗りにします。

各パターンをクリックして個別に設定できます。ハッチ設定の詳細は【p.322】を参照してください。

出力画面

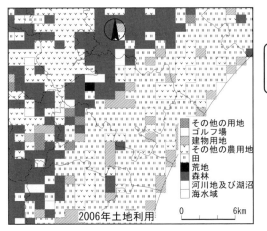

ハッチに記号を選んで表示した例です。

4.3.1.4 階級記号モード

階級区分モードの階級記号モードでは，オブジェクトの「記号表示位置」に階級区分に応じて指定された記号を表示します。記号表示位置は，初期状態ではオブジェクトの代表点と同じですが，出力画面または設定画面のメニューから変更することもできます【p.146】。

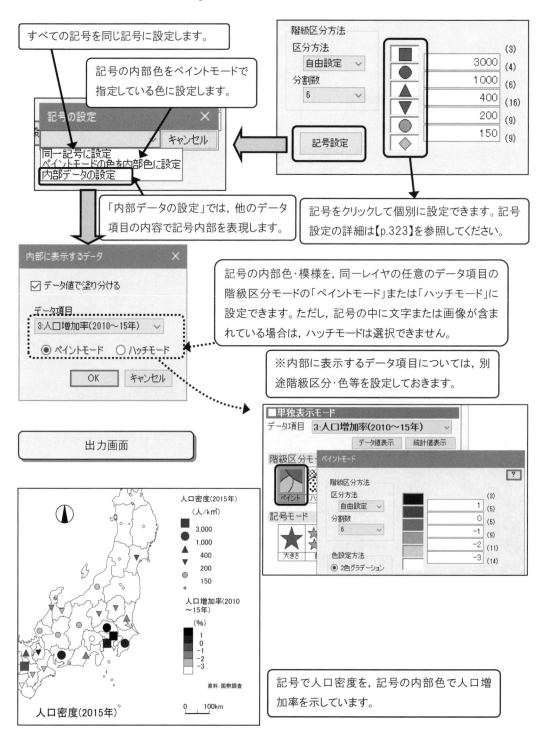

4.3.1.5 線モード

階級区分モードの線モードでは，ラインパターンを階級区分ごとに設定し，流線図を描いて人やモノなどの移動状況を示します。なお流線図が描かれるのは面・点形状オブジェクトの場合で，線形状オブジェクトの場合は，流線図ではなくオブジェクト自体が指定のラインパターンで描かれます【p.91】。

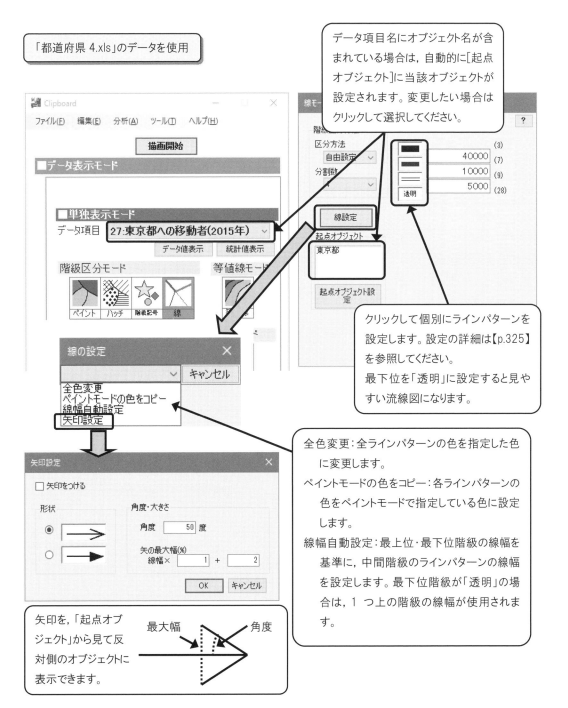

出力画面

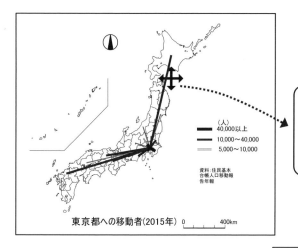

出力画面では、マウスカーソルを線上に移動させると、カーソルが十字型に変わります。その状態でドラッグすると、線を曲線にすることができます。

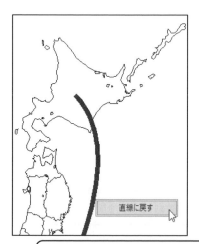

曲線にした状態で右クリックすると、[直線に戻す]メニューが出るので、クリックすると元の直線に戻ります。

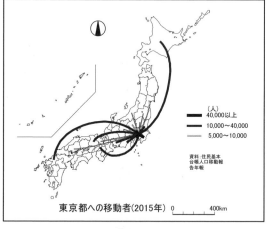

※線の描画順序については、出力画面の[オプション]>[オプション]の[全般タブ]【p.178】を参照してください。

4.3.1.6 カテゴリーデータの場合

データの種類がカテゴリーデータ【p.23】の場合は，通常のデータと設定画面が異なります。

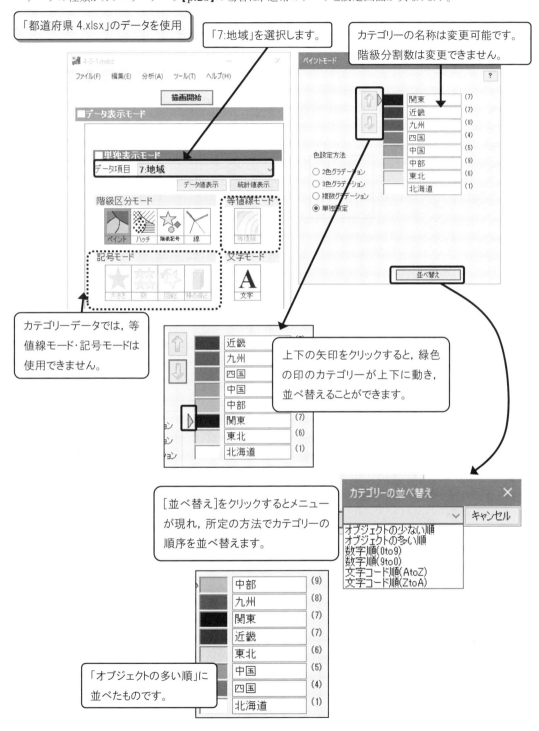

4.3.1.7 点形状オブジェクトの場合

　点形状オブジェクトの場合は，記号を表示してその内部を指定の色・ハッチで塗りつぶします。記号はオブジェクトの「記号表示位置」に表示されます。ここでは[第 4 章]フォルダの「日本の気候.xlsx」のデータを使用してみます。

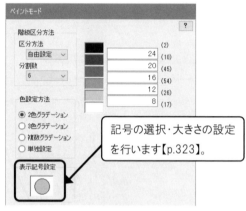

記号の選択・大きさの設定を行います【p.323】。

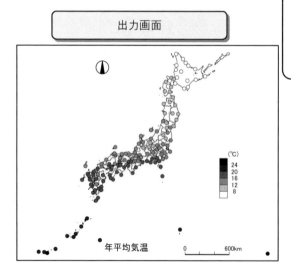

※記号が重なる場合は記号の大きさのほか，描画順序も検討する必要があります。描画順序については，出力画面の[オプション]＞[オプション]の[全般タブ]【p.178】を参照してください。

4.3.1.8 カテゴリーデータ化

階級区分モードの区分間隔を使って，通常のデータをカテゴリーデータに変換することができます。

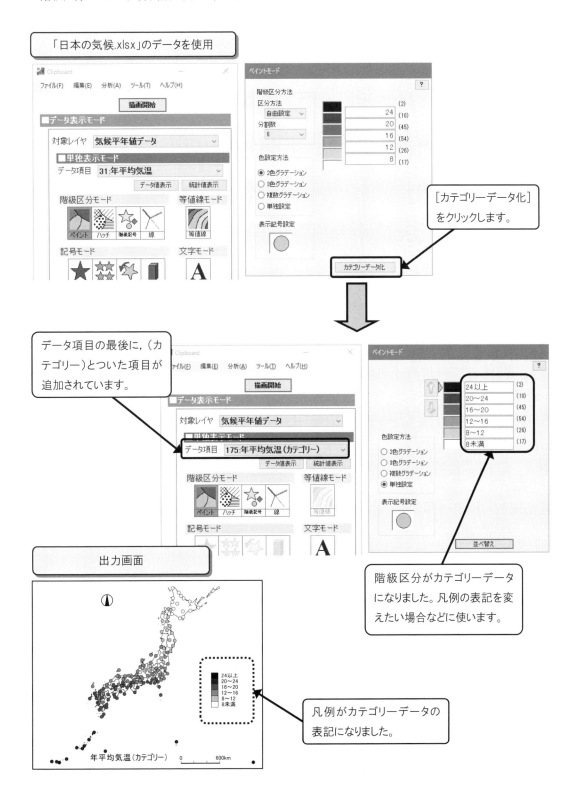

4.3.2 記号モード

単独表示モードの記号モードでは，オブジェクトの属性値を記号の大きさや数，記号の向き，棒の高さで示すことができます。記号はオブジェクトの「記号表示位置」に表示されます。記号表示位置は，初期状態ではオブジェクトの代表点と同じですが，出力画面【p.80】または設定画面のメニュー【p.146】から変更することもできます。4つの表示方法いずれも，内部データとして別のデータ項目を設定することができます。データ項目の種類が文字またはカテゴリーデータの場合は，記号モードを選択することはできません。

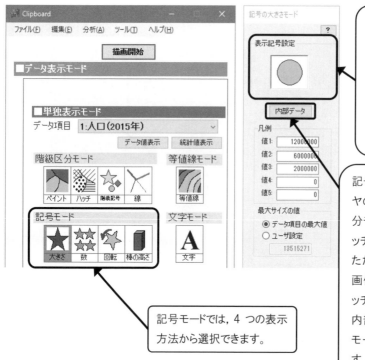

記号モードでは，4つの表示方法から選択できます。

棒の高さモード以外の場合は，数値を表現するための記号の種類を設定します【p.323】。
データ項目に負の値が含まれる場合は，負の場合の色を指定できます。

記号の内部色・模様を，同一レイヤの任意のデータ項目の階級区分モードのペイントモードまたはハッチモードに設定できます。
ただし，記号の中に文字または画像が含まれている場合は，ハッチモードは選択できません。
内部データの設定は「階級記号モード」【p.68】の場合と同様です。

4.3.2.1 記号の大きさモード

　記号モードの記号の大きさモードでは，記号の大きさによってデータの量を表します。記号の面積は，数値の値に比例して大きくなります。たとえば記号で円を指定している場合，数値が2倍になれば円の半径は$\sqrt{2}$倍となり，円の面積は2倍となります。

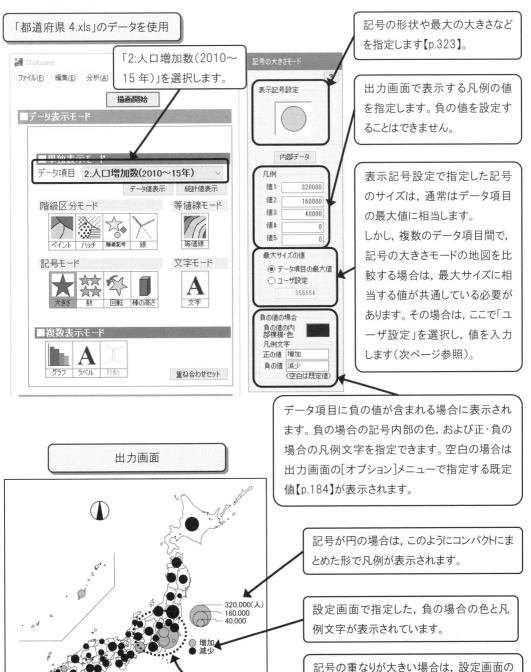

> 最大サイズの値を一致させる効果

「データ項目の最大値」に設定した場合

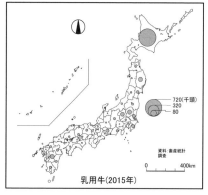
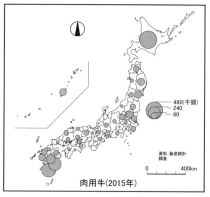

各データ項目内での地域差を示すことはできますが，乳用牛の最大数 792 千頭，肉用牛の最大数 505 千頭と差が大きく，乳用牛と肉用牛の間での比較ができません。

肉用牛でユーザ設定「792」千頭に設定した場合

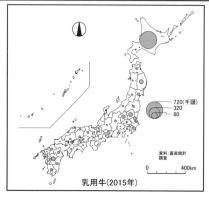

肉用牛側で最大サイズの値を乳用牛の最大数に合わせて「792」千頭に設定しました。「肉用牛」を見ると，凡例値は変わりませんが，凡例の円が小さくなっています。これにより，北海道では乳用牛に比べて肉用牛が少ない，といった比較が可能になります。

> 記号の描画順序

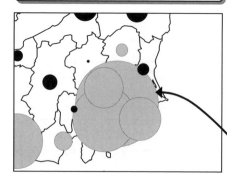

記号の大きさモードで記号を表示する際には，数値の絶対値の大きいオブジェクトから描画を行います。これによって，小さい値のオブジェクトの記号が隠れることを防ぎます。

しかし重なりが多いと読み取りにくくなるので，その場合は「表示記号設定」でサイズを小さくするか，【p.80】の方法で記号表示位置をずらしてください。

記号は大きいものが下に描かれます。

4.3.2.2 記号の数モード

記号モードの記号の数モードでは，記号の数によってデータの量を表します。

「都道府県4.xlsx」のデータを使用

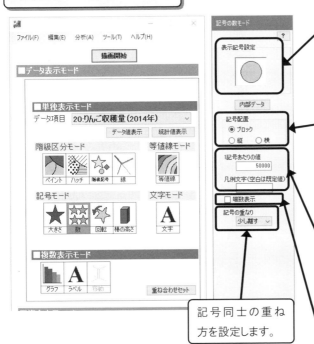

記号の形状や最大の大きさなどを指定します。

記号の並べ方を指定します。「ブロック」では，記号表示位置を中心としてブロック状に，「縦」では記号表示位置を下端として縦方向に積み上げて，「横」では記号表示位置を中心として横方向に記号を配置します。

[1記号あたりの値]では記号1つに割り当てる数量を指定します。[凡例文字]では，凡例に表記される文字を指定します。空白の場合は出力画面の[オプション]メニューで指定する既定値【p.184】が表示されます。

記号同士の重ね方を設定します。

[1記号あたりの値]で指定した値未満の端数を表示するかどうかを設定します。「表示」にした場合，端数分の数量を記号の面積に比例して表示します。

出力画面

端数非表示の場合 / 端数を表示した場合

[凡例文字]で指定した文字が入ります。

4.3.2.3 記号の回転モード

記号モードの記号の回転モードでは，データの値をもとに記号を回転させ，方向を示します。ただし，記号を指定した角度分回転させるだけのため，方位を正しく示すわけではありません。

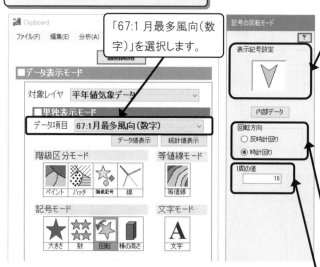

回転させる記号の形状や最大の大きさなどを指定します。記号によっては，下向きのパターンを示すものもあるので，角度の指定に見合った形状の記号を選択してください【p.323】。
この記号の場合は，角度0の状態で上を向いているので，北風を示す場合は，記号選択画面で角度を180度に指定します。

数値が正の場合に，「反時計回り」，「時計回り」のどちらの方向に回転させるかを設定します。

このデータ項目では，16方位で，北北東の風を1，北東を2と時計回りで，北風を16としています。

一周するのに必要な値で，通常の角度であれば360度で一周ですが，データに応じて自由に設定することができます。

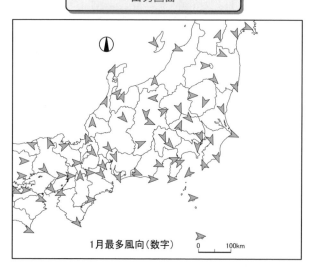

※記号の回転モードでは，凡例は表示されません。

4.3.2.4 棒の高さモード

記号モードの棒の高さモードでは，データ値を棒の高さで示します。

［最大高さ］では，棒の最大の高さを設定します。［最大高さの値］は記号の大きさモードの「最大サイズの値」と同じ意味です。

［幅］は棒の幅を指定し，［内部］では棒の内部の色を，［輪郭線］では棒の輪郭線を指定します。［立体表示］にチェックすると，棒を立体的に表示します。

目盛り線の表示の有無と間隔，そのパターンを設定します。この設定ではパターンは白線になっています。

出力画面

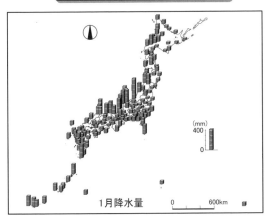
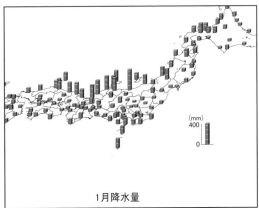

出力画面で 3D 表示【p.177】にしたものです。

4.3.2.5 記号表示位置の移動

　記号モード，階級区分モードの階級記号モード，グラフ表示モードにおいて，記号を表示する位置を「記号表示位置」と呼びます。初期状態ではオブジェクトの代表点となっていますが，設定画面の[ツール]>[記号表示位置等操作]【p.146】または出力画面で変更できます。ここでは出力画面で変更する方法を解説します。

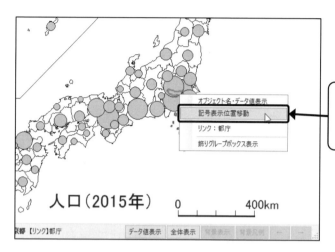

出力画面にて，記号表示位置を変えたいオブジェクト上で右クリックし，[記号表示位置移動]を選択します。

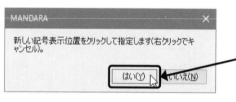

[はい]をクリックすると，マウスが＋型になるので，記号表示位置を左クリックで指定してください。右クリックすると設定をキャンセルできます。

出力画面の[オプション]>[オプション]>[全般]タブで[飾り]の「記号表示位置とオブジェクト代表点を線で結ぶ」【p.178】にチェックすると，このように線で結ばれます。

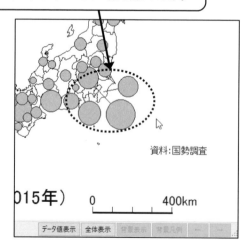

記号表示位置を元に戻したい場合は，出力画面のオブジェクト上で右クリックし[記号表示位置を元に戻す]を選択してください。

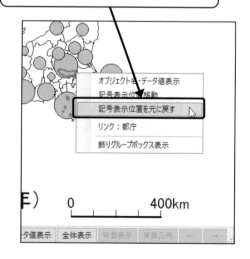

4.3.3 等値線モード

等値線モードでは，オブジェクトの数値とその代表点の位置をもとに，等値線あるいは等値線内部を塗りつぶした段彩図を描画します。データ項目が文字またはカテゴリーデータの場合，またオブジェクトが線形状の場合は選択できません。

「日本の気候.xlsx」のデータを使用

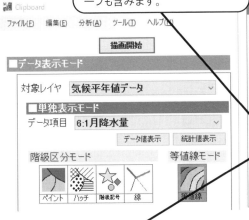

描画する際に，面形状オブジェクトの内部のみに等値線を表示する場合にチェックします。ここで，面形状オブジェクトにはダミーオブジェクト・ダミーオブジェクトグループも含みます。

等値線の設定方法を 4 種類の中から選択します。内部を塗りつぶしたい場合は「ペイントモードで塗分け」「ハッチモードで塗分け」を，線だけを引きたい場合は「等間隔」「個別設定」を選択します。

等値線を描く際に，曲線で近似して滑らかな等値線にしたい場合にチェックします。

等値線を描く際の密度を設定します。細かく設定するほど，局地的な値が強く反映され，粗いほど広い領域の値が反映されて滑らかになります。
また，細かいほど描画に時間がかかります。

4.3.3.1 ペイントモード・ハッチモードで塗り分け

「等値線の設定方法」で「ペイントモードで塗分け」または「ハッチモードで塗分け」を選んだ場合は,「段彩図」と呼ばれる等値線内部が色分けされた地図を表示できます。そのために,事前に階級区分モードのそれぞれのモードで,階級区分・色・ハッチ等を設定しておき,その後等値線モードに戻して描画します。

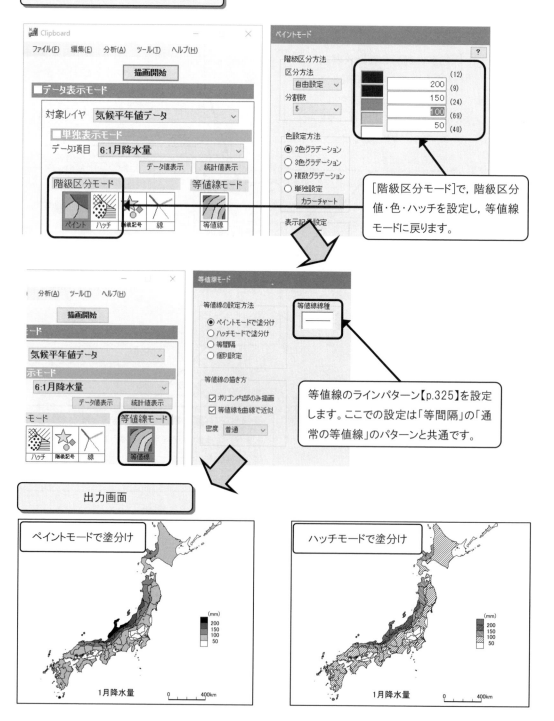

> ポリゴン内部のみ描画

「等値線の描き方」の設定で「ポリゴン内部のみ描画」にチェックすると，面形状オブジェクトの内部だけに等値線を描くことができます。この場合，同一レイヤ内であればダミーオブジェクト・ダミーオブジェクトグループも含みます。面形状オブジェクトが存在しない場合はチェックしていても無視されます。

> 「ポリゴン内部のみ描画」でない場合

> 「ポリゴン内部のみ描画」の場合

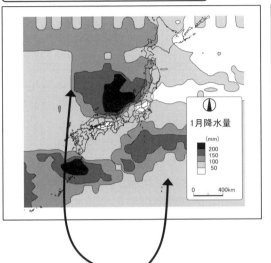

> オブジェクトの代表点から離れた箇所では，等値線が描かれていても，その数値はあくまで推計値に過ぎません。現実の値と大きく離れていることも考えられるので，オブジェクト内部のみに表示した方が誤解を与えずにすみます。

この機能では，ポリゴンの外側に等値線は表示されなくなりますが，ポリゴン内部はどちらの場合も全く同じ状態で描画されます。実際のプログラム内では，ポリゴンの外側にも等値線を描いており，クリッピングリージョンというプログラムの機能を用いて，ポリゴン内部のみを見えるように設定しています。

> 密度と拡大縮小

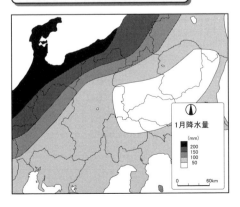

「等値線の描き方」の設定では密度を設定することができますが，これは描画される地図領域全体に対して設定されます。

左の図は，右上の図の一部を拡大したものですが，一部を拡大しても，その箇所の等値線が詳細に描かれるということはありません。

4.3.3.2 等間隔

　等間隔で等値線を表示する場合は，等値線の間隔を指定します。この方法では，内部を塗りつぶすことはできません。

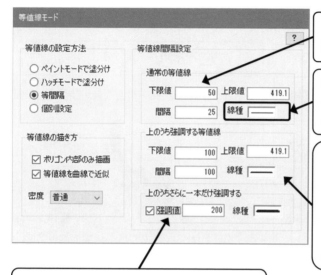

「通常の等値線」欄では，下限値・上限値・間隔・線種を設定します。

ここで設定したラインパターンは，【p.82】のペイントモード・ハッチモードの等値線のパターンと共通です。

「通常の等値線」欄で指定された等値線のうち，別のラインパターンで表示したい等値線を設定します。
下限値と間隔により指定される値が，「通常の等値線」欄で指定される等値線の値に含まれている必要があります。

「通常の等値線」欄で指定された等値線のうち，一本だけさらに別のラインパターンに設定することができます。必要ない場合はチェックを外しておきます。

出力画面

等値線が描かれるだけで凡例はありません。
そのままでは等値線の値がわからないので，次ページの方法で値を表示します。

※この図では都道府県境を透明に設定しています。出力画面の[オプション]＞[線種ラインパターン設定]【p.178】で行います。

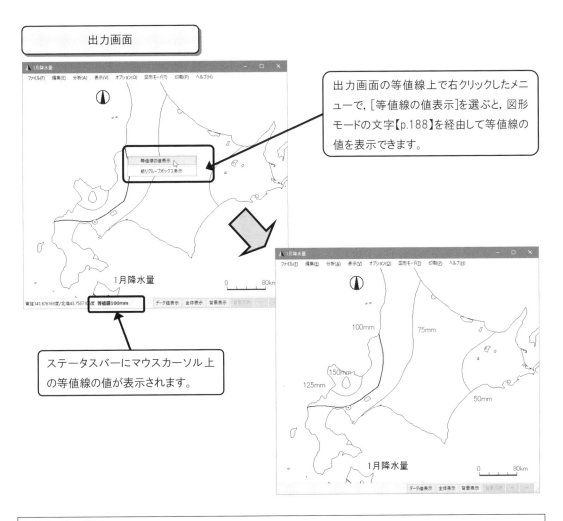

4.3.3.3 個別設定

等値線の値を一本ずつ指定して表示します。いくつでも追加可能です。「等間隔」と同様に内部を塗りつぶすことはできません。また出力画面での等値線の値の表示は「等間隔」の場合と同様です。

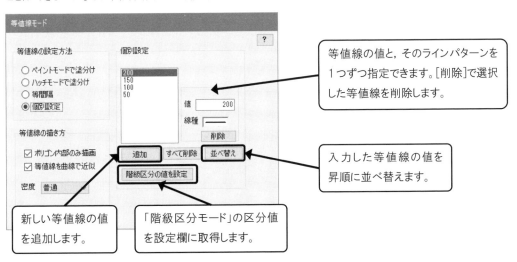

アルゴリズム：等値線の描き方

　MANDARAでは，等値線を描画するために，まず地図上にメッシュの格子を設定し，格子上の値を周囲のオブジェクトの代表点から推計して算出します。その後メッシュの値を用いて等値線を描画します。

格子上の値を推計

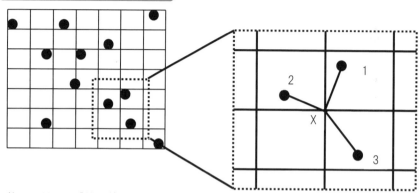

V_x:格子上X地点の推計値
V_i:オブジェクトiの属性値
D_i:X地点とオブジェクトiの代表点との直線距離

$$V_X = \frac{\sum \dfrac{V_i}{D_i}}{\sum \dfrac{1}{D_i}}$$

　格子の間隔は「等値線の描き方」の「密度」欄で決まります。細かい順に，0.5％，1.0％，1.7％，2.5％，3.5％となります。0.5％の場合，おおむね地図領域が縦横200等分されたメッシュが作られます。

近隣のオブジェクトの特定

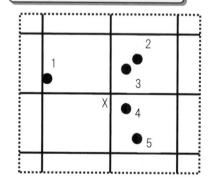

　近隣のオブジェクトが格子X地点から見て同じ方向にある場合は，角度およびX地点との距離をもとに選択されます。その際，方向の基準は代表点とX地点のなす角で決まり，閾（しきい）値以内であれば同一方向と判定されます。閾値は設定画面の「等値線の描き方」の「密度」欄で決められ，密度が粗いほど閾値の角度は小さくなります。同一方向と判定された場合で，2つの代表点とX地点との距離の差が閾値を越えた場合は，遠い地点の代表点は近隣点から除外されます。

　左の図の場合は，5番の代表点は4番の代表点と同一方向にあり，かつ離れているので，X地点の推計値の計算の対象から除外されます。

> メッシュから等値線の描画

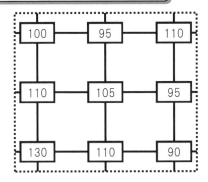

　格子上の数値が左のように推計されたとします。ここで 100 の等値線を引く際には，隣接する数値を比較して間に 100 が入るかをチェックした後，入る場合は按分して等値線の交点とします。これを繰り返すことで，100 の等値線の線分が作られます。

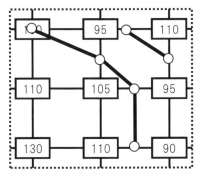

　左のように 4 つの線分の座標を調べ，連続する線分はつなげて折れ線として記録します。この折れ線が等値線となって描画されます。

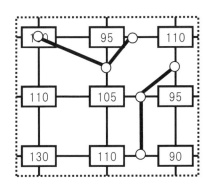

　ところで，100 の等値線は，左のようにも引くことができます。こうした場合は，プログラム側で最初に計算した方を自動的に選択します。実際にはメッシュの数が多いので，見た目には大きく影響することはありません。

　出力画面に描かれる際には，「等値線の描き方」で「等値線を曲線で近似」にチェックした場合は折れ線が曲線に近似されて滑らかに表示されます。近似曲線のアルゴリズムには「B-スプライン曲線」を使用しています。

アルゴリズム：四分木を利用した等値線取得の高速化

メッシュ上に推計された値から等値線を取得する際には，空間インデックスの一種の「四分木」を用いた高速化を行っているので紹介します。まず，a のように縦横 8 マスのメッシュに値が入っていたとします。ここに 100 の等値線を引いてみます。

a.元のメッシュ数値

60	60	55	60	70	65	50	40
75	70	65	80	75	70	60	50
90	80	75	65	60	65	60	45
95	100	80	60	50	55	50	45
110	115	90	80	75	70	60	55
110	120	100	90	85	75	75	65
115	125	110	100	95	80	70	60
120	125	125	105	100	90	75	70

b.4メッシュごとに最大値と最小値を記録

75/60	80/55	75/65	60/40
100/80	80/60	65/50	60/45
120/110	100/80	85/70	75/55
125/115	125/100	100/80	75/60

c.16メッシュごとに最大値と最小を記録

100/55	75/40
125/80	100/55

左側数字が最大値、右側が最小値

d.全体の最大値と最小値を記録

125/40

まず，a のメッシュから，4 つのメッシュを単位として最大値と最小値を計算します（b）。

さらに b のメッシュ 4 つ，a のメッシュでは 16 のメッシュを単位として最大値と最小値を計算します（c）。

さらに c のメッシュ 4 つ分で全体のメッシュの最大値と最小値が d に計算されます。

100 の等値線を描く場合，直接 a のメッシュを参照すると，8×8=64 メッシュについてチェックする必要があります。しかし b～d のメッシュを使うと，次のようにチェックを少なくできます。

1. d のメッシュと 100 を比較し，最大値と最小値の間に 100 が入ることを確認します。
2. c のメッシュに移り，左上のメッシュで最大値と最小値の間に 100 が入ることを確認します。
3. b のメッシュに移り，左下のメッシュで最大値と最小値の間に 100 が入ることを確認します。
4. a の元の値をチェックして，等値線の線分を抽出します。

この方法なら，下の図の網掛け部分 24 箇所の数値をチェックするだけです。メッシュの数が増えるほど，この四分木を使用した方法は効率的になります。MANDARA では，マップエディタで標高メッシュデータから等高線を取得する箇所【p.222】でもこの方法を使用しています。

a.元のメッシュ数値

60	60	55	60	70	65	50	40
75	70	65	80	75	70	60	50
90	80	75	65	60	65	60	45
95	100	80	60	50	55	50	45
110	115	90	80	75	70	60	55
110	120	100	90	85	75	75	65
115	125	110	100	95	80	70	60
120	125	125	105	100	90	75	70

b.4メッシュごとに最大値と最小値を記録

75/60	80/55	75/65	60/40
100/80	80/60	65/50	60/45
120/110	100/80	85/70	75/55
125/115	125/100	100/80	75/60

c.16メッシュごとに最大値と最小を記録

100/55	75/40
125/80	100/55

d.全体の最大値と最小値を記録

125/40

4.3.4 文字モード

　文字モードでは，データ値をそのまま文字として表示します。同じような表示モードに複合表示モードのラベル表示モード【p.99】があり，複数のデータ項目の値を並べて表示できますが，単独表示モードの文字モードでは，1つのデータ項目の値のみを表示します。データ項目の種類が文字データの場合，単独表示モードで使えるのは文字モードのみとなります。

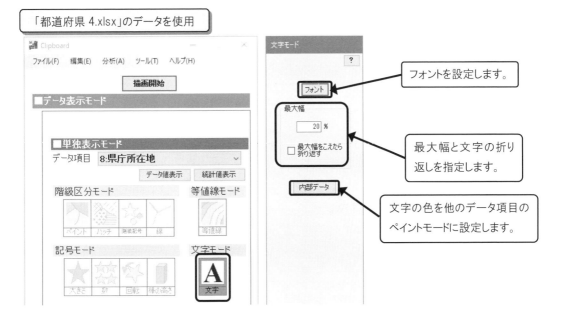

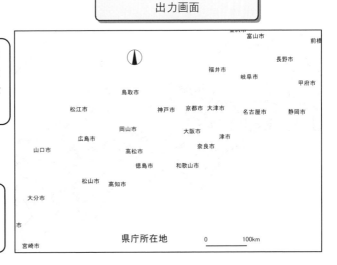

4.3.5 線形状オブジェクトの表示

　線形状オブジェクトのレイヤの場合，単独表示モードでは「ペイントモード」「線モード」「記号の大きさモード」で表示できます。その表現方法は，面・点形状の場合とかなり異なります。ここでは，[第4章]フォルダの「名古屋市地下鉄通過旅客数.mdrz」を使用して解説します。このファイルは，地図ファイル「名古屋市地下鉄.mpfz」を使用しており，地下鉄路線の駅間ごとの線形状オブジェクトについて通過旅客数データが設定されています。

■ペイントモード

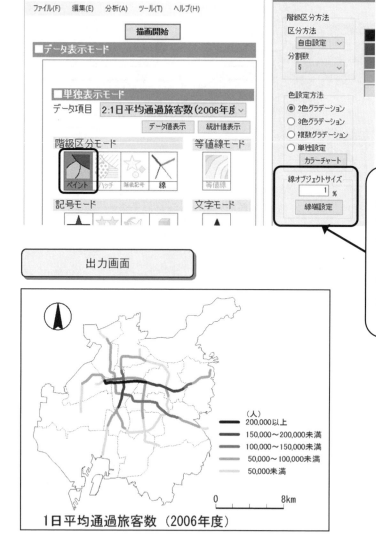

線形状オブジェクトのペイントでは，線の色で階級区分を表現するので，線の幅を指定します。[線端設定]【p.326】では，「四角い」または「たいら」に設定するとオブジェクト間の線が途切れることがあります。その場合は「丸い」に設定してください。

■線モード

　面・点形状オブジェクトの場合は「線モード」で流線図が描かれますが，線形状オブジェクトの場合は，オブジェクト自体が指定のラインパターンで描かれます。

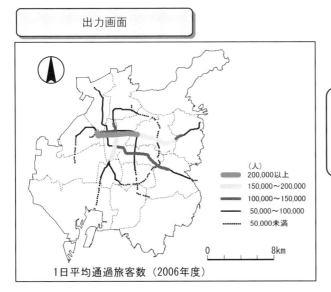

設定画面は面・点形状オブジェクトの線モード【p.69】と同じです。階級区分に応じて設定したラインパターンでオブジェクトが描画されます。

■記号の大きさモード

　線形状オブジェクトの「記号の大きさモード」では，オブジェクトの幅でデータの量を示します。

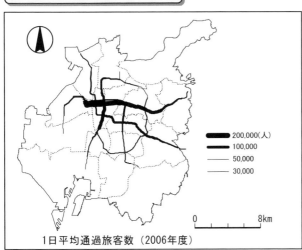

設定画面は面・点形状オブジェクトの記号の大きさモードとほぼ同じです【p.75】。内部データに他のデータ項目を設定することも可能です。

4.4 グラフ表示モード

単独表示モードでは，基本的に 1 つのデータ項目を表示しましたが，「グラフ表示モード」では複数のデータ項目から円グラフ，帯グラフ，折れ線グラフ，棒グラフを描きます。ここでは[第 4 章]フォルダの「北海道の気候.xlsx」を使用して見ていきます。

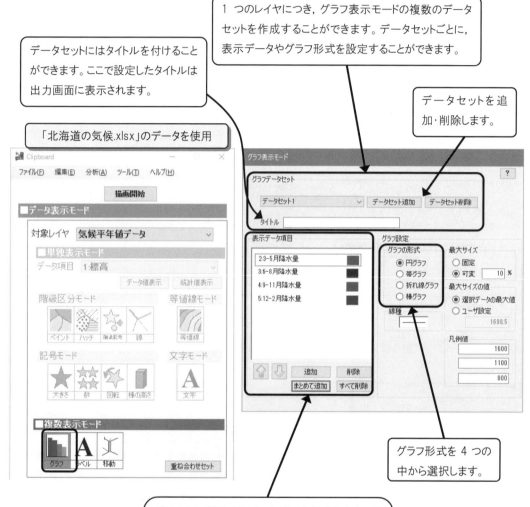

4.4.1 円グラフモード

円グラフモードでは，複数のデータ項目を使用して円グラフを描きます。

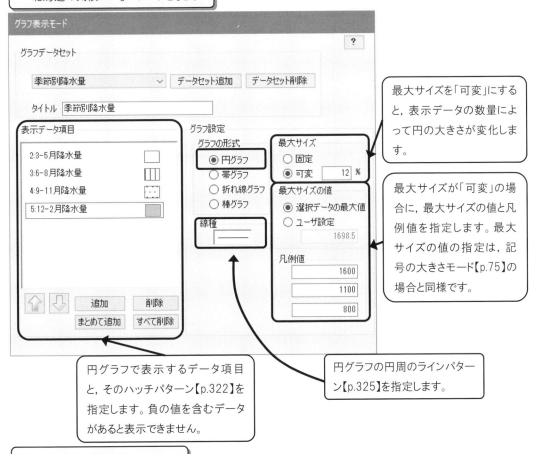

円グラフで表示するデータ項目と，そのハッチパターン【p.322】を指定します。負の値を含むデータがあると表示できません。

最大サイズを「可変」にすると，表示データの数量によって円の大きさが変化します。

最大サイズが「可変」の場合に，最大サイズの値と凡例値を指定します。最大サイズの値の指定は，記号の大きさモード【p.75】の場合と同様です。

円グラフの円周のラインパターン【p.325】を指定します。

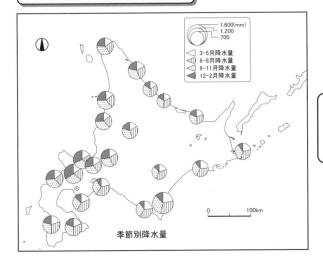

出力画面

グラフは記号表示位置に表示されます。記号表示位置は出力画面で変更することができます【p.80】。

凡例の変更

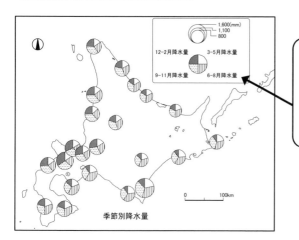

円グラフの凡例は，前ページの形状に加え，左の形状も選択できます。出力画面の[オプション]＞[オプション]＞[凡例設定]タブ＞[記号・円グラフ]タブ＞[円グラフの凡例形状]で設定できます【p.184】。

コラム　MANDARA開発史⑤－解説書の発行－

（【p.66】から続く）

　この間，2004年に『MANDARAとEXCELによる市民のためのGIS講座－パソコンで地図をつくろう－』（後藤ほか2004）が古今書院から出され，手順を追ってMANDARAの操作方法が解説されたことから，広く活用されるようになりました。現在ではGISソフトごとの解説書が多数出版されていますが，その嚆矢といえるでしょう。その後も利用可能なデータの増加とともに改訂され（後藤ほか 2007；2013），第3版まで出されました。

　さらに2011年には『フリーGISソフトMANDARAパーフェクトマスター』が同じく古今書院から出されました。『市民のためのGIS講座』がデータの入手から地図の作成までの手順を事例ごとに解説したのに対し，『パーフェクトマスター』はMANDARAのほぼ全機能を網羅的に紹介したリファレンス・マニュアルで，本書に引き継がれています。

　2008年に出したバージョン9.00以降は，データの構造を大きく変えるような更新はなく，周辺的な機能の改善に力を入れました。2009年頃から，地図画像や空中写真が画像のWeb配信が盛んになり，国土地理院も地形図を「ウオッちず」としてWeb上で公開するようになりました。MANARAではそうしたデータを背景画像として表示できるようにしていき，この結果従来背景として使用していた道路や鉄道などの個別のデータを取得する必要性が低下していきました。

（【p.98】に続く）

4.4.2 帯グラフモード

　帯グラフモードでは，複数のデータ項目を使用して帯グラフを描きます。設定方法は円グラフとほぼ同じですが，帯グラフを縦向きまたは横向きで選択できます。

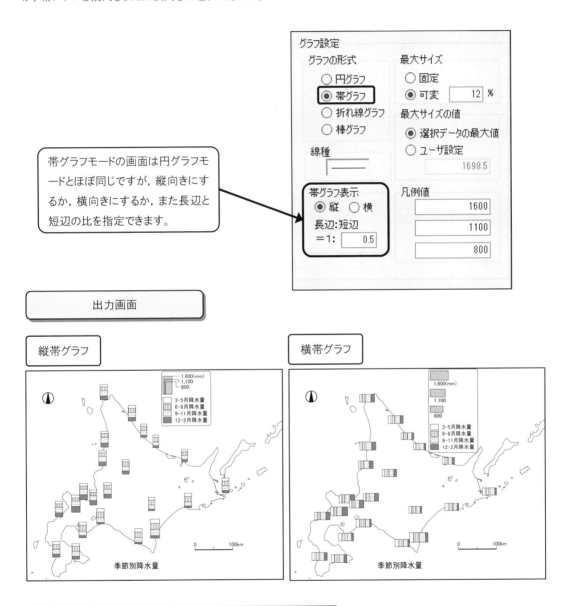

帯グラフモードの画面は円グラフモードとほぼ同じですが，縦向きにするか，横向きにするか，また長辺と短辺の比を指定できます。

出力画面

縦帯グラフ

横帯グラフ

縦帯グラフの場合は，各グラフの下端が記号表示位置になります。横帯グラフはグラフの中心が記号表示位置になります。また，縦と横では凡例の形状が異なります。

4.4.3 折れ線グラフモード

折れ線グラフモードでは，複数のデータ項目を使用して折れ線グラフを描きます。

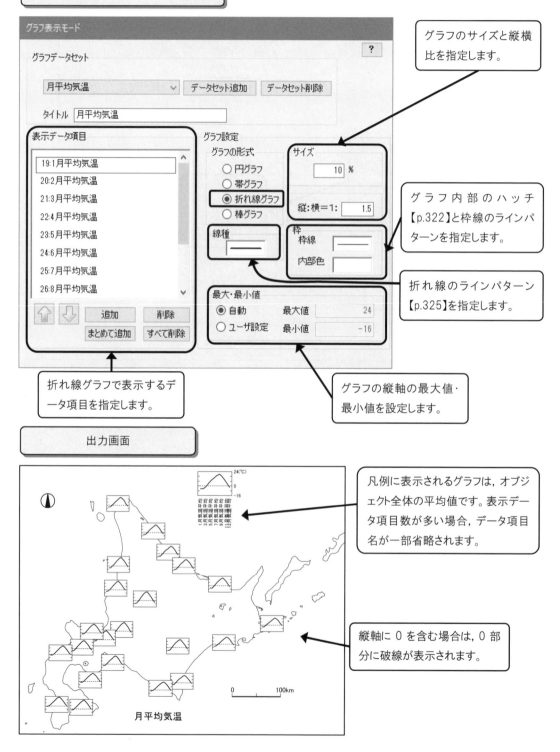

4.4.4 棒グラフモード

棒グラフモードでは，複数のデータ項目を使用して棒グラフを描きます。

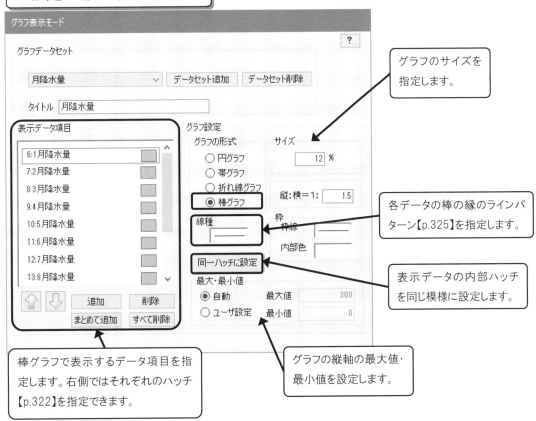

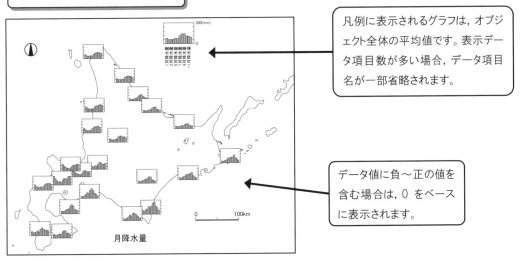

折れ線グラフと棒グラフの重ね合わせ

折れ線グラフと棒グラフを「重ね合わせ表示モード」【p.102】に設定して表示すると，雨温図のように同一グラフ内に2つのデータセットを表示することができます。

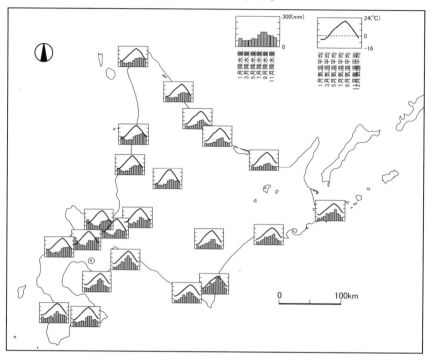

コラム MANDARA開発史⑥－MANDARA10の開発－

(【p.94】から続く)

　MANDARA バージョン 9 は，比較的安定して長く使われていましたが，2008 年には開発言語の Visual Basic 6.0 のサポートが終了して旧式化し，OSも Windows7 になって，開発環境の動作が不安定となってきました。そのため，一から作り直す必要があったのですが，MANDARA9 のプログラムは 10 万行にもおよび，なかなか簡単には取りかかることができません。

　ようやく重い腰を上げたのが 2013 年 11 月のことで，Visual Basic 2010 で最初からプログラムを書き直すことにしました。VB2010 は，同じ Visual Basic とはいうものの，仕様はまったく別言語となっており，そのままプログラムを移すということはできません。また，プログラム言語自体にも不慣れなため，最初は試行錯誤の状態でした。同時に，VB6 時代ではでなかった，複数地図ファイルの同時使用や，点オブジェクト，メッシュオブジェクト直接読み込みなどの新たな機能も追加したため，時間がかかることになりました。途中から Visual Basic 2013 に移行し，開発開始から 3 年後の 2016 年 11 月にようやく MANDARA10 試作版 0.0.0.1 を公開することができました。試作版も何回かバージョンアップして改良し，2018 年 3 月にようやく MANDARA10 正式版を出すことができました。

4.5 ラベル表示モード

ラベル表示モードでは，レイヤ内のオブジェクト名，データ項目などをラベル表示位置に文字として表示します。

4.5.1 ラベル表示モードの設定画面

「都道府県 4.xlsx」のデータを使用

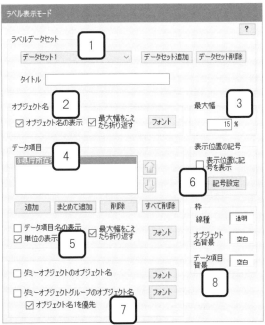

	機能
1	1つのレイヤにつき，ラベル表示モードの複数のデータセットを作成することができます。データセットごとに，表示データを設定することができます。[データセット追加]で新しいデータセットを追加し，[データセット削除]で選択したデータセットを削除します。[タイトル]欄に設定したタイトルは出力画面に表示されます。
2	オブジェクト名を表示するかどうかを設定し，その際のフォント【p.324】を指定します。右で指定する[最大幅]を越えた場合，折り返すかどうかを設定します。折り返さない場合は途中で切れて表示されます。
3	ラベルを表示する領域の横幅を%【p.328】で指定します。
4	表示するデータ項目を指定します。同一レイヤの複数のデータ項目を設定することができます。追加する場合は[追加]または[まとめて追加]ボタンで設定します。設定からはずす場合は[削除][すべて削除]ボタン，表示順序を入れかえる場合は[↑][↓]ボタンを使います。

5	ラベルにデータ項目名を表示するか, 単位を表示するか, 3 の[最大幅]で指定した最大幅を越えたら折り返すかを設定します。折り返さない場合は, 途中で途切れます。[フォント]ではデータ項目のフォントを指定します【p.324】。
6	ラベル表示位置に記号を表示するかどうか, また表示する場合の記号を設定します。ここにチェックした場合, ラベルは記号の下に表示されます。
7	ダミーオブジェクトやダミーオブジェクトグループを使用している場合に, そのオブジェクト名を表示し, フォントを設定します。ダミーオブジェクトグループの場合で, オブジェクト名リストが複数ある場合, /で区切られて表示されます。ただし, オブジェクト名 1 を優先にすると, オブジェクト名リストの最初のオブジェクト名が表示されます。
8	ラベルの枠のラインパターンおよび内部のハッチを設定します。オブジェクト名部分とデータ項目名部分で別の背景を設定できます。

出力画面

オブジェクト名とデータ項目として県庁所在地名(文字データ)を表示しています。

左の図から, オブジェクト名とデータ項目それぞれの背景を設定して表示しています。

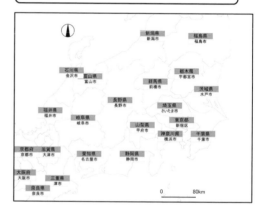

ラベル表示位置に記号を表示しています。

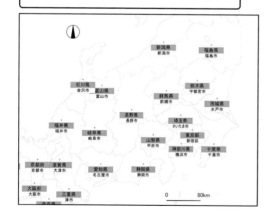

4.5.2 ラベル表示位置の移動

記号表示位置と同様【p.80】、ラベル表示位置も移動することができます。

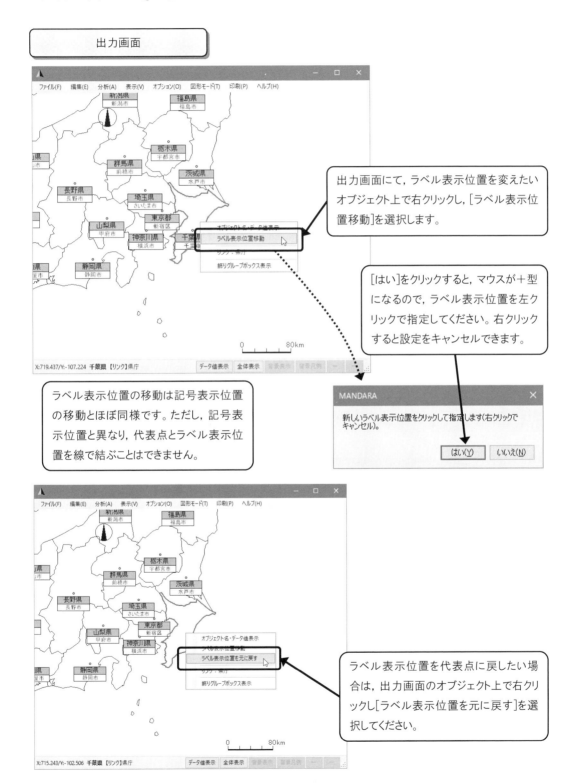

4.6 重ね合わせ表示モード

データ表示モードでは，単一レイヤの各データ項目を設定して表示してきましたが，重ね合わせ表示モードはレイヤに関係なく，データ表示モードで設定したデータを重ね合わせて表示します。属性データを設定していないオブジェクトを重ねる場合には，ダミーオブジェクトまたはダミーオブジェクトグループを使用してください【p.171】。

4.6.1 重ね合わせ表示モードへの設定方法

「都道府県 4.xlsx」のデータを使用

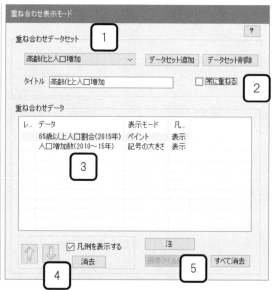

	機能
1	1つのデータセットには，異なるレイヤのデータ表示モードの設定を複数入れることができます。[データセット追加]で新しいデータセットを追加し，[データセット削除]で選択したデータセットを削除します。[タイトル]欄に設定したタイトルは出力画面に表示されます。
2	重ね合わせの設定を，単独表示モードなどでも常に重ね合わせて表示します【p.105】。なお，複数の重ね合わせデータセットにチェックすることはできません。
3	データセットに設定されている項目が，描画順に表示されています。ここで上位の項目が先に描画されます。
4	選択中の重ね合わせデータについて，[↑][↓]ボタンで描画順序を入れ替えます。[凡例を表示する]では，選択中の重ね合わせデータ項目の凡例表示の有無を指定します【p.107】。[消去]で選択中の重ね合わせデータ項目を消去します。
5	[注]で出力画面の注釈欄に表示される内容を設定できます。[すべて消去]で現在のデータセットの重ね合わせデータをすべて消去します。
6	現在の重ね合わせデータセットを連続表示モードに追加します。

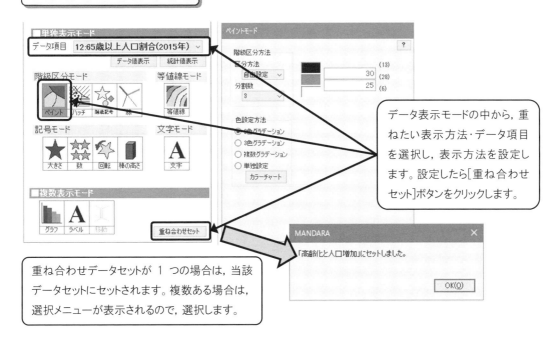

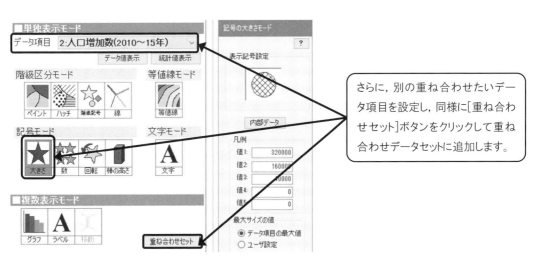

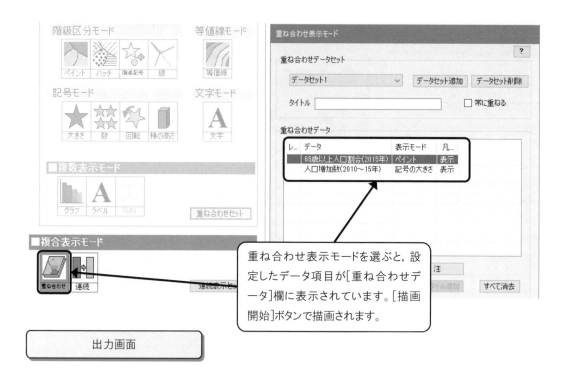

重ね合わせ表示モードを選ぶと，設定したデータ項目が[重ね合わせデータ]欄に表示されています。[描画開始]ボタンで描画されます。

出力画面

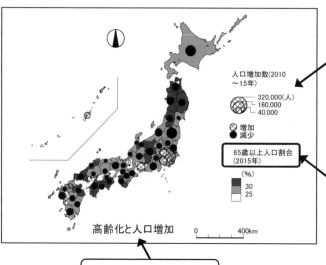

凡例は重なって表示されているので，ドラッグして重ならないように配置します。

凡例にはデータ項目名が表示されます。この欄を折り返す幅は，出力画面の[オプション]>[オプション]>[凡例設定]タブ>[凡例の背景・フォント]で[重ね合わせの凡例タイトル]欄で変更できます【p.182】。

重ね合わせデータセットのタイトルが表示されます。

■自動設定時の描画順序

　重ね合わせの際の描画順序は，設定画面の[↑][↓]ボタンで入れ替えることができますが，デフォルトの描画順は次のようにレイヤの形状と表示モードによって決められます。この表で上位の項目ほど先に描画され，出力された地図では下側になります。

順序	レイヤの形状	表示モード
1	面	ペイント
2	面	ハッチ
3	面	等値線
4	線	ペイント・線・記号の大きさ
5	面	階級記号・線・記号の大きさ・記号の数・記号の回転・棒の高さ・文字・円/棒グラフ
6	面	帯/折れ線グラフ
7	点	等値線
8	点	ペイント
9	点	ハッチ・階級記号・線・記号の大きさ・記号の数・記号の回転・棒の高さ・文字・円/棒グラフ
10	点	帯/折れ線グラフ
11	移動データ	
12	面	ラベル
13	線	ラベル
14	点	ラベル

4.6.2　常に重ねる設定

　「重ね合わせ表示モード」で，データセットの設定に「常に重ねる」にチェックした場合，データ表示モードあるいは重ね合わせ表示モードの他のデータセットを描画した場合にも，「常に重ねる」にチェックしたデータセットが最初に描画されます。

「都道府県 4.xls」のデータを使用

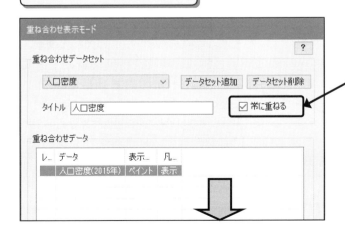

「重ね合わせ表示モード」にデータ項目「人口密度（2015 年）」のペイントモードをセットしておき，[常に重ねる]にチェックしておきます。この欄にチェックできるのは，重ね合わせデータセットの中で 1 箇所だけです。

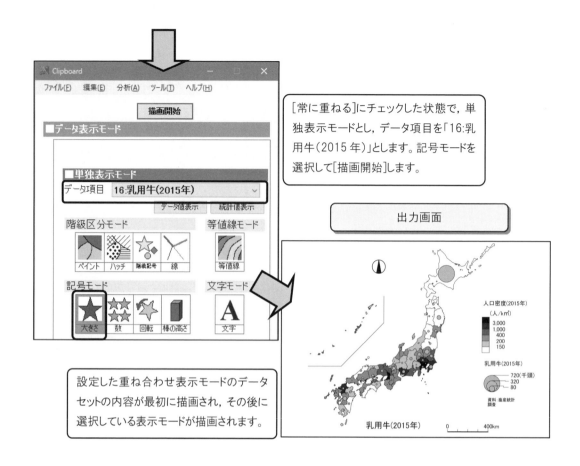

4.6.3 異なる形状のレイヤの重ね合わせ

ここでは，[第4章]フォルダの「川越市重ね合わせ4.mdrz」を使用して，点・線・面各形状のレイヤを重ね合わせてみます。このファイルは，地図ファイル「川越市一般図.mpfz」を使用しています。

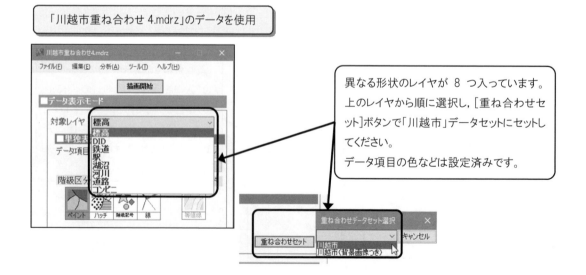

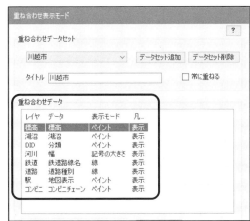

重ね合わせ表示モードにすると，[重ね合わせデータ]欄に設定したデータ項目が表示されています。表示順は【p.105】で説明したように自動的に設定されています。

出力画面

出力画面にはすべての項目の凡例が表示されています。表示する必要のない凡例は非表示にしてみます。

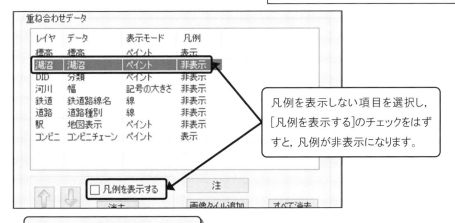

凡例を表示しない項目を選択し，[凡例を表示する]のチェックをはずすと，凡例が非表示になります。

出力画面

指定した凡例のみが表示されます。

4.6.4 タイル画像の使用

「重ね合わせ表示モード」では，データ項目の内容だけでなく，タイル画像を設定することができます。画像タイルとは，出力画面の背景画像表示で設定できる画像です【p.173】。出力画面では，地図の背面または前面のどちらかにしか画像タイルを表示できませんが，「重ね合わせ表示モード」では重ね合わせる項目の中間に画像タイルを設定することができます。

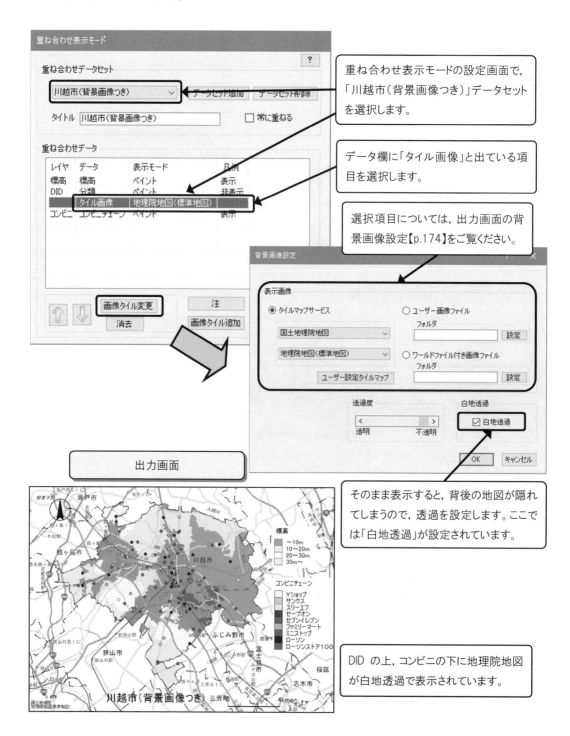

4.7 連続表示モード

　連続表示モードでは，データ表示モードまたは重ね合わせ表示モードのデータを連続して出力画面に表示します。さらに出力画面からは，連続して画像ファイルとして出力したり，html形式で出力してアニメーションで表示できるようにしたりと，便利な出力方法が可能です。

　単独表示モードや重ね合わせ表示モードでは，1つずつデータ項目やデータセットを主題図として表示しましたが，主題図同士を比較するにはこの連続表示モードが便利です。

4.7.1 連続表示モードへの設定方法

「日本の気候.xlsx」のデータを使用

「連続表示モード」を選択し，データセット1のタイトルに「月別降水量」と設定します。

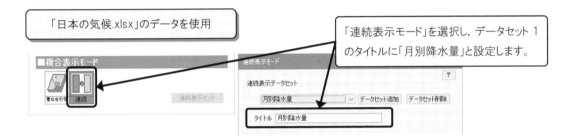

ここでは，1月〜12月の月別降水量を連続表示モードに設定します。データ項目を「1月降水量」にして，階級区分を図のように設定します。

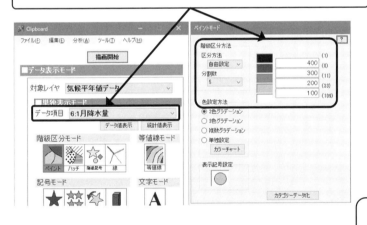

月別降水量を比較する際，階級区分値を同じ設定にすると容易に比較できます。
同じ設定を12回行うのは手間なので，[ツール]>[データ項目設定コピー]を行います。

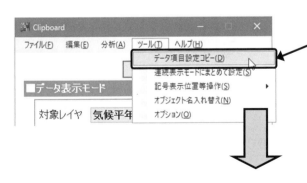

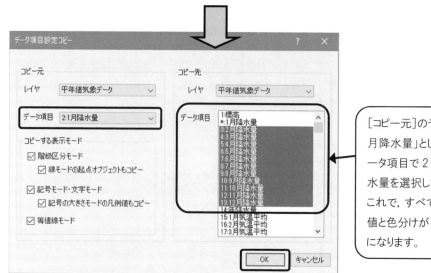

[コピー元]のデータ項目を「2:1月降水量」とし,[コピー先]のデータ項目で2月から12月の降水量を選択します。
これで,すべての月の階級区分値と色分けが1月降水量と同じになります。

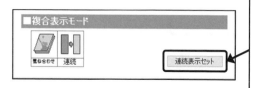

次に,データ項目を連続表示モードのデータセットに追加します。
一番簡単な方法は,セットしたいデータ項目・表示方法を選択した状態で[連続表示セット]をクリックすることです。しかし今回のデータでこの方法を使うと12回データ項目を変えながらクリックしていく必要があります。

そこで,[ツール]>[連続表示モードにまとめて設定]を行います。

設定先に「月別降水量」データセットを選択し[→]をクリックすると,指定の項目が設定されます。

1月から12月の降水量を選択し,表示モードを「ペイント」にします。

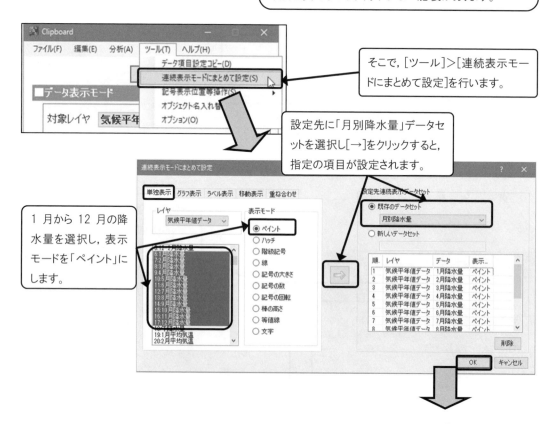

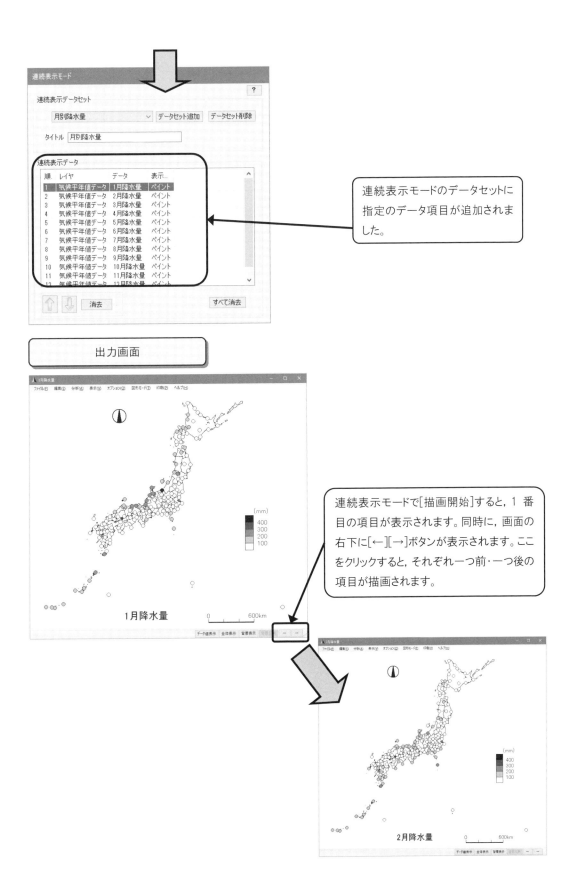

4.7.2 連続表示モードのファイル出力

連続表示モードに設定したデータは，画像ファイルやアニメーション画像などとしても出力できます。

出力画面

※出力画面が最大になっている場合は，ディスプレーの半分程度のサイズにしておいてください。

出力画面の[ファイル]＞[連続表示モードのファイル出力]を選択します。

出力方法は，画像ファイルのみを出力する「画像ファイルのみ」，出力した画像をHTMLで呼び出し，アニメーションとして表示する「WEBアニメーション」，同様に HTML から呼び出し，文字上にカーソルを合わせると画像が切り替わる「WEB 画像変化」，GIF ファイルにアニメーションとして記録する「アニメーション GIF」から選択できます。

出力方法が「画像ファイルのみ」の場合は，出力画像形式として「PNG」，「JPEG」，「BMP」，「EMF」から選びます。
それぞれの形式については，【p.154】を参照してください。

個々の画像ファイルにつくベースとなる名称を指定します。デフォルトでは連続表示データセットのタイトルが設定されていますが，インターネットで公開する場合などは半角英数字に直します。

画像ファイル等を保存するフォルダを指定します。1 つのデータにつき 1 つの画像ファイルが作成されます（アニメーション GIF の場合はファイル指定）。

「画像ファイルのみ」で出力した場合は，指定したフォルダ内に画像ファイルが保存されます。

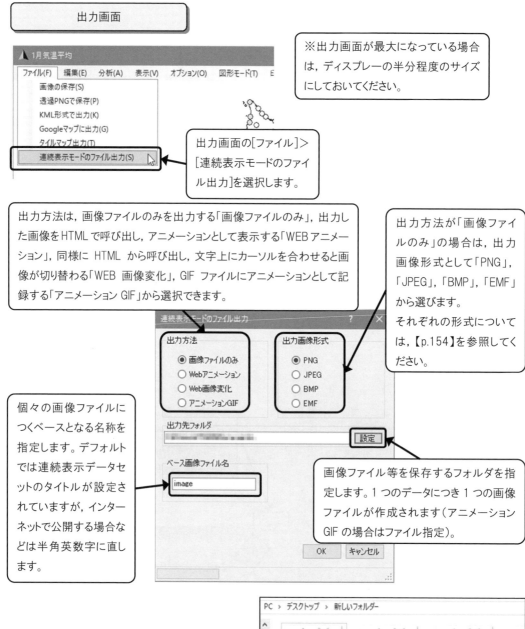

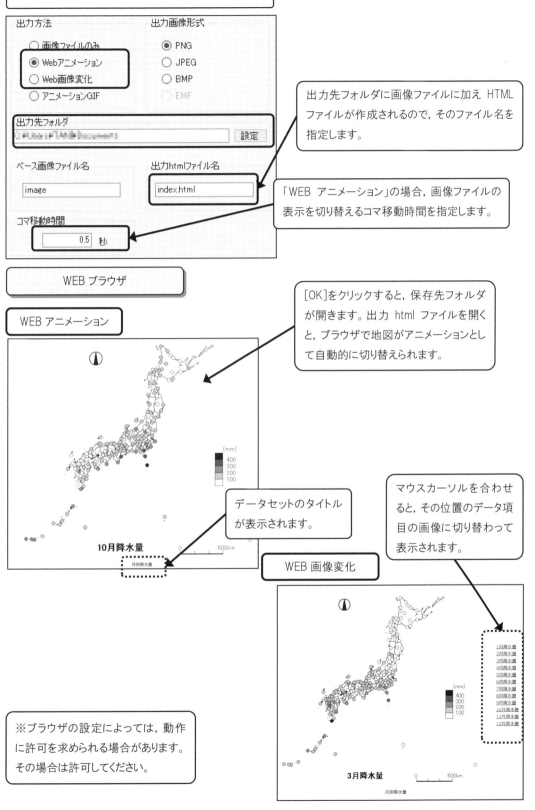

第5章 設定画面のメニューと機能

第5章では，設定画面のメニューごとにその機能を解説していきます。

5.1 ファイルメニュー

設定画面のファイルメニューでは，属性データの読み込みや追加，設定の保存などを行います。

[ファイル]メニュー	機能	解説箇所
クリップボードからデータの読み込み	クリップボードから MANADRA タグを付けた属性データを読み込みます。	第2章【p.21】
ファイルを開く	CSV, MDRZ, MDRMZ, MDR, MDRM 形式の MANDARA 属性データファイルを読み込みます。	第2章【p.21】
白地図・初期属性データ表示	地図ファイルを指定して，白地図または初期属性データを表示します。	第1章【p.14】
シェープファイル読み込み	シェープファイルを読み込みます。	【p.119】
最近使ったファイル	過去に読み込んだ，または保存した属性データファイルの履歴が表示され，クリックすると読み込まれます。	
上書き保存・名前をつけて保存	現在読み込んでいる属性データと，表示設定を MDRZ, MDRMZ 形式のファイルで保存します。	【p.114】
データ挿入	別の属性データを読み込んで，レイヤとして追加します。	【p.115】
シェープファイル出力	現在のデータをシェープファイルに出力します。	【p.120】
プロパティ	現在の属性データの詳細を表示します。また，属性データのコメントを表示・編集します。ここでのコメントは属性データ全体の COMMENT タグ【p.34】にあたります。	
終了	MANADRA を終了します。	

5.1.1 上書き保存・名前をつけて保存

現在作業している属性データと描画設定をファイルに保存します。MANADRA に属性データを取り込む方法は第2章と第3章で説明しました。属性データの取り込み後，第4章で説明した階級区分などさまざまな設定を行って描画した場合，そのまま MANDARA を終了するとその設定は消失してしまいます。特に属性データ編集機能で作成した場合は，元のデータ自体も消えてしまいます。そこで属性データと描画設定を保存する必要があります。MANDARA の属性データを保存するファイルの形式は次の2種類あります。

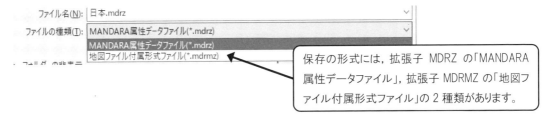

保存の形式には，拡張子 MDRZ の「MANDARA属性データファイル」，拡張子 MDRMZ の「地図ファイル付属形式ファイル」の 2 種類があります。

■拡張子が MDRZ の「属性データファイル」

この形式では，現在の属性データ・設定が保存され，使用している地図ファイルは MDRZ ファイル内に保存されません。そのため別のパソコン上の MANDARA で保存した MDRZ ファイルを開くには，使用する地図ファイルが当該パソコン内の所定のフォルダに存在するか，存在しない場合は読み込み時に指定する必要があります。

■拡張子が MDRMZ の「地図ファイル付属形式ファイル」

この形式では，属性データ・設定に加え，地図ファイル自体もファイル内に記録されるので，他のパソコンでも開いて表示できます。シェープファイルを設定画面で読み込んだ場合は，MANDARA の地図ファイルが存在しないので，この形式で保存する必要があります。一方で，地図ファイルの内容がそのまま記録されるため，ファイルサイズが大きくなります。

MDRZ ファイル，MDRMZ ファイルを開くには，当該ファイルを直接ダブルクリックして起動，起動画面または設定画面にドラッグ&ドロップ，起動画面の[データファイルから読み込む]，または設定画面の[ファイル]>[ファイルを開く]といった方法があります。

5.1.2 データ挿入

データ挿入機能では，現在読み込んでいる属性データに，別の属性データを新しいレイヤとして追加します。その際，MANDARA データファイル(MDRZ ファイル，CSV ファイル)，クリップボード，白地図・初期属性データ，シェープファイルから追加することが可能です。CSV ファイルやクリップボードから追加する際は MANDARA タグが付加されている必要があります。さらに重要な点は，挿入するデータは，異なる地図ファイルを使用していても構いませんが，座標系が適合しなければなりません。

データを追加するだけなら，属性データ編集機能を使っても追加することができますが，MDRZ ファイルのように描画設定を保存したファイルを挿入すれば，設定がそのまま使えるので便利です。

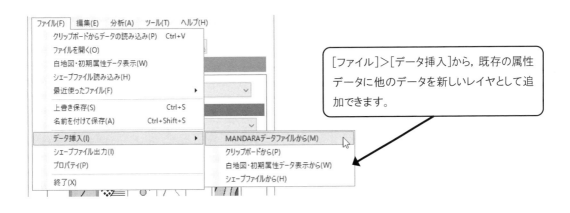

[ファイル]>[データ挿入]から，既存の属性データに他のデータを新しいレイヤとして追加できます。

まず同一の地図ファイルを使用した例として，[第5章]フォルダの「データ挿入1.csv」をMANDARAに読み込んでください。地図ファイルは「JAPAN.mpfz」を使用しています。

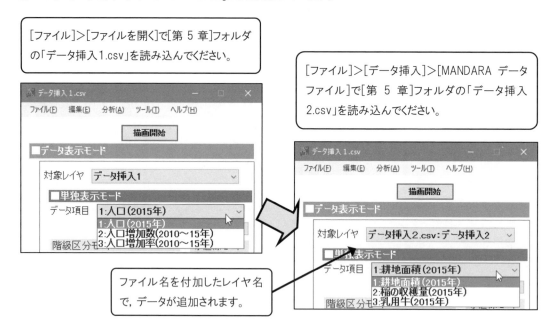

次に異なる地図ファイルを使用した例として，[第5章]フォルダの「データ挿入埼玉県市区町村.csv」に「データ挿入川越市重ね合わせ.mdrz」挿入した例を見てみます。前者は地図ファイル「日本市町村緯度経度.mpfz」，後者は「川越市一般図.mpfz」を使用し，どちらも緯度経度座標系の地図ファイルです。

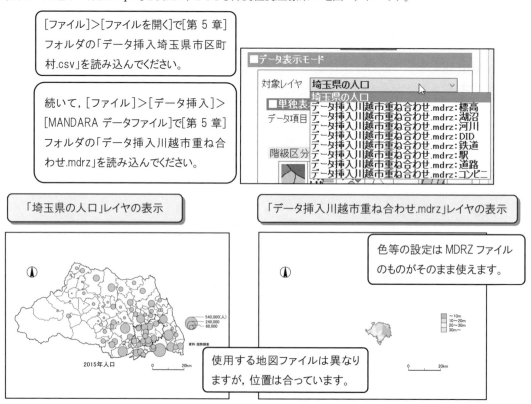

5.1.3 シェープファイル読み込み・出力

設定画面のシェープファイル読み込み・出力メニューでは，シェープファイルを読み込んで表示したり，現在のデータをシェープファイルとして出力したりすることができます。シェープファイルの図形を編集したい場合はマップエディタで読み込んでください【p.214】。

5.1.3.1 シェープファイルとは

シェープファイルとは，GIS ソフト「ArcGIS」の開発元 ESRI 社によるベクターデータのファイルフォーマットです。現在多くの GIS ソフトではこのシェープファイルに対応しており，読み込んだり保存したりできるようになっていることから，最も広く使われる GIS データフォーマットとなっています。シェープファイルのフォーマットは ESRI 社のホームページで公開されており，MANDARA ではこの公開情報をもとにして，読み込み・書き込みのプログラムを作成しています。

1 つのシェープファイルは拡張子の異なる 3 つのファイルから構成されています。

拡張子	名称	概要
.shp	メインファイル	図形の座標が入っています。
.dbf	属性ファイル	個々の図形に対応する属性データが入っています。
.shx	インデックスファイル	shp と dbf ファイルの対応情報が入っています。

※この 3 つ以外に，拡張子「prj」のファイルも使用します。

シェープファイルで特徴的な点をあげると，次のようになります。

■1 つのシェープファイルには 1 つの形状の図形が入っている

「図形」というと地理情報というよりも CAD ソフトのようですが，MANADRA のオブジェクトに対応します。シェープファイルには 1 つの形状の図形しか入っていないので，MANDARA の地図ファイルのように点と面などが一緒に入っていることはありません。形状というと点と線と面だけのようですが，シェープファイルでは次の 14 種類が「シェープ・タイプ」として定義されています。これらのうち，MANDARA で読み込めないものもありますが，ほとんどのシェープファイルは MANDARA で読み込むことのできるシェープ・タイプに属します。読み込めない場合は，読み込み時にメッセージが表示されます。

シェープファイルの種類

シェープ・タイプ	形状	MANDARA での読み込み
Null Shape	形状に関するデータは持たない	×
Point	XY 座標の点	○
PolyLine	2 つ以上のポイントからなるラインで，1 つまたは複数のラインからなる	○
Polygon	4 つ以上のポイントをつなげたリングで，1 つまたは複数のリングからなる	○
MultiPoint	XY 座標の点の集合	×
PointZ	Z 値付きの Point	△Z 値は無視
PolyLineZ	Z 値付きの PolyLine	△Z 値は無視
PolygonZ	Z 値付きの Polygon	△Z 値は無視

MultiPointZ	Z値付きのMultiPoint	×
PointM	measure値付きのPoint	△M値は無視
PolyLineM	measure値付きのPolyLine	△M値は無視
PolygonM	measure値付きのPolygon	△M値は無視
MultiPointM	measure値付きのMultiPoint	×
MultiPatch	三角形形状など	×

■図形は位相構造化されていない

シェープファイルの図形は，座標の情報のみを持ちます。そのため，隣接する面領域においても，境界線は共有されておらず，座標は二重に保持されています。

Polygonの座標の表現

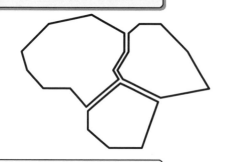

シェープファイルでは隣接する図形でも座標は別々に記録しています。そのため，隣接しているかどうかはわかりません。
MANDARAでは，マップエディタで座標値をもとに位相構造を算出し，共有部分を抜き出すことができます【p.260】。

中抜けPolygonの表現

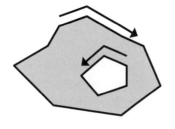

シェープファイルでは，左のような中抜けの図形を表現する際に，座標が時計回りで並んでいる場合は外側，反時計回りで並んでいる場合は内側のポリゴンと定義しています。
MANDARAでは，座標の並び順と中抜け・外側の判定は関係ありません。

■図形の座標の意味はprjファイルに記録される

図形には座標が記録されていますが，その座標の意味に関する情報は，シェープファイル自体には含まれていません。日本では，緯度経度の座標の他に，平面直角座標系の座標値が使われることがあります。

ただし，シェープファイルには前記3つのファイルの他に，測地系や投影法の空間参照情報が記録された拡張子「prj」のファイル（Projectionファイル）が含まれていることがあります。MANDARAでは，prjファイルが含まれている場合，日本測地系か，世界測地系か，平面直角座標系か，などの情報を識別しています。

■属性データはdBASE形式

シェープファイルの属性データが記録されているdbfファイルは，dBASEというデータベースファイルです。dBASEファイルはExcelで開いて見ることもできます（ただしExcel2007以降では，読み込みはできますが保存はできません）。dBASE形式では，フィールド名（MANDARAのデータ項目名に相当）が半角英数字で10文字分しか入りません。またMANDARAのUNITタグに相当する情報は無く，数値の単位は記録できません。

5.1.3.2 シェープファイル読み込み

　シェープファイルを実際に読み込んでみます。[第 5 章][シェープファイル]フォルダに 5 種類のシェープファイルが入っています。

選択されているシェープファイルの情報が表示されます。

[測地系]は「日本測地系」「世界測地系」「その他・不明」から選択します。シェープファイルに prj ファイルが含まれていて，MANDARA で識別可能な場合は自動で設定され，変更できません。ここで使用するシェープファイルには prj ファイルが付属しているので設定不要です。

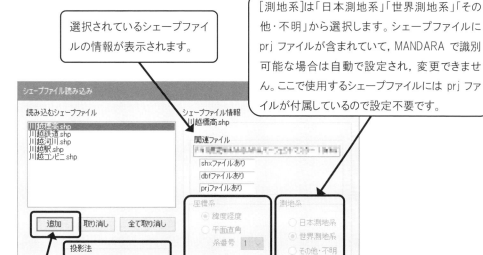

[追加]をクリックして，[第 5 章][シェープファイル]フォルダにあるシェープファイルを追加します。

座標系が「緯度経度」の場合は投影法を選択できます。投影法については【p.229】を参照してください。

[座標系]ではシェープファイル内の座標系を 3 つから指定します。シェープファイルに prj ファイルが含まれていて，MANDARA で識別可能な場合は自動で設定され，変更できません。ここで使用するシェープファイルには prj ファイルが付属しているので設定不要です。座標系と測地系については【p.228】を参照してください。

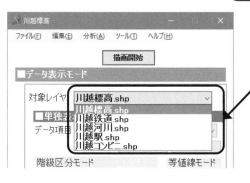

読み込まれると，シェープファイルごとにレイヤが作成されます。この後の描画方法の設定は第 4 章の通常の設定方法と同じです。

データと設定を保存するには[ファイル]>[名前をつけて地図ファイル保存]で「地図ファイル付属形式ファイル」の MDRMZ ファイルで保存します。

5.1.3.3 シェープファイル出力

シェープファイルは多くのGISソフトで読み込めます。MANDARAで作成したデータもシェープファイルで出力することでいろいろなGISソフトで活用できます。先ほど使用したシェープファイルもMANDARAから出力して作成したシェープファイルです。サンプルとして，[第5章]フォルダの「データ挿入埼玉県市町村.csv」を使用するので，MANDARAに読み込んでください。

「データ挿入埼玉県市町村.csv」を使用

[第5章]フォルダの「データ挿入埼玉県市町村.csv」を読み込んでから，設定画面で[ファイル]＞[シェープファイル出力]を選択します。

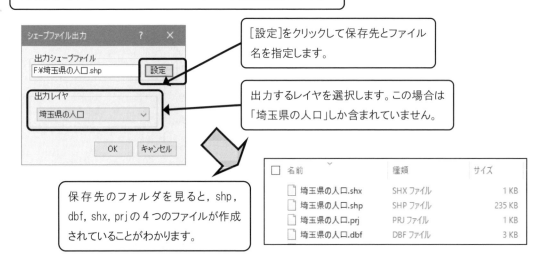

シェープファイル出力の際の注意点

■prjファイル
　座標系・測地系が設定してある地図ファイルを使用している場合には，prjファイルも出力されます。その際，日本測地系の場合は「Tokyo」，世界測地系の場合は「JGD_2000」として出力されます。測地系・座標系の設定がない場合，prjファイルは作成されません。

■描画設定
　シェープファイルには階級区分値の設定などを記録することはできないので，MANDARA上の色分けなどの描画設定は出力されません。

5.2 編集メニュー

編集メニューでは，属性データの作成・編集，マップエディタへの移動などを行います。これらは，別の章で説明しているので，それぞれの章を参照してください。

[編集]メニュー	機能	解説箇所
属性データ編集	属性データの新規作成，編集，表示などを行います。	第3章
マップエディタ	地図ファイルを編集する「マップエディタ」画面に移ります。属性データを操作している場合は，属性データの設定は失われますが，使用している地図ファイルがマップエディタに表示されます。複数の地図ファイルを使用している場合は，最初に指定した地図ファイルが表示されます。	第7章
クリップボードにデータのコピー	現在の属性データを，MANDARAタグ付きでクリップボードにコピーします。面積を取得した後などで，いったんExcelにデータを戻し，計算する場合などに使用します。	
非表示オブジェクト削除	[分析]メニューの[属性検索設定]や[表示オブジェクト限定]で非表示になっているオブジェクトを削除します。属性データ上は削除されますが，地図ファイルからは削除されません。移動主体定義レイヤ，移動データレイヤおよび合成オブジェクトを含むレイヤは削除の対象外です。	【p.168】

コラム　いろいろな GIS データ①　—日本—

現代ではいろいろなデータがシェープファイルとしてダウンロードできるようになっています。ここではGISデータを無償でダウンロードできる代表的なWebサイトを紹介します。

国土数値情報　http://nlftp.mlit.go.jp/ksj/
　国土交通省が公開している国土数値情報は，1974年以来整備が続けられている日本の代表的なGISデータの提供サービスです。国土の地形や河川，土地利用，行政区域，鉄道，高速道路，公共施設等の多様なデータがダウンロードできます。MANDARAではシェープファイル形式のデータが読み込めます。

基盤地図情報　https://fgd.gsi.go.jp/download/menu.php
　基盤地図情報は，地理空間情報活用推進基本法に基づき国土地理院が公開しているデータで，MANDARAでもマップエディタからデータを取り込めます（第7章）。詳細なベクターデータと，標高データがあります。ダウンロードは無償ですが，利用者登録が必要です。

地図で見る統計（統計GIS）　www.e-stat.go.jp/
　「政府統計の総合窓口」の「地図で見る統計（統計GIS）」では，国勢調査や経済センサスの小地域境界線データと統計データ，また，1kmメッシュや500mメッシュのデータをダウンロードできます。MANDARAでは，マップエディタに国勢調査小地域データを読み込む機能があります（第7章）。

（【p.139】に続く）

5.3 分析メニュー

[分析]メニュー	機能	解説箇所
空間検索	あるオブジェクトから一定距離内に含まれるオブジェクト, あるいは面形状オブジェクト内部に含まれるオブジェクトといった, 空間的関係からオブジェクトを検索して, データの集計など行います。	【p.122】
距離測定	特定のオブジェクトとの直線距離を調べることができます。	【p.129】
面積・周長取得	面形状オブジェクトの面積や面・線形状オブジェクトの周囲の長さを計算して求めます。	【p.132】
データ計算	属性データ項目間で簡単な加減乗除の計算を行います。	【p.133】
時系列集計	時空間モード地図ファイルを使って, 複数時点間でオブジェクトの属性データを共通する領域にまとめて集計します。	【p.134】
レイヤ間オブジェクト集計	複数のレイヤで同一オブジェクトが使用されている場合, 新しくレイヤを作成してデータ項目をまとめます。	【p.138】
クロス集計	データ項目間でクロス集計を行います。	【p.140】
属性検索設定	データ項目の値を使って, 描画するオブジェクトを限定します。	【p.143】
表示オブジェクト限定	レイヤのオブジェクトごとに表示/非表示を設定します。	【p.145】

5.3.1 空間検索

　空間検索では, 現在設定中のレイヤのオブジェクトの代表点からの距離や, オブシェクト間の包含関係といった空間的要素をもとにオブジェクトを検索し, データの集計などを行います。検索結果は, 現在選択中のレイヤのデータ項目に追加されます。

　ここでは[第 5 章]フォルダにある「川越市重ね合わせ 5.mdrz」を使って, いくつかの検索・集計機能を試してみます。

5.3.1.1 面形状オブジェクト内に含まれる他レイヤのオブジェクトを検索

「川越市重ね合わせ 5.mdrz」を使用

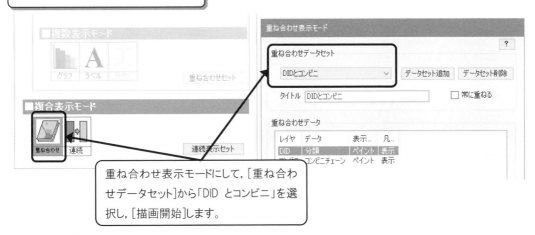

重ね合わせ表示モードにして，[重ね合わせデータセット]から「DID とコンビニ」を選択し，[描画開始]します。

出力画面

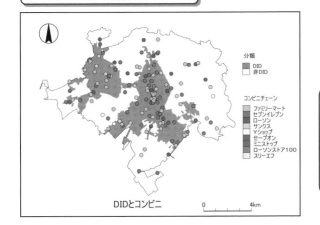

DID(Densely Inhabited District:人口集中地区)の領域と，非 DID の領域，どちらにコンビニは多いでしょうか？
バッファ機能で DID と非 DID オブジェクトごとに，内部のコンビニを数えてみます。

データ表示モードにして，[対象レイヤ]を「DID」とします。これは，集計したコンビニの数が「DID」レイヤのデータ項目に追加されるためです。

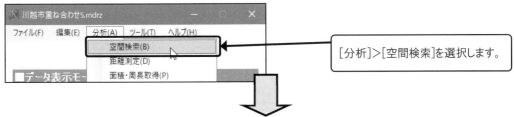

[分析]＞[空間検索]を選択します。

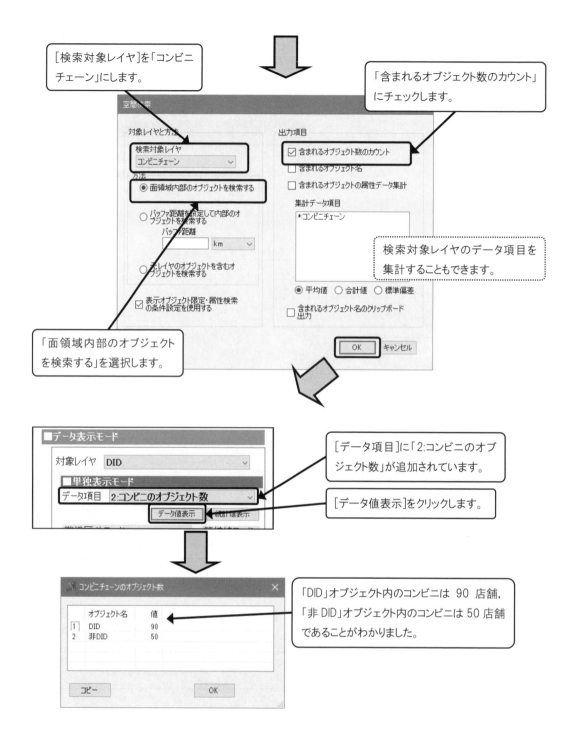

■検索対象が面・線形状オブジェクトレイヤの場合
　検索対象が点形状以外のオブジェクトの場合も，当該オブジェクトの代表点を基準に，面形状オブジェクト内部に含まれるかどうかを判定します。

5.3.1.2 バッファ距離を設定して内部のオブジェクトを検索

「川越市重ね合わせ5.mdrz」を使用

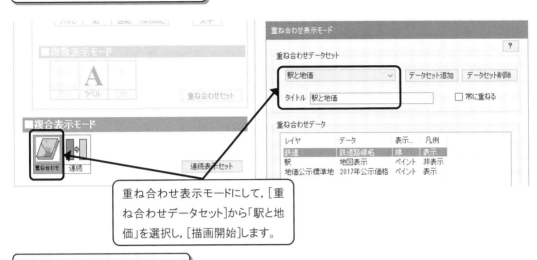

重ね合わせ表示モードにして、[重ね合わせデータセット]から「駅と地価」を選択し、[描画開始]します。

出力画面

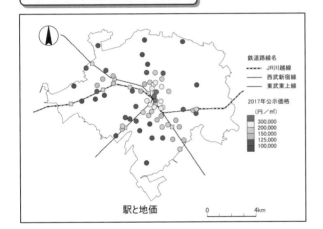

各駅から、半径1km以内の地価公示標準地を検索し、地価公示価格の平均値を取得してみます。

データ表示モードにして、[対象レイヤ]を「駅」とします。これは、集計したコンビニの数が「駅」レイヤのデータ項目に追加されるためです。

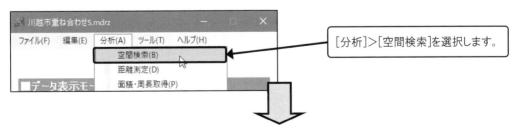

[分析]＞[空間検索]を選択します。

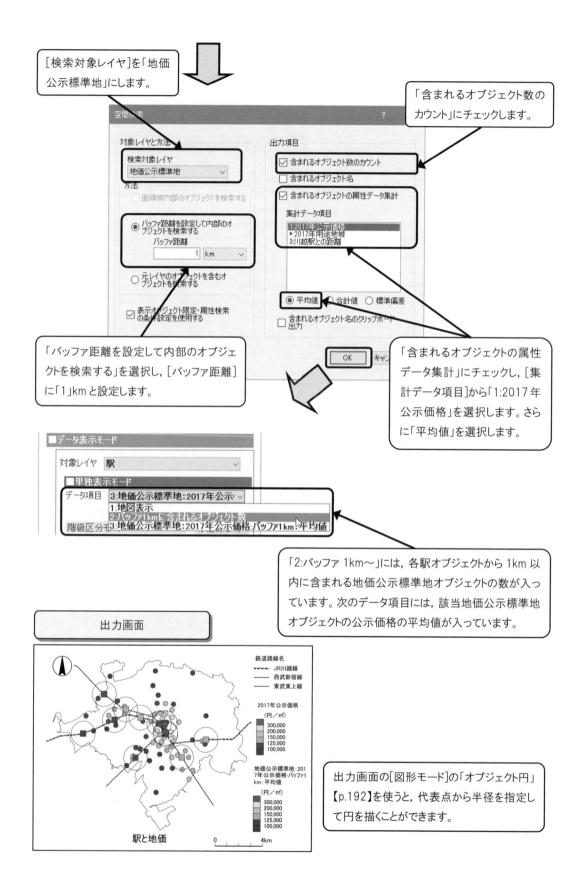

■検索元のオブジェクト形状ごとのバッファ距離での検索仕様

点		検索元の代表点から指定バッファ距離内部の代表点を検索します。
線		検索元のラインから指定バッファ距離内部の代表点を検索します。
面		検索元の代表点から指定バッファ距離内部の代表点を検索します。検索元オブジェクトの外周ラインは考慮されません。

　検索対象のオブジェクトは，点・線・面の形状に関わりなく，その代表点がバッファ距離内に含まれるかどうかで内外を判定されます。
　なお，距離の測定方法については，【p.129】を参照してください。

5.3.1.3　包含する面形状オブジェクトを取得する

　【p.123】では面形状オブジェクト内に含まれる他レイヤのオブジェクトを検索して，「DID」，「非 DID」オブジェクトそれぞれに含まれるコンビニエンスストアの数をカウントしました。
　ここでは逆に，それぞれのコンビニが，面形状オブジェクトの「DID」，「非 DID」どちらのオブジェクト内部に含まれているかを検索します。

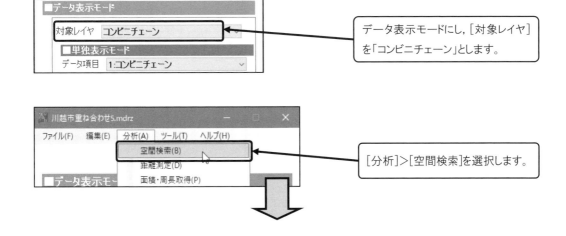

データ表示モードにし，[対象レイヤ]を「コンビニチェーン」とします。

[分析]>[空間検索]を選択します。

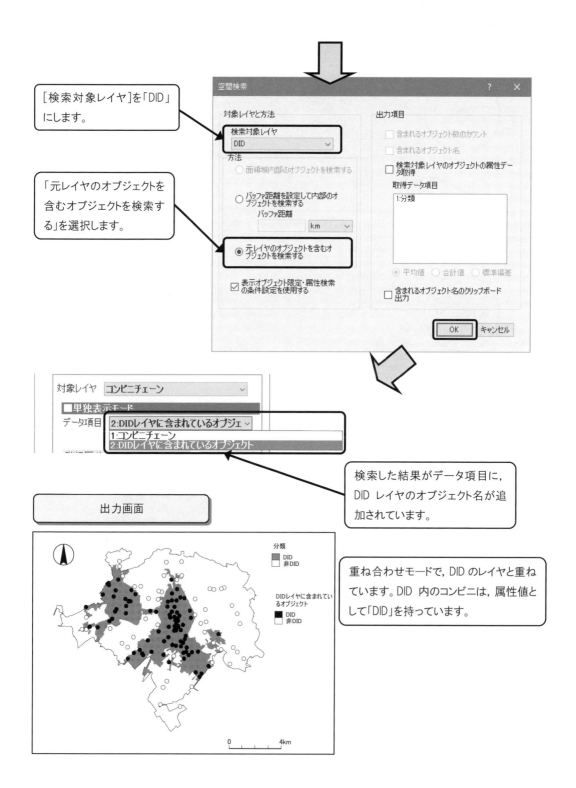

5.3.2 距離測定

5.3.2.1 距離の測定方法

距離測定機能では，現在設定中のレイヤのオブジェクトに対し，指定のオブジェクトとの間の直線距離を取得し，データ項目に追加します。オブジェクト間の距離の測定方法は形状の組み合わせによって異なり，次の表のようになっています。また，座標系の設定によっても計算方法が異なります。任意の地点間の距離を測定する場合は，出力画面の「距離・面積測定」機能を使用してください【p.168】。

オブジェクトの組み合わせと距離の測定方法

		距離取得元のオブジェクトの形状		
		点	線	面
選択中のレイヤの形状	点	代表点間の距離	点オブジェクトの代表点と，取得元の線オブジェクトのラインの間の最短距離	代表点間の距離
	線	ラインと，取得元の点オブジェクトの代表点の間の最短距離	ラインと，取得元の線オブジェクトの代表点の間の最短距離	ラインと，取得元の面の代表点の間の最短距離
	面	代表点間の距離	面の代表点と，取得元の線オブジェクトのラインの間の最短距離	代表点間の距離

座標系ごとの距離の計算方法

座標系	距離の計算方法
緯度経度	$D_{AB} = 2R \arcsin\left(\sqrt{\left(\cos\left(\frac{\beta_1+\beta_2}{2}\right)\sin\left(\frac{\alpha_1-\alpha_2}{2}\right)\right)^2 + \left(\sin\left(\frac{\beta_1-\beta_2}{2}\right)\cos\left(\frac{\alpha_1-\alpha_2}{2}\right)\right)^2}\right)$ $\alpha_1,_2$: 地点 A, B の経度，$\beta_1,_2$: 地点 A, B の緯度，R: 地球の半径；6371km （伊理・腰塚（1986:47）による） ※地球の形は正確には完全な球体ではなく，赤道方向が膨らんだ回転楕円体となっており，長半径・短半径で距離が異なります（【p.228】も参照してください）。MANDARAの距離測定機能では球体とみなし，半径6370kmで計算しています。 なお，長半径 r1，短半径 r2 の回転楕円体と体積の等しい体積の球の半径 r は， $r = \sqrt[3]{r1^2 r2}$ と表され（野村1983），ベッセル楕円体の場合はr=6370km，GRS80楕円体の場合はr=6371kmとなります。
平面直角座標系	$D_{AB} = \sqrt{(Ax - Bx)^2 + (Ay - By)^2}$
その他の座標系	$D_{AB} = \sqrt{(Ax - Bx)^2 + (Ay - By)^2}$
座標系設定なし	マップエディタで設定した「スケール値」s を使って求めます。 $D_{AB} = \dfrac{\sqrt{(Ax-Bx)^2+(Ay-By)^2}}{s}$

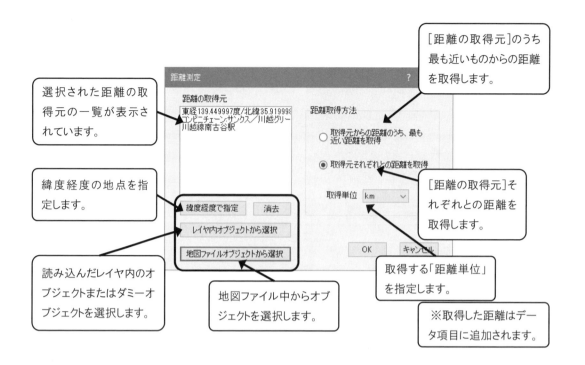

5.3.2.2　距離の取得

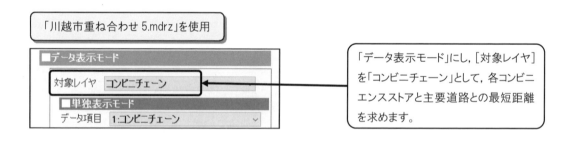

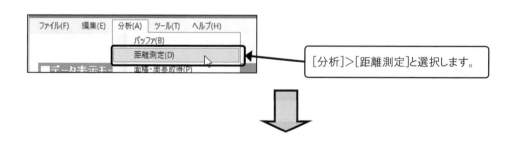

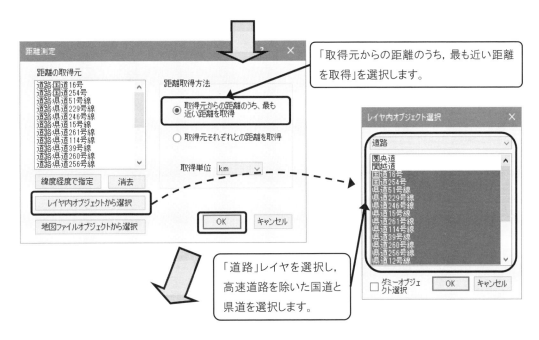

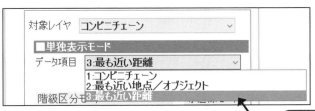

「2:最も近い地点／オブジェクト」には，選択した道路オブジェクトのうち当該コンビニから最も近い道路オブジェクトのオブジェクト名が入ります。
「3:最も近い距離」には，その距離が入ります。

出力画面

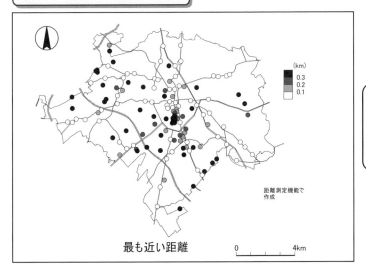

出力画面でダミーオブジェクトグループに「道路」を設定し，コンビニと道路からの距離を重ねて表示してみました。

5.3.3 面積・周長取得

面積・周長取得機能では，設定中のレイヤのオブジェクトの面積，または周長を取得します。

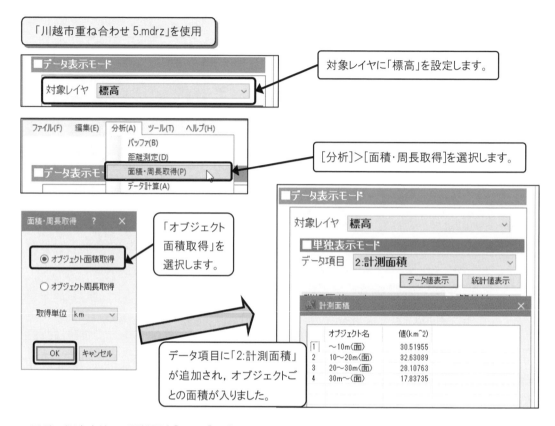

周長の測定方法は，距離測定【p.129】で述べたように地図ファイルで設定された座標系によって異なります。また，周長は地図データの精度によって変化する点にも注意してください。

オブジェクトの面積は，多角形の面積公式を使用して算出しています。緯度経度座標系の地図ファイルを使用している場合には，地図ファイル内で設定されている投影法とは関係なく，正積図法（面積が正しい）の投影法に変換してから面積を計算しています。座標系の設定のない場合は，【p.129】の距離測定の場合と同様に，スケール値が使われます。次のようなオブジェクトについて，面積を算出する際の中抜け，飛び地への対応は以下の通りです。

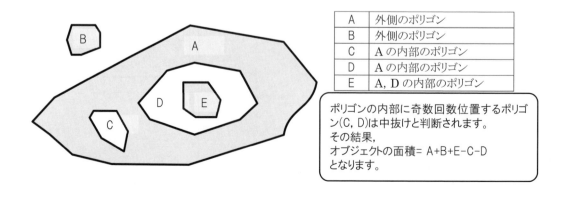

5.3.4 データ計算

データ計算機能では、データ項目同士で簡単な計算を行い、計算結果を新しいデータ項目に追加します。計算方法には、和、差、積、比率(商)、増減率、密度があります。それぞれ計算したいデータ項目を選択してください。密度は面形状のオブジェクトの面積を使用して計算します。

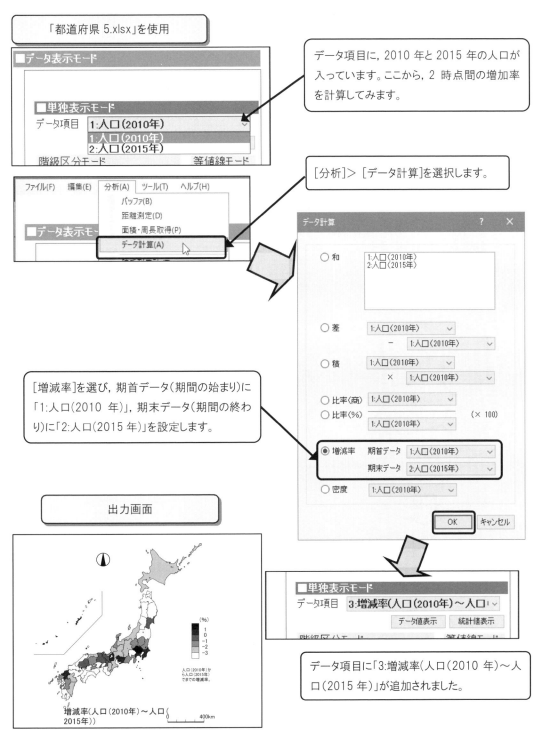

5.3.5 時系列集計

5.3.5.1 時系列集計とは

時系列集計機能は，他の GIS ソフトにはない MANDARA 独自の機能です。市区町村ごとの統計データを GIS で表示して空間分析を行う際に問題となる点の一つに，統計データと地図データの間の時間的なズレがあります。統計データの基本的な集計単位である市区町村は，2000 年代の「平成の大合併」に見られるように，合併・分離や名称変更などによって時間とともに変化します。MANDARA では，「日本市町村緯度経度.mpfz」などの時空間モード地図ファイルを使用することで，任意の時期の地図を表示し統計情報を乗せることができます。

さらに，時期に応じた統計地図を描画するだけでなく，継承データを使用して異なる時点間で統一した空間集計単位を生成し，その空間集計単位に合わせて属性データを集計できます。これが時系列集計機能です。

次の模式図で説明します。左上 2000 年 1 月 1 日のオブジェクトの状態から，右上図のような合併，分割合併，分離などを経て，15 年後の 2015 年 1 月 1 日には左下のように変化しました。カッコ内の数字を人口とすると，この間の各オブジェクトの人口増加数を出す場合，空間単位が異なるために簡単には算出できません。そこで，地図ファイル中の合併・分離情報を使用して，2 時点に共通する空間単位を新しく作成します。それが右下の図で，新しく作成されたオブジェクトを「合成オブジェクト」と呼んでいます。合成オブジェクトが作成される際に，2 つの年次の人口数が集計され，各合成オブジェクトの属性データに設定されます。

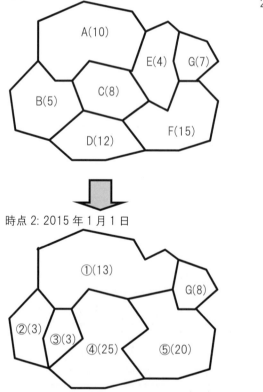
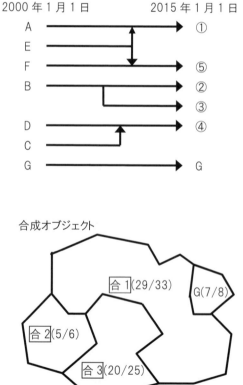

5.3.5.2 時系列集計の実際

実際に，[第5章]フォルダの「群馬県人口.xlsx」をMANDARAに読み込んで作業してみます。このデータは，地図ファイル「日本市町村緯度経度.mpfz」を使用し，2000年と2015年の群馬県の市町村別人口データを含んでいます。

「群馬県人口.xlsx」を使用

2000年レイヤと2015年レイヤがあり，それぞれの年の市町村別人口データが入っています。

出力画面

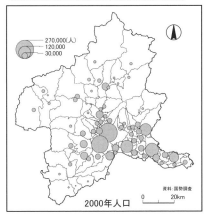
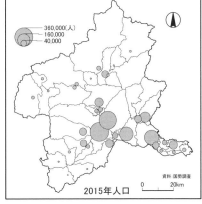

2000年と2015年では合併により市町村の数が70から35まで減少しました。

この15年の間での市町村ごとの人口の増減を「時系列集計」機能を使って集計し，調べてみます。

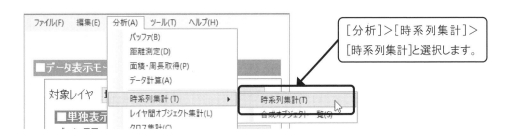

[分析]＞[時系列集計]＞[時系列集計]と選択します。

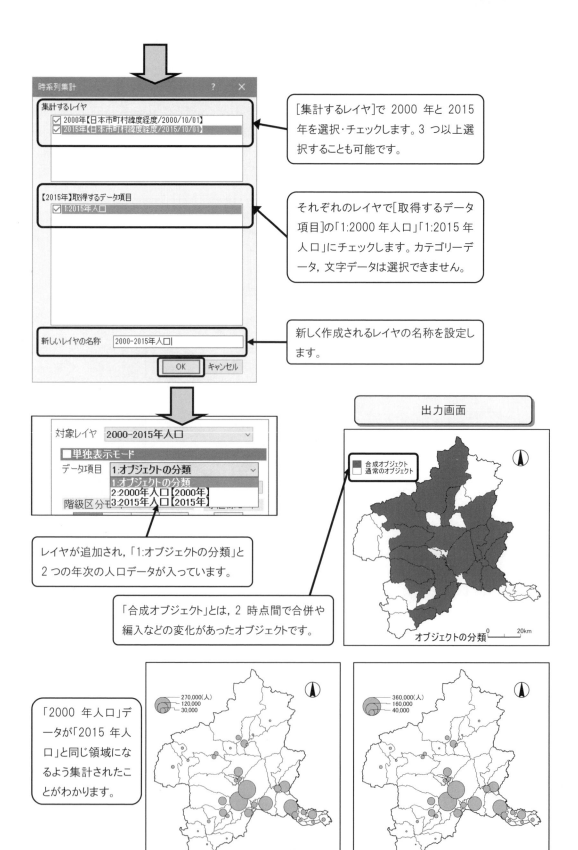

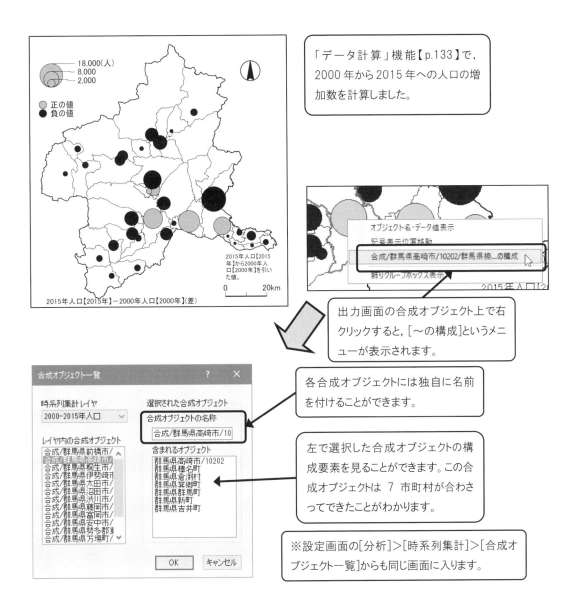

■合成オブジェクトの特性

　合成オブジェクトの代表点は，含まれる各オブジェクトの代表点の重心に設定されます。また，時系列集計以外の方法で合成オブジェクトを作成することはできません。

　合成オブジェクトに関する情報は，地図ファイル側ではなく，属性データ側に記録されます。時系列集計の結果を保存する場合は，設定画面の[ファイル]>[MANDARAの形式でデータ・設定保存]メニューを使用します。

■時空間モード地図ファイルを作成するには

　時系列集計機能を使用するには，時空間モードで作成され，かつオブジェクト間の継承情報が正しく設定された地図ファイルを使用する必要があります。ユーザ自身で時空間モード地図ファイルを作成するには，マップエディタを使用します。詳しくは第9章で解説しています。

　第2章では，付属の地図ファイルで時空間情報の有無について記載しています【p.19】。

5.3.6 レイヤ間オブジェクト集計

複数のレイヤ内のオブジェクトを統合して，1 つのレイヤにまとめます。レイヤの種類，形状，時期設定，使用する地図ファイルが同一のレイヤに対してのみ実行できます。[第 5 章]フォルダの「1995-2010 年人口メッシュ東京.mdrz」を MANDARA に読み込んで，作業してみます。

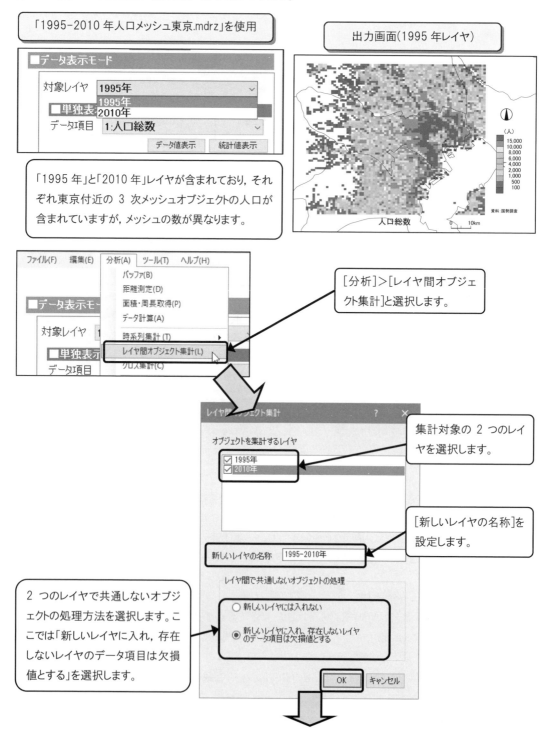

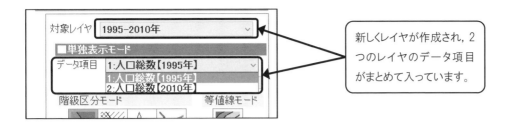

新しくレイヤが作成され，2つのレイヤのデータ項目がまとめて入っています。

出力画面

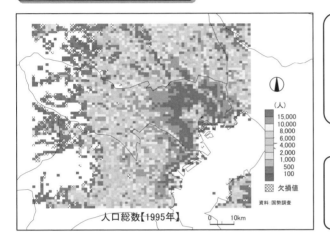

人口総数【1995年】

データ項目「人口総数【1995年】」を表示すると，欠損値のメッシュが現れます。これは，「2010年」レイヤに含まれているが，「1995年」レイヤには含まれていないオブジェクトです。

1つのレイヤにまとめることで，データ間で計算を行ったり【p.133】，クロス集計を行ったりすることができるようになります。

コラム　いろいろな GIS データ② ―世界―

(【p.121】から続く)

Natural Earth　http://www.naturalearthdata.com/

　世界各国のさまざまな団体のボランティアによるコラボレーションで構築され，北米地図情報協会がサポートしているプロジェクトです。世界の国境線や河川，鉄道，道路等のシェープファイルをダウンロードできます。右の図は，国境と鉄道，都市地域のデータを重ねたものです。

Global Administrative Areas(GADM)　http://www.gadm.org/

　カリフォルニア大学の Robert Hijmans 氏らによって開発されているプロジェクトで，世界各国の行政界データを国ごとにシェープファイルなどの形式でダウンロードできます。たとえば日本では，国，都道府県，市町村の3つのスケールのデータが含まれているなど，詳細です。右の図はイギリス南部の行政界です。

5.3.7 クロス集計

クロス集計機能では,同一レイヤのデータ項目間でクロス集計を行います。

5.3.7.1 オブジェクト数の集計

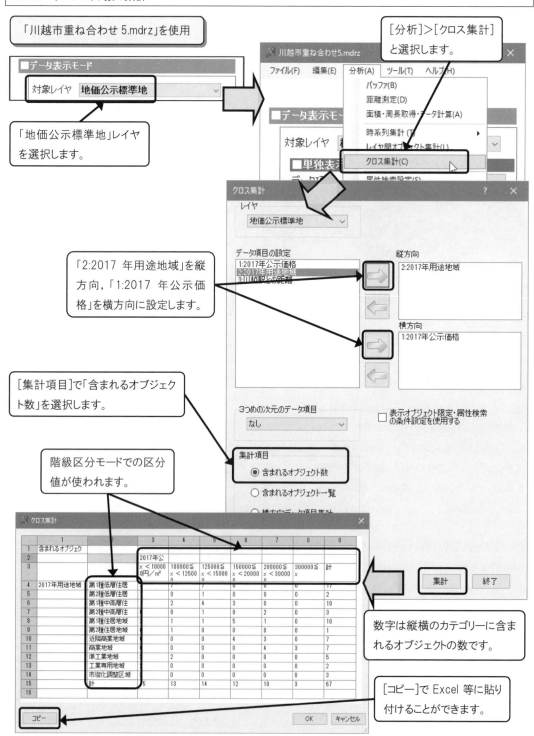

5.3.7.2 データ項目集計

データ項目集計では，カテゴリーに含まれるオブジェクトのデータ値の平均値等を集計します。

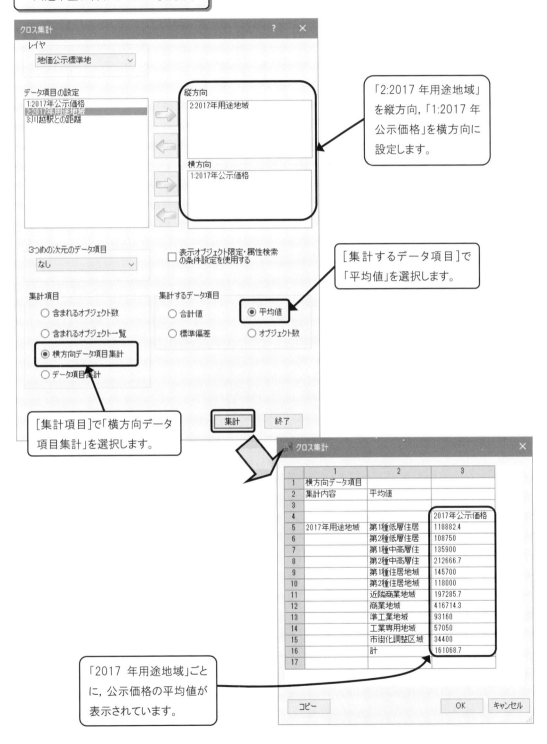

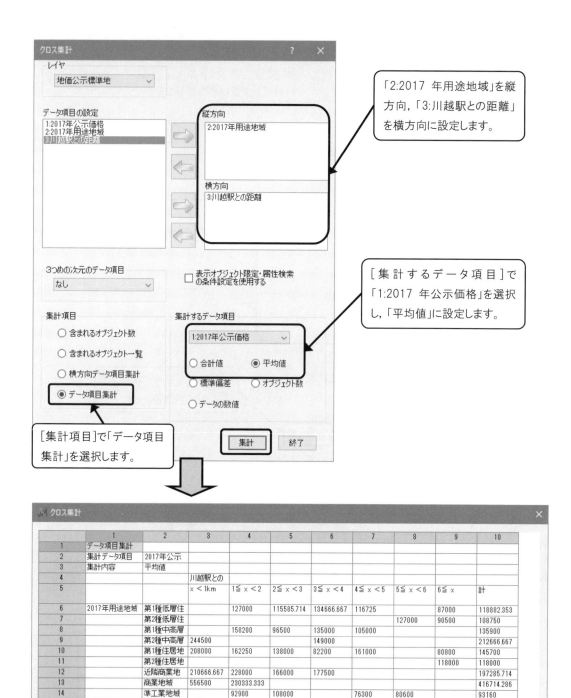

5.3.8 属性検索設定

属性検索とは，属性データに条件を設定し，条件に適合するオブジェクトのみを検索して描画する機能です。属性検索設定メニューでは，その条件を設定します。ここでは[第 5 章]フォルダの「千葉県土地利用メッシュ.mdrz」を使用して，1991 年の土地利用ごとに，2006 年の土地利用を見てみます。

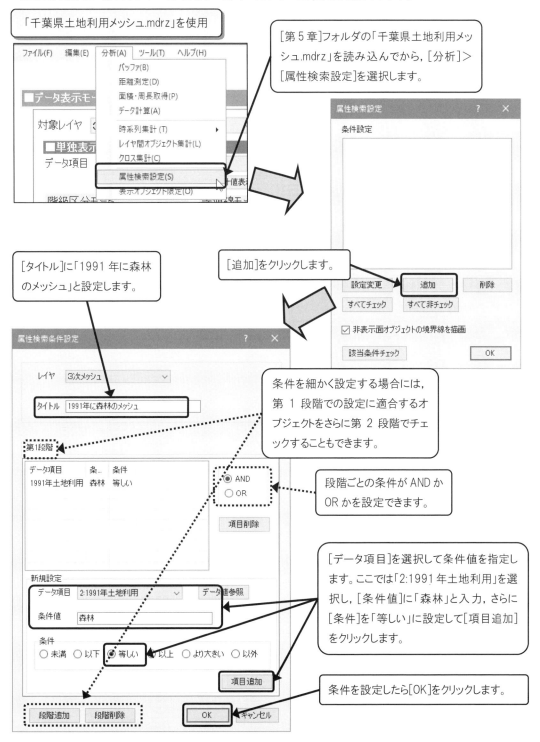

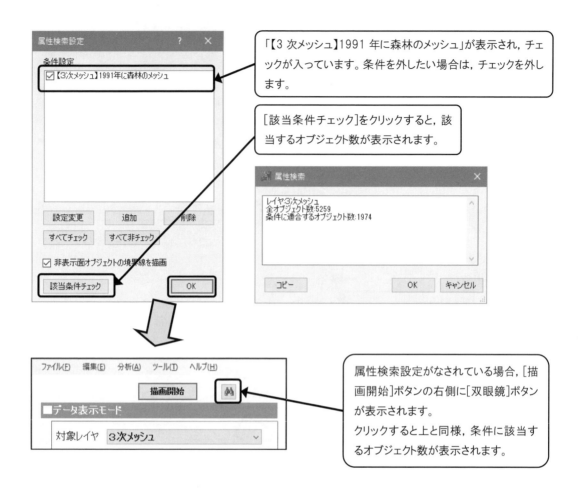

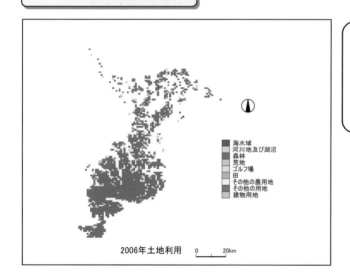

出力画面

5.3.9 表示オブジェクト限定

5.3.8 の属性検索設定は，設定した条件に合う属性値をもつオブジェクトを表示しますが，表示オブジェクト限定機能では，直接レイヤのオブジェクトを指定して，表示/非表示を設定します。

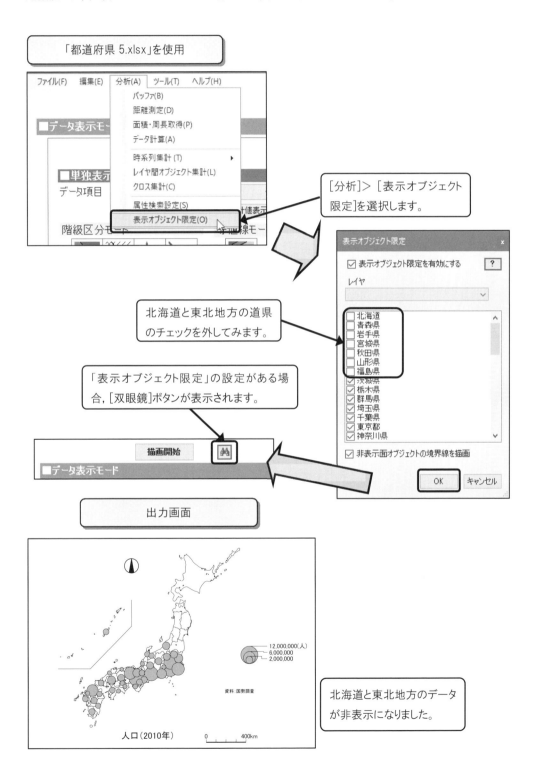

5.4 ツールメニュー

[ツール]メニュー	機能	解説箇所
データ項目設定コピー	特定のデータ項目の設定を，他のデータ項目にコピーします。第4章の「4.7 連続表示モード」で解説しています。	【p.110】
連続表示モードにまとめて追加	複数のデータ項目をまとめて連続表示モードに設定します。第4章の「4.7 連続表示モード」で解説しています。	【p.110】
記号表示位置等操作	記号表示位置・ラベル表示位置を変更します。	【p.146】
オブジェクト名入れ替え	オブジェクトグループごとに，設定中のオブジェクト名リストを入れ替えます。	【p.148】
オプション	全般的なオプションを設定します。地図描画に関するオプションは出力画面のオプションメニューから設定します。	【p.149】

5.4.1 記号表示位置等操作

記号表示モードで記号を表示する位置を「記号表示位置」，ラベル表示モードでラベルを表示する位置を「ラベル表示位置」を呼んでいます。それぞれの表示位置は，属性データ読み込み直後はオブジェクトの代表点に設定されていますが，変更することも可能です。

[ツール]>[記号表示位置等操作]メニュー		機能
代表点を属性データとして取得		代表点の座標を属性データとして取得します。
記号表示位置操作	記号表示位置を属性データとして取得	記号表示位置の座標を属性データとして取得します。
	属性データを記号表示位置に設定	属性データの値を記号表示位置の座標として設定します。
	重心を記号表示位置に設定	面形状オブジェクトの場合，重心を記号表示位置に設定します。複数のポリゴンからなるオブジェクトの場合は，最大面積のポリゴンの重心となります。重心位置がポリゴンの外側になる場合は，ポリゴンの内側になるよう，X座標を移動させます。
	記号表示位置を代表点に戻す	記号表示位置をオブジェクトの代表点に戻します。
ラベル表示位置操作	ラベル表示位置を属性データとして取得	ラベル表示位置の座標を属性データとして取得します。
	記号表示位置をラベル表示位置に設定	記号表示位置をラベル表示位置の座標として設定します。
	属性データをラベル表示位置に設定	属性データの値をラベル表示位置の座標として設定します。
	重心をラベル表示位置に設定	面形状オブジェクトの場合，重心をラベル表示位置に設定します。
	ラベル表示位置を代表点に戻す	ラベル表示位置をオブジェクトの代表点に戻します。

この機能では，代表点や記号表示位置の座標を属性データとして取得することができます。また，取得した座標を加工し，再び属性データを各表示位置に設定することもできます。なおここでの処理対象は，現在選択しているレイヤのオブジェクトとなります。ここでは[第5章]フォルダの「群馬県人口.xlsx」を使用して記号表示位置を操作してみます。

「群馬県人口.xlsx」を使用

出力画面

使用する地図ファイル「日本市町村緯度経度.mpfz」では，代表点がおおむね役場所在地に置かれているため，記号表示位置が市町村の中心付近にならないところが多くなっています。

[ツール]>[記号表示位置等操作]>[記号表示位置操作]>[重心を記号表示位置に設定]と選択します。

出力画面

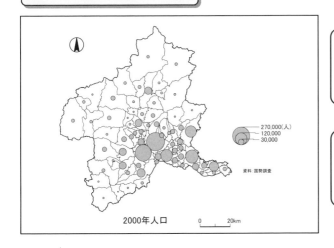

記号表示位置がオブジェクトの重心に設定され，市町村の真ん中に記号が表示されました。

記号表示位置を個別に設定する場合は，出力画面で右クリックして指定します【p.80】。

5.4.2 オブジェクト名入れ替え

　MANDARAの地図ファイルでは，1つのオブジェクトにオブジェクト名を複数設定でき，オブジェクト名リストと呼んでいます。属性データ読み込みの際には，属性データ側のオブジェクト名が，地図ファイル中のオブジェクト名リストのいずれかと一致すれば，呼び出されます。

　付属の地図ファイル「日本市町村緯度経度.mpfz」では，市区町村オブジェクトに対して市区町村名と5桁の行政コードがオブジェクト名リストに設定されています。統計データには行政コードが使われていることが多く，そうした場合は市区町村名に変換せずとも，MANDARAに取り込むことができます。

　しかし，取り込み後には，行政コードよりも実際の市区町村名が表示された方が便利なこともあります。そうした場合に，この「オブジェクト名入れ替え」機能を使うことで，行政コードと市区町村名を入れ替えることができます。ここでは[第5章]フォルダの「東京都コード.xlsx」を使用してオブジェクト名入れ替え機能を操作してみます。

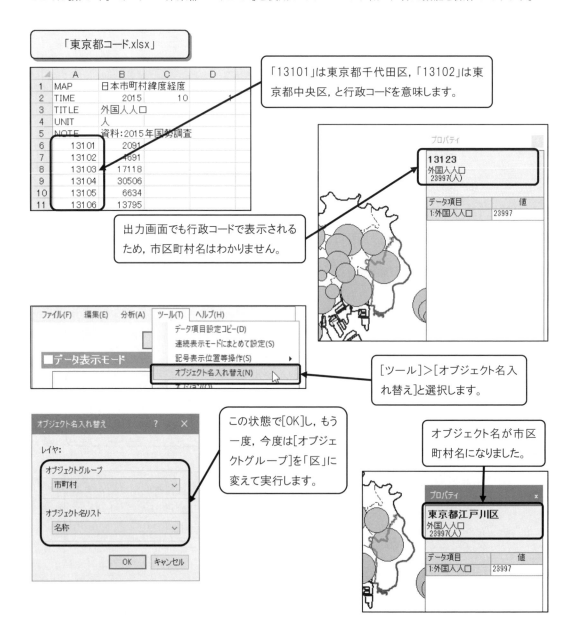

5.4.3 オプション

各種オプションを設定します。ここで設定される内容は、属性データすべてに適用され、設定は[ドキュメント][MANDARA10]フォルダに保存されます。

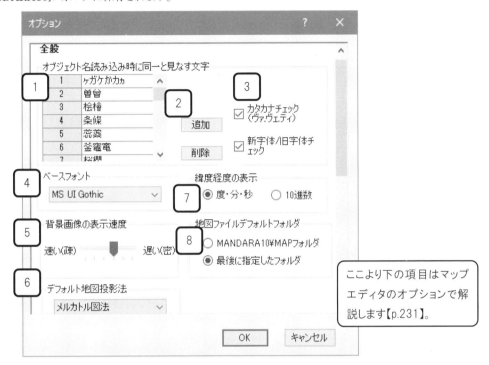

ここより下の項目はマップエディタのオプションで解説します【p.231】。

1	オブジェクト名読み込み時に同一と見なす文字	クリップボード、CSVファイルおよび属性データ編集でオブジェクト名を指定する際、同一と見なす文字を指定します。「カ」と「ヶ」など、よくあるケースは初期設定に含まれていますが、ここで追加することもできます。
2	追加/削除	[追加]で左側のグリッドの最下段に入力欄が追加されます。[削除]で選択されている文字が削除されます。
3	カタカナチェック 新字体/旧字体チェック	[カタカナチェック]では、オブジェクト名がカタカナの場合で、ヴァ(バ),ヴェ(ベ),ティ(チ)を同一と見なす場合にチェックします。[新字体/旧字体チェック]では、旧字体と新字体で互換性を持たせ、どちらで指定しても同じように認識して読み込めるように設定します。
4	ベースフォント	デフォルトで選択されるフォントを設定します。
5	背景画像の表示速度	背景画像にタイルマップサービスを設定している場合に、描画速度を設定します。速い場合は少ない画像しか読み込まないため、粗い画像になります。
6	デフォルト地図投影法	シェープファイルなど外部地図データを読み込む際に、デフォルトで設定される地図投影法を指定します。
7	緯度経度の表示	緯度経度の座標系を持つ地図データを使用している場合に、その表示方法やデータの入力方法を度分秒または10進数から選択します。度分秒から10進数の度に変換する方法は次の式の通りです。 10進数の度 ＝ 度 ＋ 分/60 ＋ 秒/3600
8	地図ファイルデフォルトフォルダ	地図ファイルの読み込みフォルダを選択します。「MANDARA10¥MAPフォルダ」の場合は、常に[ドキュメント][MANDARA10][MAP]フォルダを最初に読みに行きます。「最後に指定したフォルダ」の場合は、最後に地図ファイルを指定したフォルダを次回の読み込み先に設定します。

第6章 出力画面の機能

6.1 出力画面

設定画面で描画設定を行い、[描画開始]ボタンをクリックすると出力画面に地図が表示されます。

6.1.1 画面構成

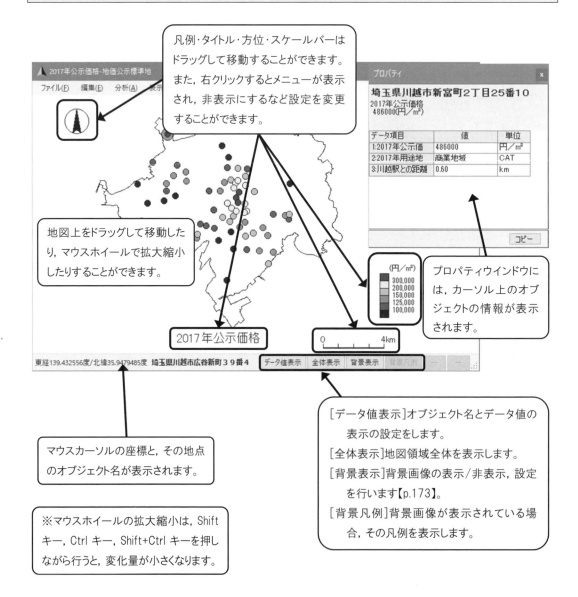

6.1.2 右クリックメニュー

出力画面のオブジェクトまたは等値線モードの等値線上で右クリックすると，メニューが表示されます。

メニュー	機能
飾りグループボックスの表示/非表示	凡例やスケールバー，方位記号，タイトル等をまとめて四角で囲む「飾りグループボックス」の表示/非表示，設定を行います。
飾りグループボックスの設定	
図形モードでオブジェクト名・データ値表示	図形モードの「文字」【p.188】に入って，オブジェクト名や属性値を地図上に表示します。
等値線の値表示	等値線モードの場合に表示されるメニューで，図形モードに入って，等値線の値を地図上に表示します。
〜の時空間変化	時空間モード地図ファイルを使用している場合に表示されるメニューで，当該オブジェクトの時間的な変化を見ることができます。
合成オブジェクト〜の構成	時系列集計【p.134】を行って作成された合成オブジェクト上で右クリックした場合に表示されるメニューで，当該合成オブジェクトの構成要素を表示します。
記号表示位置移動	記号表示位置またはラベル表示位置を画面上で左クリックして指定したり，あるいは代表点に戻したりします【p.146】。
記号表示位置を元に戻す	
ラベル表示位置移動	
ラベル表示位置を元に戻す	
リンク	オブジェクトにリンクが設定されている場合に表示されるメニューで，設定したリンク先のホームページ，あるいはファイルを開くことができます。リンクを設定するには，MANDARAタグのURLタグ【p.41】，または属性データ編集(第3章)で行います。

凡例・タイトル・方位・スケールバーの上で右クリックすると，設定を変更するメニューが現れます。これらを非表示にした場合は[オプション]>[オプション]で再表示できます【p.178】。

アルゴリズム：オブジェクトの空間検索の方法

オブジェクトを検索するには，オブジェクト名やオブジェクトの属性による検索のほか，オブジェクトの位置による空間検索があります。出力画面では，マウスを動かすとともにその地点のオブジェクト名が下のステータスバーに表示されますが，マウスカーソルの位置からその場所のオブジェクトを検索する方法を紹介します。

まず，オブジェクトの形状ごとにマウスカーソルとの距離・包含関係の計算方法は異なります。最も単純な検索方法は次のようになります。

点形状オブジェクト	線形状オブジェクト	面形状オブジェクト
①オブジェクトとカーソル位置との直線距離を計算。 ②すべてのオブジェクトとの距離を計算し，最も近く，かつ閾（しきい）値よりも近いオブジェクトを選択。	①カーソル位置からオブジェクトの各線分に引いた垂線が線分と交わる場合は垂線の長さ，交わらない場合は線分の両端との距離のうち近い方を線分との距離とする。 ②オブジェクト内のすべての線分との距離を計算し，最も近いものをオブジェクトとの距離とする。 ③すべてのオブジェクトとの距離を計算し，最も近く，かつ閾値よりも近いオブジェクトを選択。	①カーソル位置が内部となるオブジェクトを選択。

このように，点・線形状の場合は距離を計算して最も近いオブジェクトを選択しますが，面形状の場合はカーソルがポリゴンの内部に含まれるかどうかで判定されます。この判定は点の多角形に対する内外判定と呼ばれるもので，MANDARAでは次の「水平線アルゴリズム」によって判定しています。

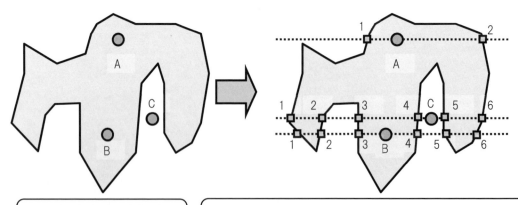

目で見れば，A，Bは内部，Cは外部とすぐわかりますが，コンピュータでは次のように判定します。

A，B，C点を通る水平線を作り，ポリゴンとの交点を計算します。それぞれのポイントが，左端の交点から数えて奇数番目の交点の後に来た場合は内部，偶数の後に来た場合は外部と判定します。

形状ごとの最近隣オブジェクト・内部のオブジェクトの判別方法は以上ですが，線・面ではかなり計算量が多くなることがわかります。これでオブジェクトが数千数万とあったら，その数に比例して計算量が膨大になります。そこでMANDARAでは空間インデックスを使って高速化しています。等値線描画の際には四分木を使用しましたが【p.88】，出力画面では単純なグリッドによる空間インデックスを使用しています。

　まず事前に地図上をグリッドで区切っておき，各グリッドに，そこに含まれる可能性のあるオブジェクトの情報を記録しておきます。そして，マウスカーソルが位置するグリッドの中のオブジェクト情報を参照すれば，その分だけ距離を計算したり，内外判定したりすればよいので，計算量は大幅に削減されます。

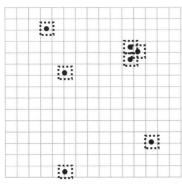

点形状オブジェクト

　点形状オブジェクトの場合は，若干大きめの四角形領域を作り，そこに重なるグリッドにオブジェクトの情報を格納します。四角形領域を作るのは，ポイントの入るグリッドだけにオブジェクト情報を格納すると，隣接するグリッドの点オブジェクトの方が近いにも関わらず無視されるということを防ぐためです。

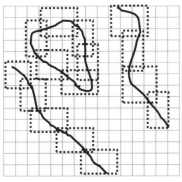

線形状オブジェクト

　線形状オブジェクトの場合は，1つのオブジェクトを複数に分割し，その領域を含む四角形を作り，そこに重なるグリッドにオブジェクトの情報を格納します。これによって，ラインオブジェクトの中のどの線分付近が近いかまでを特定することができ，計算量を減らすことができます。

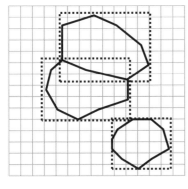

面形状オブジェクト

　面形状オブジェクトの場合は，オブジェクトに外接する四角形領域を作り，そこに重なるグリッドにオブジェクトの情報を格納します。

6.2 ファイルメニュー

[ファイル]メニュー	機能	解説箇所
画像の保存	出力画面の地図を画像ファイルに保存します。	【p.154】
透過 PNG で保存	出力された地図で，何も描かれていない部分を透過した透過 PNG として出力します。画像の保存の png で保存した場合は，透明にならず，白色になります。	
KML 形式で出力	Google Earth で表示できる，KML 形式のファイルとして出力します。	【p.155】
Google マップに出力	Google マップ上に表示する形で出力します。	【p.158】
タイルマップ出力	Web 地図サービスで標準的な画像の形式である，タイルマップ形式に分割して画像を出力します。	【p.160】
連続表示モードのファイル出力	連続表示モードの画像を保存します。第 4 章で解説しています。	第 4 章 【p.112】

6.2.1 画像の保存

[画像の保存]メニューでは，出力画面に表示されている画像を保存します。その際，4 つのファイル形式から選択できます。他のソフトで使用する場合には「拡張メタファイル」が適当ですが，Web サイトの画像に使用する場合は「PNG ファイル」が適しています。

ファイル種類	拡張子	特徴
PNG ファイル	png	表示されている画像が圧縮されて保存されます。地図画像を保存するのに適しています。
BMP ファイル	bmp	表示されている画像は，圧縮されずに保存されます。ファイルサイズが大きくなります。
JPEG ファイル	jpg	Jpeg 形式は，圧縮されるとともに，元の画像よりも粗くなります。背景に空中写真など細かな画像を表示している場合などに適しています。
拡張メタファイル	emf	出力された画像自体ではなく，描画する手順自体を記録します。そのため，Word など他のソフトで読み込んだ場合，拡大してもきれいな状態が保持されます。また，イラストレータなどのドローソフトを使えば編集することもできます。

6.2.2 KML 形式で出力

　KML 形式とは，Google 社の開発している無料の地球儀ソフト「Google Earth」で読み込むことのできるファイル形式で，MANDARA では表示されている地図を KML 形式で出力することができます。出力した KML ファイルは，Google Earth やその他の対応ソフトで読み込むことができます。なお，MANDARA ではマップエディタにおいて KML 形式のファイルを読み込むことができます【p.214】。

■KML 形式とシェープファイルとの違い
　KML ファイルと第 5 章で解説したシェープファイル【p.117】との違いは，シェープファイルには属性値は保存できるものの，階級区分色などは保存できません。一方 KML ファイルでは階級区分色も記録されます。また，シェープファイルは 3 つのファイルから構成されていますが，KML ファイルは 1 つのファイルだけです。テキスト形式のファイルなので，テキストエディタなどで内容を見て編集することもできます。

■KML 形式で出力可能な表示モード
　KML 形式で保存できる表示モードは，ペイントモードおよび記号の大きさモードです。ただし，記号の大きさモードは点・面形状レイヤの場合に限られます。なお，KML 形式で出力するには緯度経度座標系の地図ファイルを使用している必要があります。

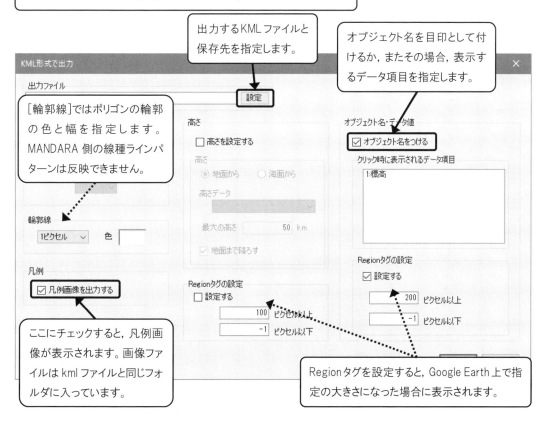

Google Earth 上での表示

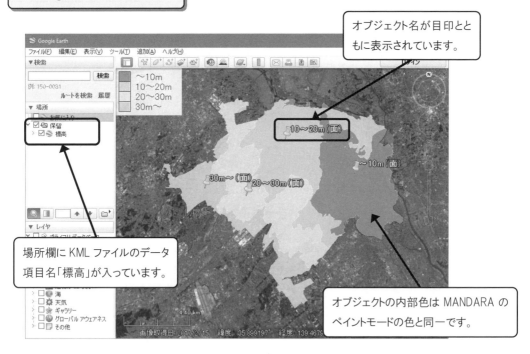

場所欄に KML ファイルのデータ項目名「標高」が入っています。

オブジェクト名が目印とともに表示されています。

オブジェクトの内部色は MANDARA のペイントモードの色と同一です。

次に[対象レイヤ]を「地価公示標準地」,[データ項目]を「2017 年用途地域」にして[描画開始]します。出力画面で[ファイル]＞[KML 形式で出力]を選択します。

[高さを設定する]にチェックし,[高さデータ]に「1:2017 年公示価格」を設定し,「地面から」を選択,[最大の高さ]を「1」km,「地面まで降ろす」にチェックします。

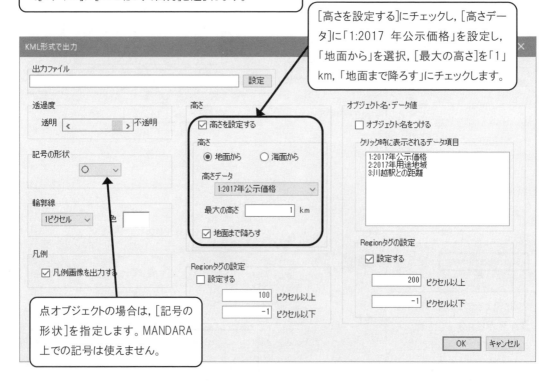

点オブジェクトの場合は,[記号の形状]を指定します。MANDARA 上での記号は使えません。

Google Earth 上での表示

「2017年用途地域フォルダ」を開くと、その色分けと含まれるオブジェクトがわかります。右クリックして「名前をつけて場所を保存」で、ファイルの種類を「Kmz」とすると、凡例画像とkmlファイルを1つのkmzファイルに保存することができます。

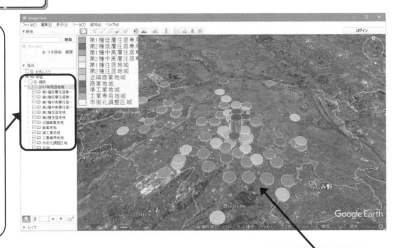

色で用途地域，高さで地価公示価格が表現されます。

ペイントモードの線形状オブジェクトの場合

記号の大きさモードの場合

6.2.3 Google マップに出力

　Google マップ上にオブジェクトを表示できる HTML 形式のファイルを作成します。この形式で出力できる表示モードは，ペイントモードと記号の大きさモードのみです。記号の大きさモードの場合は，形状が円に限定されます。座標系の設定してある地図データを使用している場合に限り使用できます。

「川越市重ね合わせ 6.mdrz」を使用

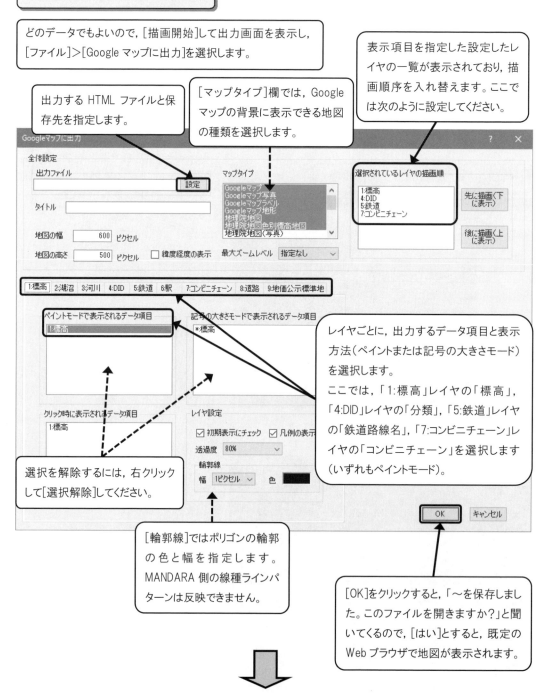

どのデータでもよいので，[描画開始]して出力画面を表示し，[ファイル]>[Google マップに出力]を選択します。

出力する HTML ファイルと保存先を指定します。

[マップタイプ]欄では，Google マップの背景に表示できる地図の種類を選択します。

表示項目を指定した設定したレイヤの一覧が表示されており，描画順序を入れ替えます。ここでは次のように設定してください。

レイヤごとに，出力するデータ項目と表示方法（ペイントまたは記号の大きさモード）を選択します。
ここでは，「1:標高」レイヤの「標高」，「4:DID」レイヤの「分類」，「5:鉄道」レイヤの「鉄道路線名」，「7:コンビニチェーン」レイヤの「コンビニチェーン」を選択します（いずれもペイントモード）。

選択を解除するには，右クリックして[選択解除]してください。

[輪郭線]ではポリゴンの輪郭の色と幅を指定します。MANDARA 側の線種ラインパターンは反映できません。

[OK]をクリックすると，「〜を保存しました。このファイルを開きますか？」と聞いてくるので，[はい]とすると，既定の Web ブラウザで地図が表示されます。

Webブラウザの画面

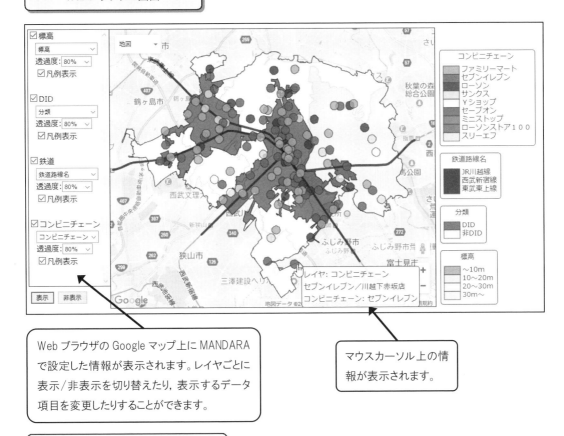

Webブラウザの Google マップ上に MANDARA で設定した情報が表示されます。レイヤごとに表示/非表示を切り替えたり，表示するデータ項目を変更したりすることができます。

マウスカーソル上の情報が表示されます。

記号の大きさモードを出力した場合

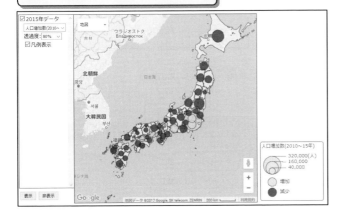

インターネットで公開するには？

　出力したフォルダには，指定ファイル名+.html のファイルおよび，ファイル名+_.data.js というファイルが作成されています。htmlファイルはWebページの情報を，data.jsファイルは含まれる属性データの情報が入っています。この2つを自身のWebサイトに置くことで，インターネットで地図を公開することができます。

　その際，Google Maps JavaScript API のキーが必要です。設定したキーは html ファイルの Google Maps API の参照箇所に追加してください(詳しくは Google の Web サイトを参照してください)。

6.2.4 タイルマップ出力

「6.2.3 Google マップに出力」機能でも Web サイトに主題図を示すことができますが，他の Web サービスからは表示できません。そこで，他のサービスからも共有可能な地図画像データの形式としてタイルマップ形式があります。タイルマップ形式は，Web 地図サービスで標準的な地図画像の形式で，Google マップや地理院地図など多くの地図サービスで採用されています。この形式で地図画像を Web サイト上に配置することで，独自の Web 地図サービスの背景画像として用いることができます。ただし，画像ファイルのため，そのままではクリックしてその地点の情報を表示することはできません。

タイルマップ形式で出力するには，使用する地図データが世界測地系の緯度経度で，投影法がメルカトル図法であることが条件となります【p.230】。表示モードに限定はありません。

「全国人口増加率.mdrz」を使用

データ項目に「2：2010〜2015 年人口増加率」を選択して［描画開始］します。

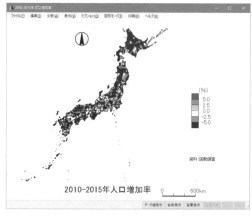

全国の市区町村別の人口増加率が表示されます。［ファイル］＞［タイルマップ出力］を選択します。

データを出力するフォルダを指定します。

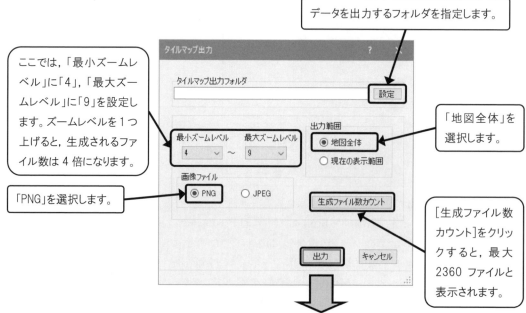

ここでは，「最小ズームレベル」に「4」，「最大ズームレベル」に「9」を設定します。ズームレベルを1つ上げると，生成されるファイル数は4倍になります。

「PNG」を選択します。

「地図全体」を選択します。

［生成ファイル数カウント］をクリックすると，最大 2360 ファイルと表示されます。

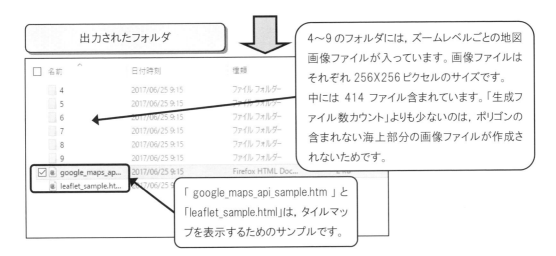

出力されたフォルダ

4～9のフォルダには，ズームレベルごとの地図画像ファイルが入っています。画像ファイルはそれぞれ 256×256 ピクセルのサイズです。中には 414 ファイル含まれています。「生成ファイル数カウント」よりも少ないのは，ポリゴンの含まれない海上部分の画像ファイルが作成されないためです。

「google_maps_api_sample.htm」と「leaflet_sample.html」は，タイルマップを表示するためのサンプルです。

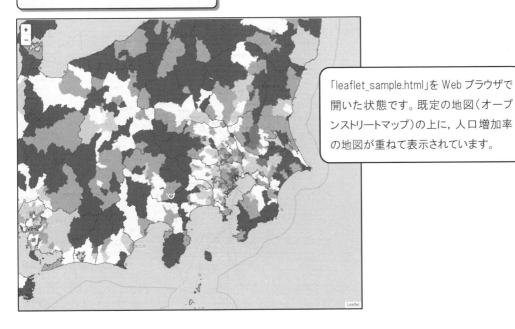

Web ブラウザの画面

「leaflet_sample.html」を Web ブラウザで開いた状態です。既定の地図（オープンストリートマップ）の上に，人口増加率の地図が重ねて表示されています。

インターネットで公開するには？

　出力したフォルダに含まれるズームレベルの数字のフォルダを自身の Web サイトにアップロードします。表示するには付属の 2 つの html ファイルのどちらかを一緒に入れておきます。ただし，サンプルの html ファイルは簡易なものなので，自身の目的に合う操作方法を実現するためには，html および JavaScript に関する知識が必要になります。

> アルゴリズム：タイルマップとは

タイルマップでは，地図画像をズームレベルごとに分け，それぞれのズームレベルに応じた解像度の地図を使用しています。ここでは，ズームレベルと地図の分割について紹介します。

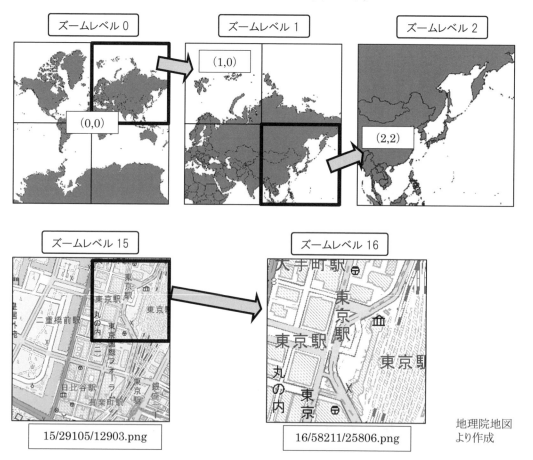

地理院地図より作成

ズームレベルとファイル分割

ズームレベル 0 は，メルカトル図法による世界地図で，幅・高さともに 256 ピクセルです。メルカトル図法の世界地図は，南北に行くほど大きく表示されます。しかし，局地的な形状は正しいため，どんどん拡大して表示するWeb地図で便利な投影法です。メルカトル図法では南北端は無限大となりますが，タイルマップでは正方形の領域になるように切り出しており，南北の高さが東西の幅と等しくなる緯度は約 85.05 度となります。そのため，これよりも南北の高緯度地域は表示できません。

ズームレベル 1 では，ズームレベル 0 の画像を 4 分割した範囲になり，世界全体で 4 つの画像ファイルとなります。さらにズームレベル 2 では，ズームレベル 1 を 4 分割した範囲になります。このように，ズームレベルが 1 つ上がるごとに，画像ファイルの数は 4 倍，4^n となります（n はズームレベル）。

ズームレベル 15～16 を東京駅付近の「地理院地図」で見ると，市区町村よりも細かい範囲を詳しく見たい場合に，このあたりのズームレベルを使用すればよいことがわかります。

ズームレベルと座標

　ズームレベル0は1枚の画像ファイルなので，座標は(0,0)となります。世界地図の左上（北西）を原点とすると，上図のズームレベル1の場合，ズームレベル0の右上の範囲なので，(1,0)となります。さらに上図のズームレベル2では(2,2)となります。これがファイル名の命名規則となり，

{ズームレベル}{x座標}y座標.png

とファイル名がつけられています{ }はフォルダ（ディレクトリ）です。例えば上の東京駅付近のズームレベル16のファイル名は，「16/58211/25806.png」となっています。ズームレベル15と比べると，XY座標がそれぞれ2倍になっていることがわかります。

タイルマップの表示

　タイルマップは規格化された画像ファイルの集合体なので，そのままでは細かい画像ファイルに過ぎません。地図として表示するためには，Web地図ライブラリを使用します。主なものに，Google Maps API，OpenLayers, leafletなどがあります。いずれの場合も，地図を作成して一般に公開するには，大容量のWebサーバー容量が必要で，地図描画の設定のためのHTML, JavaScriptといったWebプログラミングの知識が必要です。

MANDARAの背景画像

　MANDARAの出力画面やマップエディタで表示できる背景画像【p.173】は，一般に公開されているタイルマップサービスを利用したもので，国土地理院をはじめ，さまざまな組織・個人がタイルマップ形式の地図をWebで公開しています。

6.3 編集メニュー

［編集］メニュー	機能
コピー	表示されている地図をクリップボードにコピーします。拡張メタファイル形式およびビットマップ形式の両方の形式でコピーされるので，貼り付け先のソフトによっては形式を選択して貼り付けることができます。
画像としてコピー	上のコピーで，うまく貼り付けられない場合は，［画像としてコピー］を行ってください。
参照ウインドウにコピー	［描画開始］を行うとこれまでの出力画面の地図は消えてしまいますが，同時に見て比較したい場合には，この機能を使用します。この機能を使うと，別のウインドウ（「参照ウインドウ」）が表示され，現在の画像がコピーされます。参照ウインドウはいくつでも作ることができます。
オブジェクト検索	オブジェクト名を入力して，その場所を検索して選択します。

6.4 分析メニュー

6.4.1 標準偏差楕円

表示されているデータ項目の数値の空間的分布を楕円で表します。この標準偏差楕円は，点分布の平面上での散布度を示す測度であり，分布に方向性の偏りがみられる場合に使用します。点に重みがある場合の標準偏差楕円の算出方法は次の通りです（若林 1989；杉浦 1990, 2003）。

まず楕円の重心は次式で求められます。

$$\overline{X} = \frac{\sum w_i x_i}{\sum w_i} \qquad \overline{Y} = \frac{\sum w_i y_i}{\sum w_i}$$

ただし w_i，x_i，y_i はそれぞれ点 i の重み，代表点の x 座標，y 座標。重みはデータ項目の数値であり，カテゴリーデータの場合の点の重みは 1 となります。また，欠損値は無視されます。なお，緯度経度座標系の地図ファイルを使用している場合は，投影変換後の座標が使用されます。

次に各座標から重心を減じ，座標原点を(0,0)にします。

$$x_i^{'} = x_i - \overline{X}$$
$$y_i^{'} = y_i - \overline{Y}$$

次に原点の周りで，回転後の y' 軸が標準偏差楕円の長軸に，回転後の x' 軸が短軸に相当するように座標を θ 回転させます。角度 θ は次式で定義されます。

$$\tan\theta = \frac{(\sum (x_i^{'})^2 w_i - \sum (y_i^{'})^2 w_i) + \sqrt{(\sum (x_i^{'})^2 w_i - \sum (y_i^{'})^2 w_i)^2 + 4\sum (x_i^{'} y_i^{'} w_i)^2}}{2\sum x_i^{'} y_i^{'} w_i}$$

楕円の短軸および長軸に沿う標準偏差は次式で定義されます。

$$\sigma_{x'} = \sqrt{\frac{\sum (x_i^{'}\cos\theta - y_i^{'}\sin\theta)^2 w_i}{\sum w_i}}$$

$$\sigma_{y'} = \sqrt{\frac{\sum (x_i^{'}\sin\theta + y_i^{'}\cos\theta)^2 w_i}{\sum w_i}}$$

求められる楕円の重心は分布の平均的位置を，軸の向きは分布の方向を，長軸・短軸の長さは散らばりの大きさを，面積は全体の散らばりの大きさを表します。標準偏差楕円を求めることによって，異なる分布パターンの特徴を数値で比較でき，複雑な分布パターンを可視的な楕円で表示し，要約できるという利点があります。

「川越市重ね合わせ6.mdrz」を使用

[データ表示モード]にして[対象レイヤ]を「コンビニチェーン」とし, [描画開始]します。出力画面で[分析]＞[標準偏差楕円]を選択します。

カテゴリーデータの重み付けは1となります。通常のデータの場合は，データ値が重みとして使われます。

標準偏差楕円が描画され，統計量が表示されます。統計量は[コピー]して控えておきます。

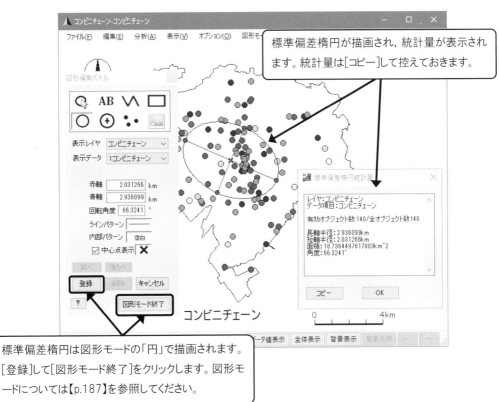

標準偏差楕円は図形モードの「円」で描画されます。[登録]して[図形モード終了]をクリックします。図形モードについては【p.187】を参照してください。

6.4.2 複数オブジェクト選択

複数のオブジェクトを選択し，属性データの値を比較したり，非表示にしたりすることができます。

「全国人口増加率.mdrz」を使用

[データ表示モード]にして[データ項目]を「2015年人口」とし，[描画開始]します。出力画面で[分析]＞[複数オブジェクト選択]を選択します。

[非表示化]では，選択したオブジェクトまたは選択していないオブジェクトを非表示にします。設定画面の[分析]メニュー[表示オブジェクト限定]【p.145】を出力画面で行ったことになります。[終了]で複数オブジェクト選択を終了します。

出力画面上で選択する方法には，「クリック選択」「四角形選択」「円形選択」「多角形選択」があります。[他の選択方法]では，「オブジェクト名検索」「すべて選択」「選択/非選択」交換があります。[選択解除]で選択をクリアします。

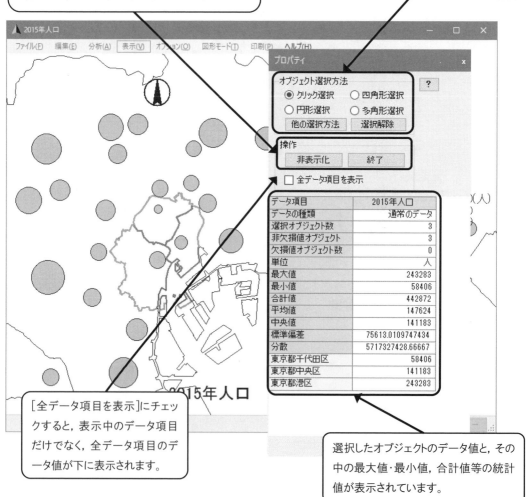

[全データ項目を表示]にチェックすると，表示中のデータ項目だけでなく，全データ項目のデータ値が下に表示されます。

選択したオブジェクトのデータ値と，その中の最大値・最小値，合計値等の統計値が表示されています。

次に，複数オブジェクトを選択し，選択していないオブジェクトを非表示にして，さらに非表示オブジェクトを削除してみます。

「全国人口増加率.mdrz」を使用

[データ表示モード]にして[データ項目]を「2015年人口」とし，[描画開始]します。出力画面で[分析]>[複数オブジェクト選択]を選択します。

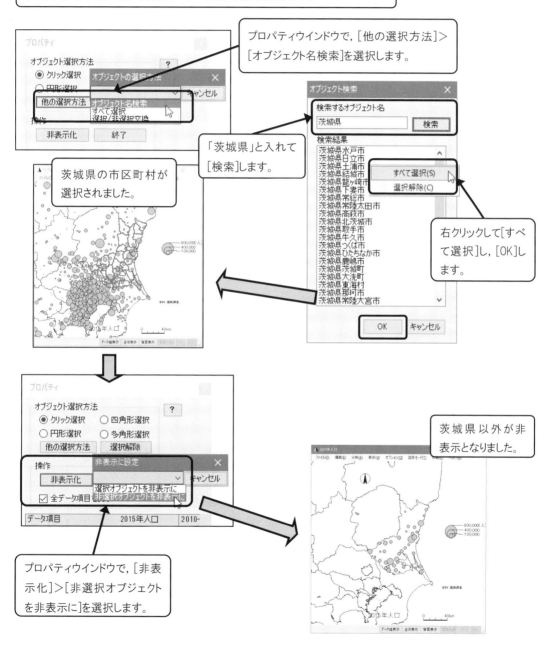

プロパティウインドウで，[他の選択方法]>[オブジェクト名検索]を選択します。

「茨城県」と入れて[検索]します。

茨城県の市区町村が選択されました。

右クリックして[すべて選択]し，[OK]します。

プロパティウインドウで，[非表示化]>[非選択オブジェクトを非表示に]を選択します。

茨城県以外が非表示となりました。

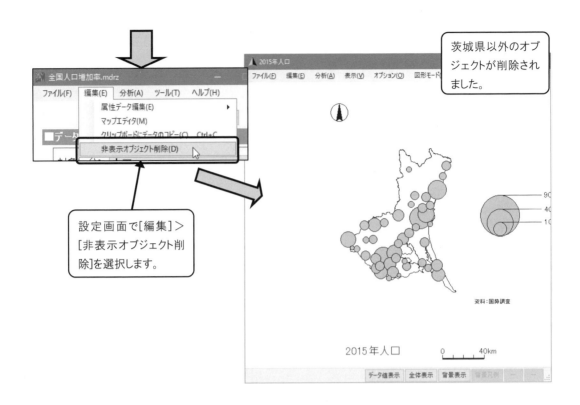

6.4.3 距離・面積測定

画面上をクリックして距離・面積を求めます。距離の計算方法は【p.129】を参照してください。

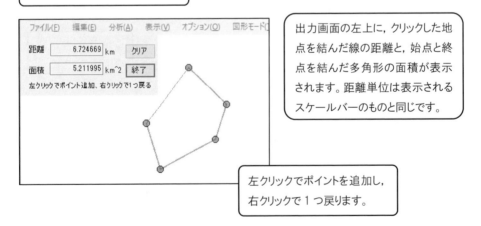

6.5 表示メニュー

[表示]メニュー	機能	解説箇所
再描画	自動再描画されない場合などに，再描画します。	
地図画面サイズ変更	ピクセル単位で出力画面サイズを指定します。	【p.169】
表示範囲指定	現在の画面内から範囲を指定して表示します。	【p.170】
画面設定保存・切り替え	現在の画面設定を保存・切り替えます。	【p.170】
ダミーオブジェクト・グループ変更	ダミーオブジェクトとダミーオブジェクトグループの設定を行います。	【p.171】
背景画像設定	背景画像を「地理院地図」などから取り込み，表示します。	【p.173】
3D表示	斜めから見た地図を表示します。	【p.177】
オブジェクト名・データ値表示	オブジェクト名とデータ値を重ねて表示する設定を行います。	【p.177】
プロパティウインドウ	マウスカーソル上のオブジェクトの情報を表示する，プロパティウインドウの表示/非表示を切り替えます。	

6.5.1 地図画面サイズ変更

ピクセル単位で出力画面の画面示領域【p.181】のサイズを指定します。

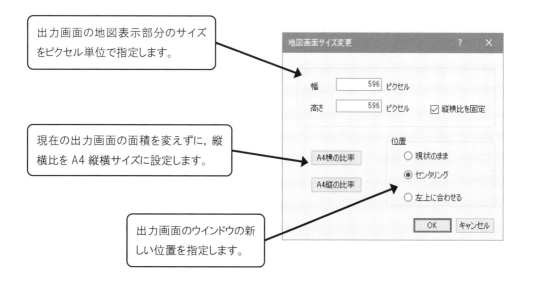

6.5.2 表示範囲指定

現在表示されている領域内について，新しい領域を範囲指定して表示します。

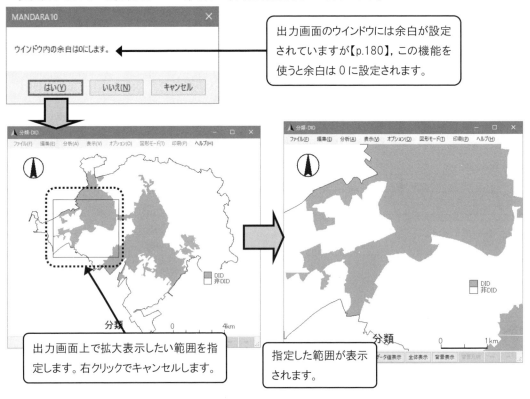

出力画面のウインドウには余白が設定されていますが【p.180】，この機能を使うと余白は0に設定されます。

出力画面上で拡大表示したい範囲を指定します。右クリックでキャンセルします。

指定した範囲が表示されます。

6.5.3 画面設定保存・切り替え

出力画面の位置，大きさ，地図の表示領域，凡例・タイトル等の位置等の画面設定を保存したり，保存した画面設定を読み込んだりします。

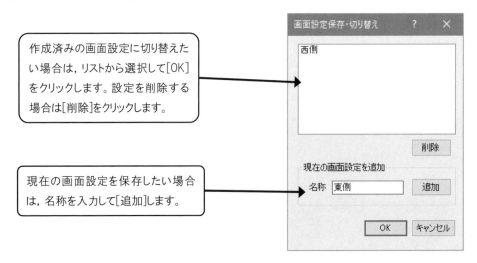

作成済みの画面設定に切り替えたい場合は，リストから選択して[OK]をクリックします。設定を削除する場合は[削除]をクリックします。

現在の画面設定を保存したい場合は，名称を入力して[追加]します。

6.5.4 ダミーオブジェクト・グループ変更

ダミーオブジェクトおよびダミーオブジェクトグループを設定します。これらはそれぞれ MANDARA タグの「DUMMY」「DUMMY_GROUP」タグに相当するもので【p.28】，属性値を持たないオブジェクトを表示する機能です。

■ダミーオブジェクトの描画順序

面形状オブジェクトのペイント・ハッチモードまたは等値線モードの塗り分けで表示する場合，それぞれの描画が終わってからダミーオブジェクトグループが描かれ，さらにその後ダミーオブジェクトが描画されます。

複数のダミーオブジェクトグループが設定されている場合は，面→線→点形状の順に描画されます。ダミーオブジェクトは，設定順に描画されます。

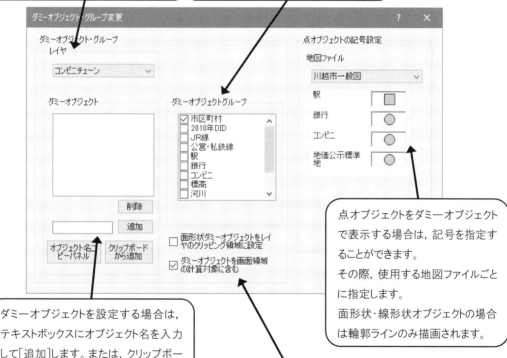

設定したいレイヤを選択します。レイヤにはダミーオブジェクト・ダミーオブジェクトグループ両方設定できます。

ダミーオブジェクトグループはオブジェクトグループ単位で指定します。

点オブジェクトをダミーオブジェクトで表示する場合は，記号を指定することができます。
その際，使用する地図ファイルごとに指定します。
面形状・線形状オブジェクトの場合は輪郭ラインのみ描画されます。

ダミーオブジェクトを設定する場合は，テキストボックスにオブジェクト名を入力して[追加]します。または，クリップボードからまとめて追加することもでき，[オブジェクト名コピーパネル]を表示してオブジェクト名をコピーすることもできます。

[面形状ダミーオブジェクトをレイヤのクリッピング領域に設定]
　面形状のダミーオブジェクトの内部のみに地図が描画されます。
[ダミーオブジェクトを画面領域の計算対象に含む] ダミーオブジェクトを画面領域に含めます。
※ダミーオブジェクトグループも含みます。

「面形状ダミーオブジェクトをレイヤのクリッピング領域に設定」の効果

「川越市重ね合わせ6.mdrz」を使用

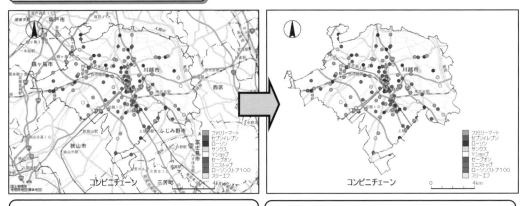

背景画像を設定すると，通常は市域の外側にも背景画像が表示されます。

「市区町村」をダミーオブジェクトグループに設定し，さらにクリッピング領域に設定すると，市域の内部のみに背景画像が表示されます。

「ダミーオブジェクトを画面領域の計算対象に含む」の効果

「都道府県ダミー.CSV」を使用

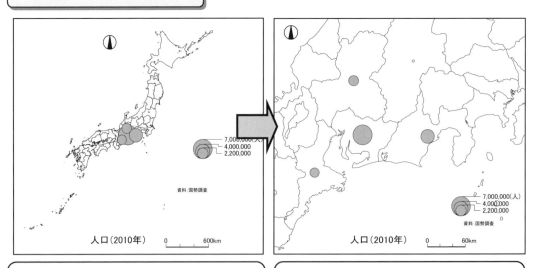

読み込み時には，データのある東海地方以外の，ダミーオブジェクトグループの都道府県も全体が表示されます。

[ダミーオブジェクトを画面領域の計算対象に含む]のチェックを外すと，データのあるオブジェクトとその周辺だけが地図領域【p.181】に表示されます。

6.5.5 背景画像設定

　緯度経度座標系の地図ファイルを使用している場合に，出力画面の背景となるタイル地図画像を設定できます。出力画面下の[背景表示]ボタンも同様の画面になり，この機能はマップエディタでも使用できます【p.198】。タイルマップサービスを使う場合は，インターネットに接続している必要があります。

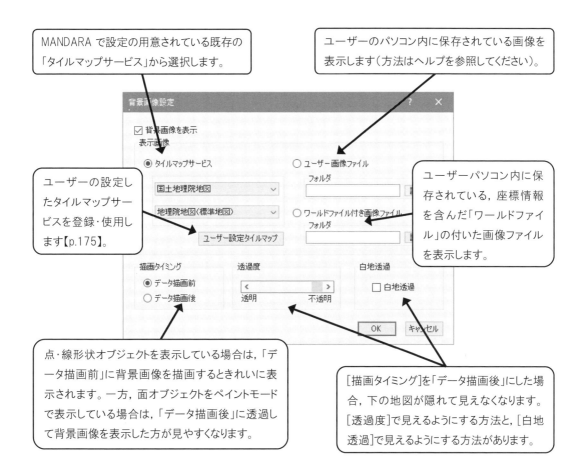

■タイルマップサービスデータの更新

　背景画像設定のうちタイルマップサービスに関する情報は，[ドキュメント][MANDARA10]フォルダの「tilemapdata.xml」に入っていますが，このファイルは時々更新されます。設定画面の[ヘルプ]＞[タイルマップ更新チェック]から更新の有無をチェックできます。

■投影法との関係

　タイルマップサービスの場合，メルカトル図法でタイル画像が作成されているため，出力画面での投影法をメルカトル図法に設定すると，最もきれいに重なります【p.229】。その他の投影法では，ズレが生じたり，隣接画像と重なったりします。

■表示できるタイルマップサービスの概要

背景画像データ	範囲	概要
国土地理院	日本	国土地理院の公開している，地理院タイルのデータです。 国土地理院地図 「標準地図」「白地図」「色別標高図」などよく使われる地図です。 国土地理院空中写真 「最新空中写真」や「国土画像情報」の 1970 年代から 80 年台の空中写真，大都市で整備されている「空中写真（1961〜1964 年）」「空中写真（1945〜1950 年）」，東京で整備されている「空中写真（1936 年頃）」が含まれています。 国土地理院主題図 「都市圏活断層図」「土地条件図」「治水地形分類図」「火山土地条件図」などの主題図が含まれています。 国土地理院土地利用図 「20 万分 1 土地利用図」，1970 年台以降の首都圏・中部圏・近畿圏の「宅地利用動向調査」の土地利用図が含まれています。 国土地理院東日本大震災 2011 年以降 4 時点分の被災地空中写真，「災害復興計画基図」が含まれます。
オープンストリートマップ	世界	オープンストリートマップは，誰でも自由に利用することができます。世界中表示することができます。
沖縄 1948 年米軍作成	沖縄本島南部	GIS 沖縄研究室の作成した，沖縄本島南部の米軍作成の 1/4800 地形図を表示します。
20 万分の 1 シームレス地質図	日本	産業技術総合研究所地質調査総合センターによって公開された「20 万分の 1 日本シームレス地質図」(野々垣ほか 2013)の地質図画像を表示します。
歴史的農業環境 WMS 配信サービス（関東平野）	関東平野	農業環境技術研究所による WMS 配信サービスで（岩崎ほか 2009），関東地方の明治期作成の迅速測図を取得して表示します。
基盤地図情報 25000WMS 配信サービス	日本	独立行政法人農業・食品産業技術総合研究機構が公開している基盤地図情報 25000WMS 配信サービスから背景画像を取得します。インターネットに接続している必要があります。
埼玉県用途地域	埼玉県	埼玉県のオープンデータを利用して作成した 2014 年の都市計画用途地域を表示します。
人口マップ	日本	国勢調査から 1985〜2005 年にかけての 5 年ごとの市区町村別人口増加率，および 2010 年人口密度を表示します。
今昔マップ	日本	全国 13 地域の明治期以降の 1/2 万，1/2.5 万，1/5 万地形図を表示します（谷 2017）。表示可能な時期と範囲は，データセットごとに異なります。

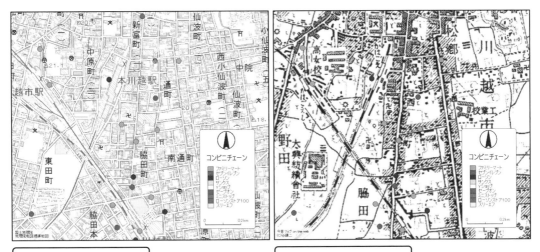

「地理院地図」を背景に　　　　「今昔マップ」を背景に

「宅地利用動向調査」を背景に　　　「地理院地図」を前面・白地透過に設定

■ユーザー設定タイルマップの設定

[ユーザー設定タイルマップ]では，ネット上のさまざまなタイルマップサービスをユーザーがパラメータを設定することで表示します。ここでは，例として地理院タイルの「西之島付近噴火活動 正射画像(2016年12月20日撮影)」を設定して，表示してみます。

国土地理院の地理院タイルのページに，設定するパラメータの情報が書かれています。
(https://maps.gsi.go.jp/development/ichiran.html#t20161220dol)

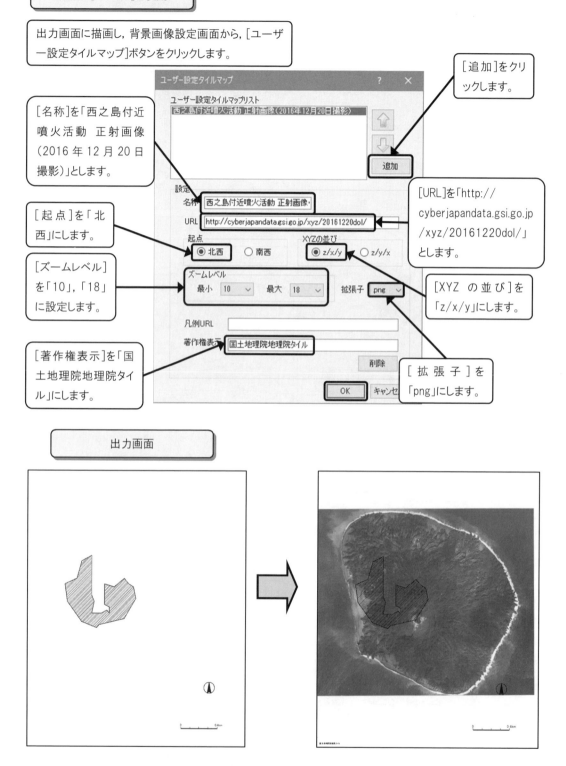

6.5.6 3D 表示

3D 表示機能を使うと，斜めから見た地図や，回転させた地図を表示できます。ただし高さは設定できません。移動表示モードでは移動データを高さ軸を設定して表示することができます（第 11 章）。

通常の表示

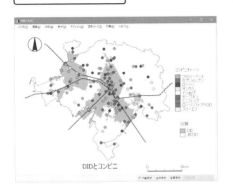

3D 表示

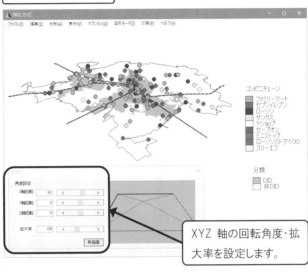

XYZ 軸の回転角度・拡大率を設定します。

3D 表示にすると，方位記号とスケールバーは非表示になります。ただし X, Y 軸の回転角度が 0 の場合は表示されます。

6.5.7 オブジェクト名・データ値表示

出力画面上のオブジェクトに，オブジェクト名とデータ値を表示します。文字モード【p.89】やラベル表示モード【p.99】を重ね合わせ表示モードに設定することでも可能ですが，より簡便に表示することができます。

出力画面

オブジェクト名・データ値の表示／非表示の切り替え，フォントの設定を行うことができます。

文字モードやラベル表示モードとは異なり，表示位置を変えることはできません。

6.6 オプションメニュー

[オプション]メニュー	機能	解説箇所
線種ラインパターン設定	線種ごとにラインパターンを設定します。元々地図ファイル中にマップエディタで設定したラインパターンが保存されていますが、そのラインパターンを変更したい場合に使用します。ここで変更したラインパターンは，地図ファイルではなく，MDRZ ファイルに保存されます。なお，線形状オブジェクトに属性を付与し，階級区分モードや記号モードなどで表示した場合には，ここでの設定は無視されます。	
投影法変換	緯度経度座標系の地図ファイルを使用している場合で，地図表示の投影法を変換します。ここで投影法を変換しても，地図ファイル自体の元の投影法は変化しません。	第 7 章【p.229】
画像設定	画像選択画面で画像を管理します。	第 12 章【p.327】
オプション	出力画面に関するオプションを設定します。	【p.179】

ここでは，[オプション]メニュー>[オプション]の詳細について説明します。なお，移動データタブについては第 11 章の移動データの箇所で解説します【p.311】。

6.6.1 全般タブ

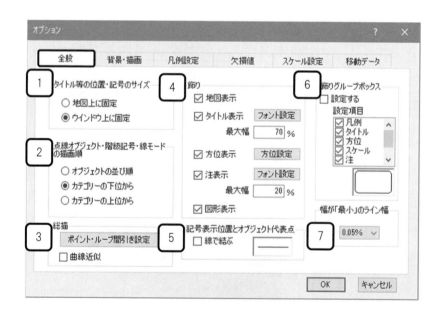

		全般	
1	「地図上に固定」した場合は，記号やフォントのサイズの%指定【p.328】が地図全体に対して計算され，地図を拡大した際に記号や文字も拡大されます。「ウインドウ上に固定」にした場合は，画面の大きさに対してサイズが計算されるため，地図を拡大しても記号や文字のサイズは変化しません。また，スケールや凡例・タイトル・方位記号の位置は画面上で変化しません。	「地図上に固定」の場合 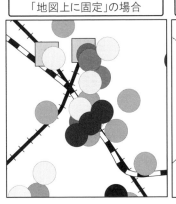	「ウインドウ上に固定」の場合 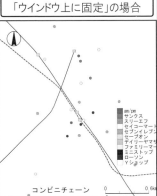
2	点形状オブジェクトのペイントモードや記号の大きさモードなど，記号が重なる可能性のある表示方法では，描画順によって印象が変わることがあります。そこで描画順序を設定することができます。「カテゴリーの下位から」を選択した場合，階級区分の数値の低い方から描画されるので，カテゴリーの上位が上に描かれることになります。	「カテゴリーの下位から」の場合 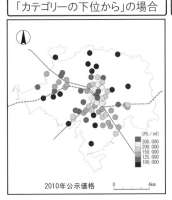	「カテゴリーの上位から」の場合 
3	「総描」とはスケールに応じて細かな情報を省略し，まとめて描くことです。MANDARAではラインのポイントを間引き，小さなラインのループを表示しないことができます。また，ラインを曲線で近似して滑らかに描くことができます。	通常の表示 	「ポイント取得間隔」を 0.5kmに
	[ポイント・ループ間引き設定画面]では，間引く間隔を設定します。[ポイント取得間隔]では，指定した間隔をもとに，ライン内のポイントを間引きします。また[ループ最小サイズ]では，指定した値よりも面積の小さいループが表示されなくなります。出力画面で設定した総描設定は，表示するごとに毎回計算されるので，描画速度が低下しますが，元に戻すことができます。一方マップエディタでも同様の機能を使うことができますが【p.274】，マップエディタの場合は地図ファイルの内容自体が変更されます。		
4	各要素を出力画面に表示するかどうか，またそのラインパターンなどを設定します。		

5	記号モード，グラフ表示モードで記号表示位置を移動させた際に，オブジェクトの代表点と記号表示位置を線で結ぶ設定を行います。	
6	飾りグループボックスとは，出力画面で「凡例」，「タイトル」，「方位」，「スケール」，「注」，「線種凡例」，「オブジェクトグループ凡例」をひとまとめにして，1つの四角形でくくったものです。それぞれの項目を含めるかどうかを設定するとともに，四角形のパターンを設定します。飾りグループボックスを設定すると，内部の項目をまとめて出力画面上でドラッグして移動させることができます。	
7	ラインパターンの設定で，幅を「最小」に設定した場合，実際に表示される幅を指定します。この項目は，MDRZファイルではなく，全体の設定ファイルに保存されます。	

6.6.2 背景・描画タブ

背景・描画タブ	
1	全面を表示した場合の，ウインドウ内の余白を設定します。ここでの％は，上下余白はウインドウの高さに対する比，左右余白は幅に対する比になります。初期値では，凡例およびタイトル・スケールバーのスペースとして右側と下側の余白が大きくとってあります。 地図を拡大した場合には，余白部分にも地図の一部が描画されます。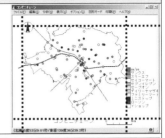
2	地図の背景に色や模様を設定することができ，枠線を付けることもできます。 ここで「地図領域」とは，余白の内部を指します。「画面領域」は，余白を含む主力画面全体です。「オブジェクト内部」は面形状オブジェクトの内部で，記号モードで表示している場合や，ダミーオブジェクトに面形状オブジェクトが含まれる場合に使用されます。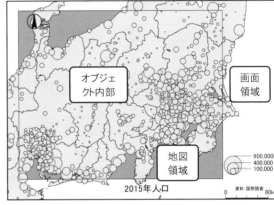 「余白で地図画像クリップ」にチェックすると，右の図のように余白部分に地図が表示されなくなります。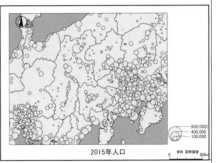
3	背景画像を表示している際に，画面左下に表示されるライセンス表記のフォントを設定します。非表示にすることはできません。
4	緯度経度の座標系の地図ファイルを使用している場合は，経緯線を表示できます。領域の広い地図を表示している場合は，読み込み時から経緯線表示する設定になっています。右の図は，緯度経度間隔をそれぞれ15度に設定し，外周と赤道を太線に設定しています。 [表示階層]を「前面」にした場合は，地図を描画後に経緯線を描画します。図では「背面」に設定してあります。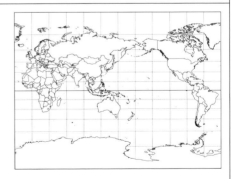
5	多数のオブジェクトを描画した際に，時間がかかる場合があります。そのような場合で，画面の大きさを変更した際などに自動再描画しない時間を設定します。この項目は，MDRZファイルではなく，全体の設定ファイルに保存されます。

6.6.3 凡例設定タブ

6.6.3.1 凡例の背景・フォントタブ

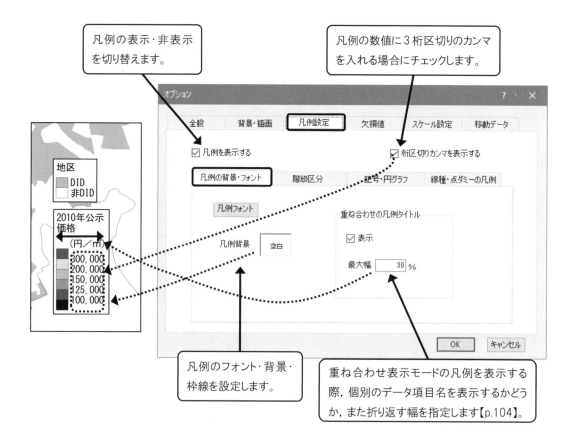

6.6.3.2 階級区分タブ

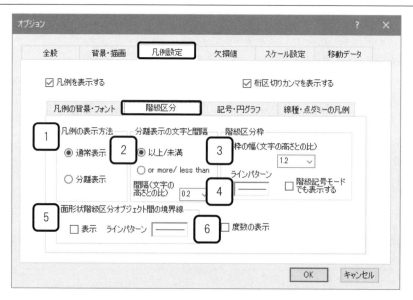

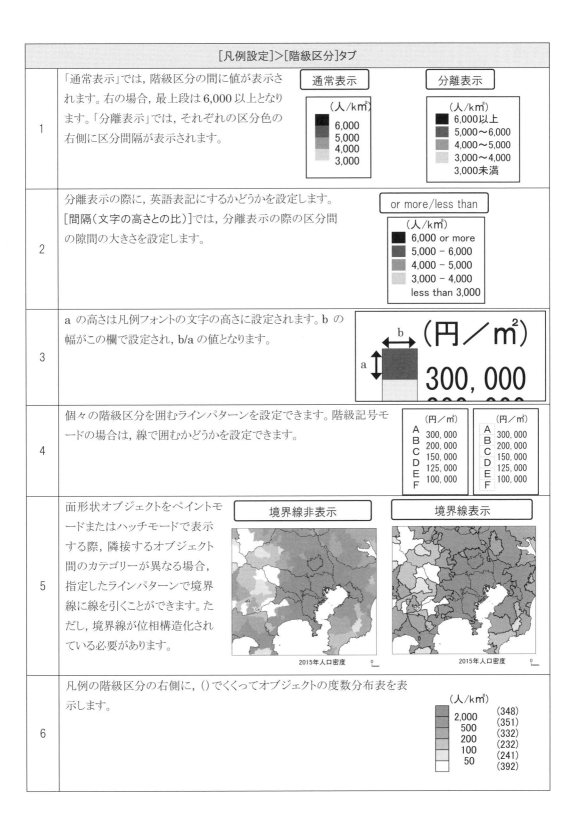

	[凡例設定]>[階級区分]タブ
1	「通常表示」では,階級区分の間に値が表示されます。右の場合,最上段は6,000以上となります。「分離表示」では,それぞれの区分色の右側に区分間隔が表示されます。
2	分離表示の際に,英語表記にするかどうかを設定します。[間隔(文字の高さとの比)]では,分離表示の際の区分間の隙間の大きさを設定します。
3	aの高さは凡例フォントの文字の高さに設定されます。bの幅がこの欄で設定され,b/aの値となります。
4	個々の階級区分を囲むラインパターンを設定できます。階級記号モードの場合は,線で囲むかどうかを設定できます。
5	面形状オブジェクトをペイントモードまたはハッチモードで表示する際,隣接するオブジェクト間のカテゴリーが異なる場合,指定したラインパターンで境界線に線を引くことができます。ただし,境界線が位相構造化されている必要があります。
6	凡例の階級区分の右側に,()でくくってオブジェクトの度数分布表を表示します。

6.6.3.3 記号・円グラフタブ

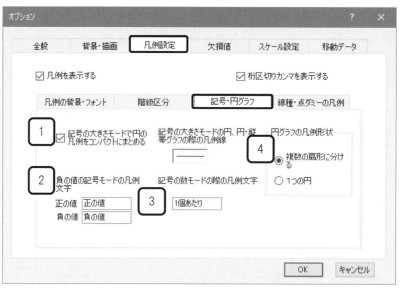

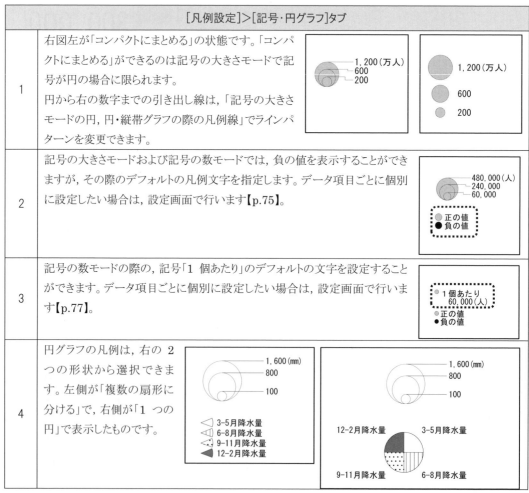

6.6.3.4 線種・点ダミーオブジェクトの凡例タブ

　凡例には，属性データの凡例に加えて，使用している線種および点オブジェクトのダミーオブジェクトの凡例も表示することができます。線種のうち，線形状オブジェクトで属性を付けて表示している場合は通常の凡例に表示されます。点オブジェクトのダミーオブジェクトの記号は，ダミーオブジェクトの設定画面で行います【p.171】。

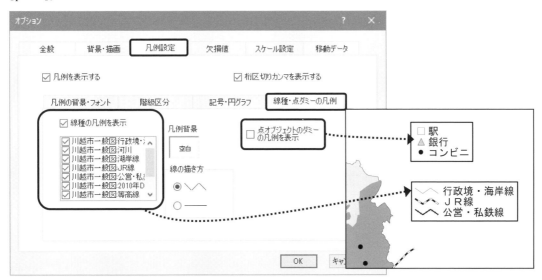

6.6.4　欠損値の凡例タブ

　MANDARA では欠損値を設定することができ【p.24】，欠損値オブジェクトをどのように表示するかを表示モードごとに設定することができます。

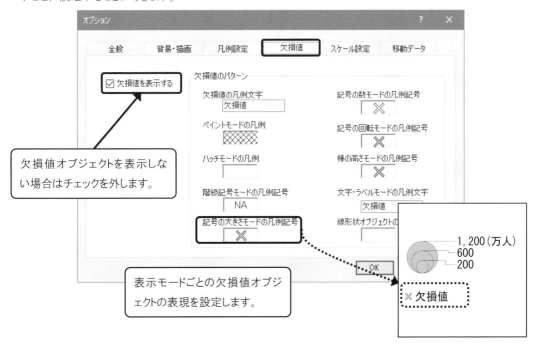

6.6.5 スケール設定タブ

出力画面の地図に表示されるスケールバーは，距離や区切り数，パターンなどを変更することができます。

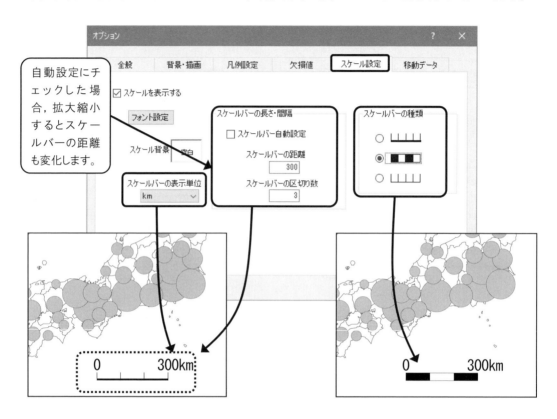

■緯度経度の投影法とスケールバー

小縮尺の地図の場合は，緯度によって東西方向の距離が大きく変わります。MANDARAでは，スケールバーの配置した場所の緯度に応じて，スケールバーの距離・長さを自動的に変更します。

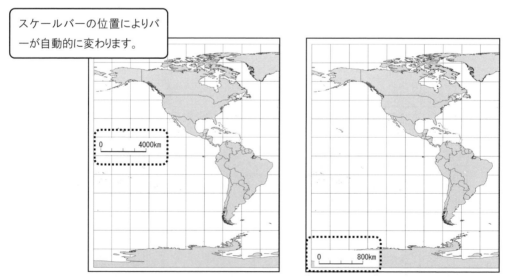

6.7 図形モードメニュー

MANDARA では，出力画面において点・線・円等の図形を描画することができます。これらの図形には属性をつけることはできないため，地図ファイルに記録されている「オブジェクト」とは異なります。作成した図形の情報は MDRZ ファイルに保存されます。

[図形モード]メニュー	機能	解説箇所
図形モード	図形モードに入ります。	【p.188】
図形一覧	作成した図形の一覧を表示して作業します。	【p.194】

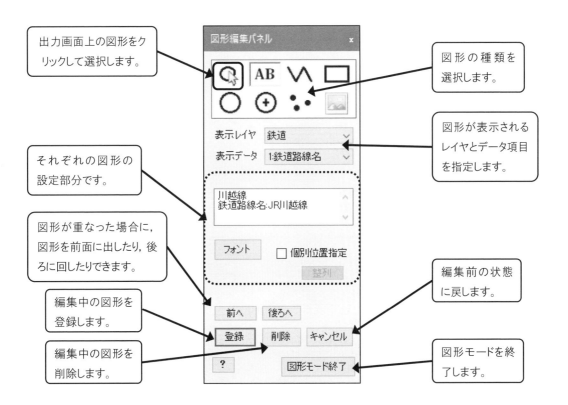

本節では[第 6 章]フォルダの「川越市重ね合わせ 6.mdrz」と，「川越図形モード.xlsx」を使用して図形モードの使い方を解説します。

6.7.1 文字

[文字]では入力した文字を表示します。

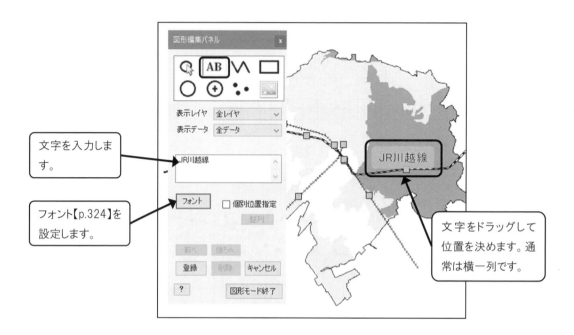

1文字ずつ位置決めする

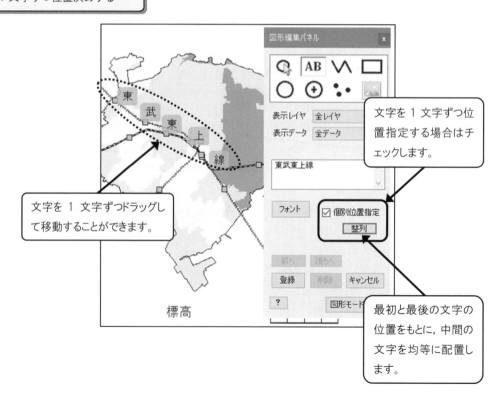

6.7.2 線・多角形

[線・多角形]では，折れ線を描くほか，多角形の面にして塗りつぶすこともできます。

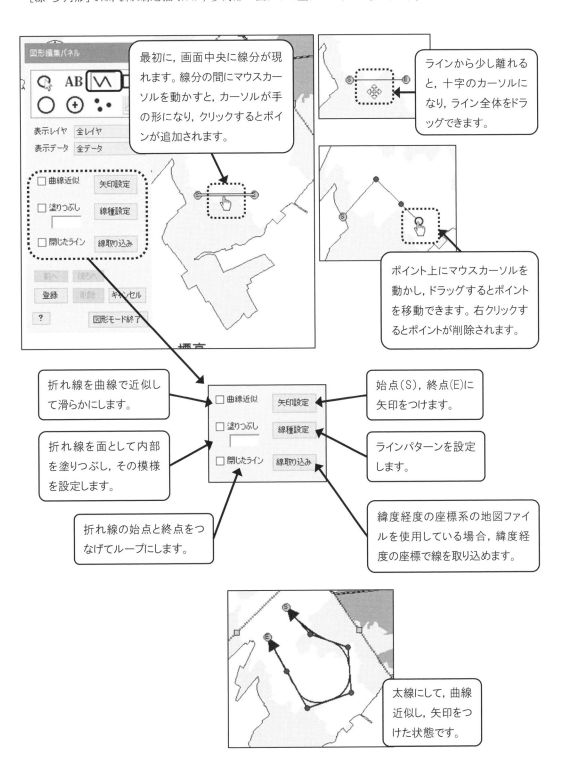

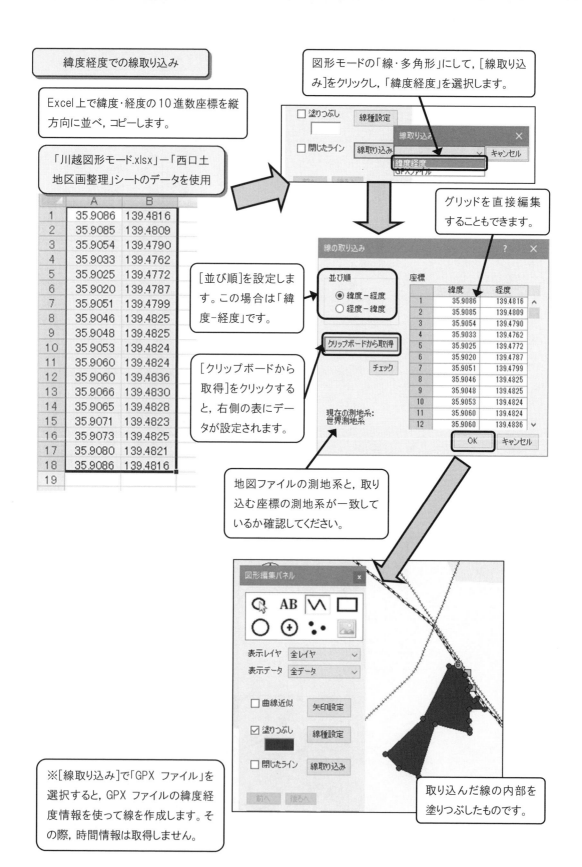

6.7.3 四角形

[四角形]では四角形を描きます。

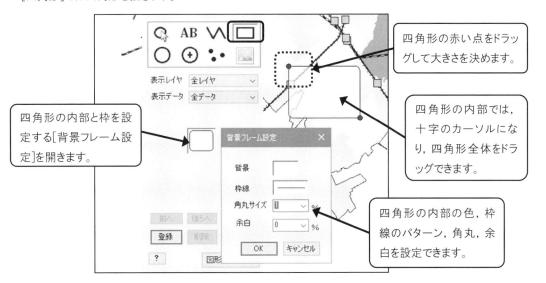

6.7.4 円

[円]では，円・楕円を描きます。分析メニューの標準偏差楕円【p.165】はこの機能を使って描画しています。

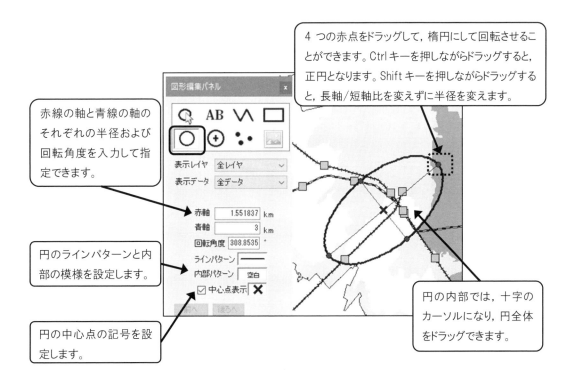

6.7.5 オブジェクト円

　［オブジェクト円］では，オブジェクトの代表点から指定した半径の円を描きます。登録した後は，個別の円ごとに［円］として扱われます。

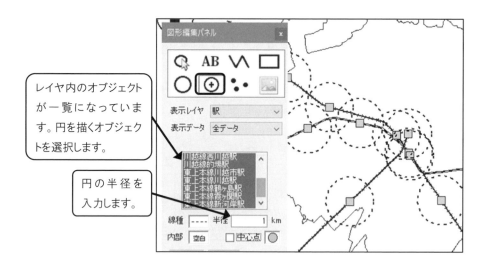

6.7.6 点

　［点］では，地図上にポイントを落としていきます。1つの図形に複数の点を入れることができ，点の凡例も付けることができます。緯度経度の地点を取り込むことができます。

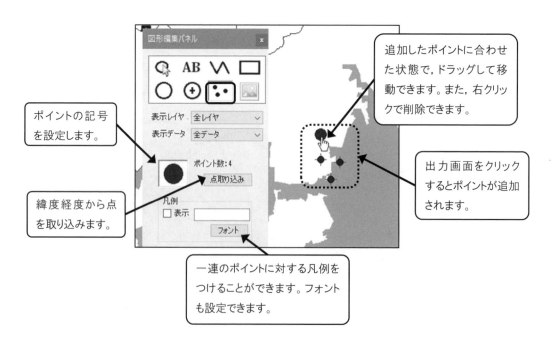

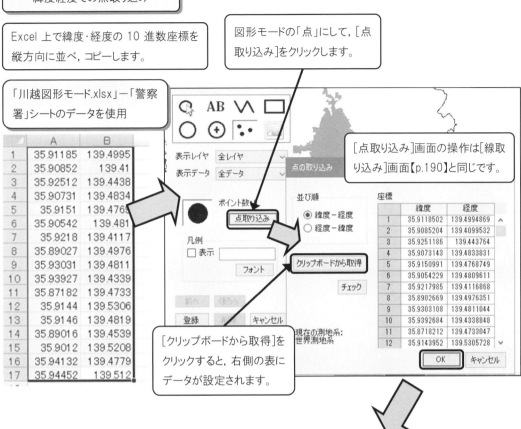
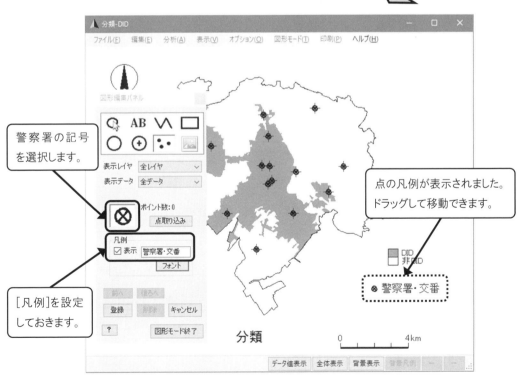

6.7.7 画像

[画像]では，地図上に画像を貼り付けます。画像は画像選択画面【p.327】から取り込みます。

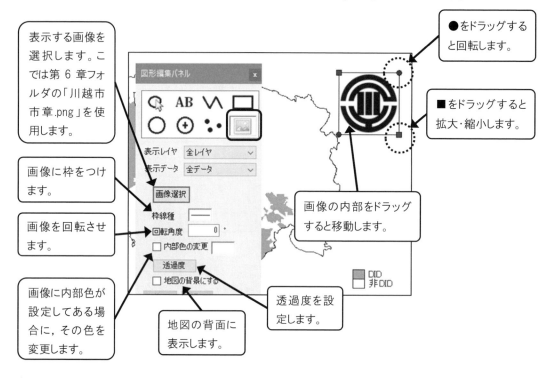

6.7.8 図形一覧

[図形モード]>[図形一覧]から入り，作成済みの図形の一覧を表示し，削除・編集します。

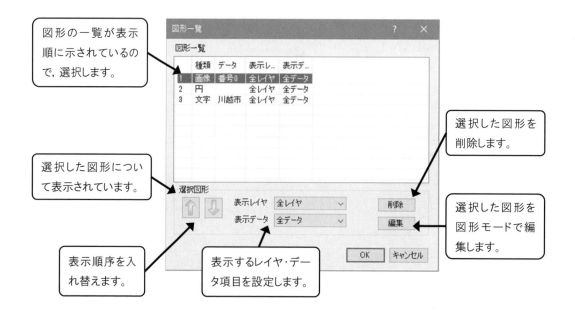

6.8 印刷メニュー

プリンタに印刷します。イラストレータ等のドロー系ソフトで編集する場合，ここで PDF ファイルに出力したファイルを編集すると最も精度が高くなります。

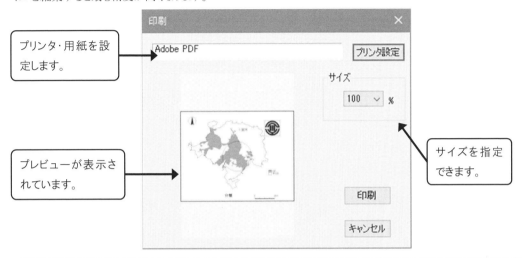

- プリンタ・用紙を設定します。
- プレビューが表示されています。
- サイズを指定できます。

コラム　ジオコーディングと地図化の Web サイト

MANDARA では，緯度経度の点データを属性データ【p.26】，図形モード【p.194】，マップエディタ【p.254】で取り込みますが，住所から緯度経度へ変換するツールは用意されていません。そこで便利なのが，筆者の開発している Web サイト「ジオコーディングと地図化」サイト（http://ktgis.net/gcode/）（谷 2010）です。

画面上で住所を設定して[表示]をクリックすると緯度経度に変換されて地図上に表示されます。地図上でのアイコンの移動や追加も可能です。

住所から変換された緯度経度の値をデータとして取得することができるので，MANDARA の点データとして利用できます。また，同サイトの「緯度経度から地図化」機能を使えば，MANDARA を使わなくても緯度経度の点データを地図化できます。

このサイトでは，Google Maps API のジオコーディング機能を利用しているので，日本だけでなく，世界中の現地の言語でジオコーディングが可能です。ただし，変換の速度があまり速くないので，大量の住所の変換には向いていません。そうした場合は，東京大学空間情報科学研究センターの提供する「CSV アドレスマッチングサービス」（http://newspat.csis.u-tokyo.ac.jp/geocode/）を利用すると高速に変換できます。

第7章 マップエディタと地図ファイルの作成

本章以降では，マップエディタによる地図ファイルの作成方法を解説していきます。地図ファイルとオブジェクトの概要については，【p.10】でも解説しているので参照してください。本章では，特にマップエディタのメニューごとに解説します。地図データ編集の具体的手順を学びたい方は第8章もご覧ください。

7.1 マップエディタの画面

MANDARA 付属の地図ファイルを使用して，属性データを表示する場合は，地図ファイルのオブジェクト名だけがわかれば簡単に地図化できました。しかし，MANDARA の付属地図ファイルに含まれない内容を地図化するには，外部の地図データから必要な情報を取得し，地図ファイルを作成する必要があります。

地図ファイルを作成し，編集する画面をMANDARAでは「マップエディタ」と呼びます。マップエディタに入るには，起動画面で[マップエディタ]を選ぶか，設定画面の[編集]>[マップエディタ]を選択します。設定画面で何らかのデータが読み込まれている場合は，使用されている地図ファイルの内容が表示されます。

■ 画面構成

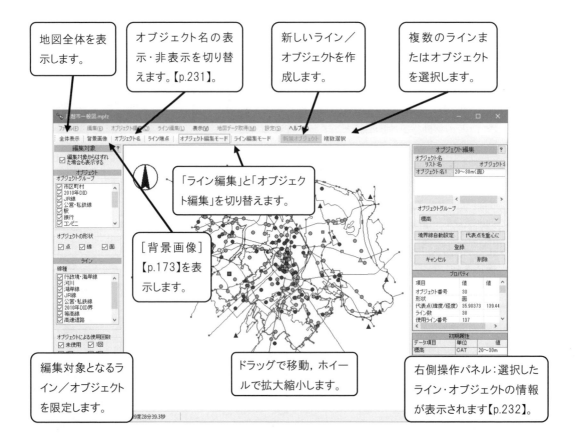

■マップエディタのメニュー

メニュー	機能	解説箇所
ファイル	地図ファイルの読み込み・保存・挿入などの操作を行います。	【p.197】
編集	オブジェクト編集とライン編集の切り替え，時空間モードの切り替えなどを行います。	【p.200】
オブジェクト編集	オブジェクト名，初期属性などオブジェクト編集での処理を行います。	【p.201】
ライン編集	ラインの取り込みなどライン編集での処理を行います。	【p.211】
表示	プレビューや初期属性表示の設定を行います。	【p.213】
地図データ取得	シェープファイル等，外部の地図データを取得して取り込みます。	【p.214】
設定	線種やオブジェクトグループの設定，投影法・測地系の設定などを行います。	【p.228】
ヘルプ	ヘルプを表示します。	

7.2 ファイルメニュー

マップエディタの[ファイル]メニューでは地図ファイルの保存や読み込み，挿入などを行います。

[ファイル]メニュー	機能	解説箇所
新規作成	現在の地図データを破棄して，新しく地図データを作成します。すでに地図データがマップエディタ上に存在する場合に，[地図データ取得]を行うと，現在の地図データ上に追加されていきます。	
地図ファイルを開く	MANDARAの地図ファイル（拡張子 mpfz, mpfx, mpf）を読み込みます。現在編集中の地図データは破棄されます。拡張子 mpf は MANDARA9 までに作られた旧地図ファイルで，mpfx ファイルが MANDARA10 で作成された地図ファイルです。mpfz ファイルは mpfx ファイルを ZIP 圧縮したものです。	
地図ファイル保存 名前をつけて地図ファイル保存	地図ファイルを保存します。	【p.198】
地図ファイルを保存して白地図・初期属性データ表示	現在の地図ファイルを保存し，そのまま白地図・初期属性データ表示機能【p.14】で表示します。	
地図ファイルのプロパティ	地図ファイル中のオブジェクトの情報，距離測定の可否，地図ファイルのコメントの入力等を行います。	

地図ファイルの挿入	現在の地図データ上に，別の地図ファイルを挿入して重ねます。緯度経度や平面直角座標系が設定してある地図ファイルの場合は正確に重ねることができます。	【p.199】
シェープファイル出力	地図データをオブジェクトグループごとにシェープファイルに出力します。	【p.200】
マップエディタの終了	マップエディタを終了して設定画面に戻ります。	

7.2.1 地図ファイル保存

7.2.1.1 地図ファイルの保存場所

　マップエディタ上で作成・編集した地図データは，MANDARA 用の地図ファイル（拡張子「mpfz」「mpfx」）として保存します。地図ファイルには，オブジェクト，ライン，初期属性など，マップエディタで操作できるすべての情報が保存されます。通常はファイルサイズの小さくなる mpfz で保存するとよいでしょう。

　【p.5】でも解説がありますが，保存先は[ドキュメント][MANDARA10][MAP]フォルダが基本ですが，任意のフォルダに保存しても構いません。その場合は，属性データ読み込み時に地図ファイルを指定する必要があります。また，設定画面の[オプション]の[地図ファイルデフォルトフォルダ]欄【p.149】も参考にしてください。

7.2.1.2 保存時のエラーメッセージと対応

　地図ファイル保存時にエラーチェックが行われ，エラーが見つかった場合はメッセージが表示されます。エラーメッセージ表示後に，保存を続けることができる場合は「保存を続けますか?」とたずねてきます。「はい」とするとそのまま保存が継続されます。「いいえ」とすると問題のオブジェクト等が表示されます。

エラーメッセージ	対応
オブジェクトが作成してありません。	ラインだけの地図データは保存できないので，何らかのオブジェクトを作成してください。（参考【p.236】）
同一オブジェクト名が存在します。	地図ファイル中に同じオブジェクト名のオブジェクトが存在するので，問題のオブジェクトの名称を確認して，異なるオブジェクト名をつけてください。
オブジェクトグループの設定と異なる形状のオブジェクトが存在します。	オブジェクトグループの設定に合うよう，問題のオブジェクトの形状を設定してください。（参考【p. 237】）
使用できない線種を使用しているオブジェクトがあります。	線・面形状オブジェクトグループでは使用するラインを設定できます。問題のオブジェクトの使用するラインがオブジェクトグループで設定した使用するラインに一致するように修正してください。（参考【p.239】）
使用できないオブジェクトを使用している集成オブジェクトがあります。	集成オブジェクトグループでは使用するオブジェクトグループを設定できます。問題のオブジェクトの使用するオブジェクトがオブジェクトグループの設定と一致するように修正してください。（参考【p.299】）

7.2.2 地図ファイルの挿入

現在作業中の地図データに，別の地図ファイルを読み込み，挿入することができます。その際，次の表のように地図ファイルの座標系によって挿入できるケースとできないケースがあります。

緯度経度座標系同士で，世界測地系／日本測地系が違っている場合は，自動的に編集中の地図データの測地系に変換されます。

挿入できる座標系の組み合わせ

		挿入する地図ファイル		
		緯度経度	平面直角	設定なし
現在編集中の地図データ	緯度経度	○	○	×
	平面直角	×	△ （測地系が同じ場合）	×
	設定なし	×	×	○

挿入する際，「挿入するオブジェクト名・オブジェクトグループ名・線種名にヘッダを付けますか？」と聞いてきます。必要であれば設定し必要でなければ[キャンセル]してください。同一オブジェクト名が存在する場合は，ヘッダを設定すれば重複を防ぐことができます。

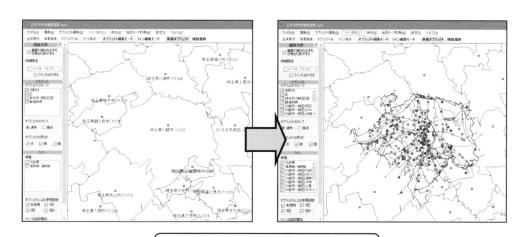

「日本市町村緯度経度.mpfz」の上に「川越市一般図.mpfz」を挿入したものです。

7.2.3 シェープファイル出力

シェープファイルは多くのGISソフトで読み込めるファイル形式です。設定画面からもシェープファイルに出力することができますが【p.120】, マップエディタからも[ファイル]>[シェープファイル出力]で行うことができます。MANDARAでさまざまな形式の地図データを読み込み, シェープファイルに出力して他のGISソフトで利用することが可能です。

出力する際には, shp, dbf, shx, prjの4つのファイルが作成されます。ただし測地系・座標系の設定がない場合, prjファイルは作成されません。属性データには, オブジェクト名リストに含まれるオブジェクト名が必ず作成されます。さらに初期属性データが存在するオブジェクトグループの場合は, 初期属性が追加されます。初期属性のデータ項目名の出力については【p.120】を参照してください。

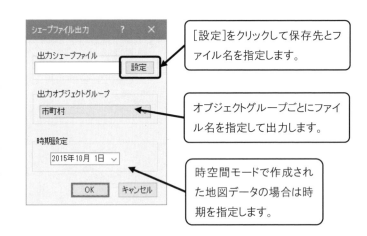

7.3 編集メニュー

[編集]メニュー	機能	解説箇所
元に戻す	一つ前の操作を取り消します。	
画像のコピー	現在のマップエディタの地図を画像としてコピーします。	
オブジェクト編集/ライン編集	マップエディタの編集モードをオブジェクト編集とライン編集の間で切り替えます。画面上のボタンでも切り替えることができます。	
時空間モード	時間情報を設定できる, 時空間モードの編集に入ります。逆に, 時空間モードの地図データから, 非時空間モードにする場合は, ラインおよびオブジェクト名, オブジェクトの使用するライン, オブジェクトの初期属性データすべてに時間設定がなされていない状態でないと, 非時空間モードにできません。	第9章【p.278】

7.4 オブジェクト編集メニュー

オブジェクト編集メニューは，マップエディタの編集モードが「オブジェクト編集モード」の場合に利用できるメニューです。このメニューでは，オブジェクトの検索，オブジェクト名の編集，点オブジェクトの取り込み，初期属性データの編集などさまざまな機能を含んでいます。なお，オブジェクトを選択している状態では使用できません。

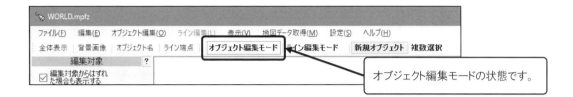

オブジェクト編集モードの状態です。

[オブジェクト編集メニュー]	機能	解説箇所
オブジェクト名検索	オブジェクト名を指定してオブジェクトを検索し，選択したオブジェクトを編集状態にします。複数のオブジェクトを選択した場合，複数オブジェクト選択モードになります。	第8章【p.248】
オブジェクト番号検索	オブジェクト選択時に編集パネル上部に表示されている番号が「オブジェクト番号」です。この番号からオブジェクトを検索して編集状態にします。オブジェクト番号は登録順につけられ，ユーザは変更できません。	
オブジェクト名編集	オブジェクト名およびオブジェクト名リストを一括で編集します。非時空間モードの場合はオブジェクト名編集，時空間モードの場合は時間オブジェクト名編集画面になります。	【p.202】
オブジェクト名置換	オブジェクト名の全部または一部を検索し，指定した文字に置換します。	【p.204】
オブジェクト名一括変換	クリップボードで指定した文字列を使って，オブジェクト名を対照し，一括して変換します。	【p.204】
オブジェクト名のクリック割り当て	クリップボードにコピーしたオブジェクト名を，マウスで代表点をクリックしながら割り当てていきます。	【p.205】
オブジェクト名のコピー	オブジェクト名コピーパネルを表示し，オブジェクト名をコピーできるようにします。	第3章【p.50】
同一オブジェクト名のオブジェクトを結合	オブジェクト名が同じオブジェクトを結合して1つのオブジェクトにします。元のオブジェクトは削除されます。	第8章【p.259】
集成オブジェクトにまとめて設定	クリップボードのオブジェクト名をキーとして集成オブジェクトを設定します。	第10章【p.304】
代表点座標の一括設定	緯度経度座標系の地図データで，既存オブジェクトの代表点を緯度経度の数値で指定して設定します。	【p.206】
点オブジェクトの取り込み	緯度経度から点オブジェクトを取り込みます。	第8章【p.254】

メッシュオブジェクトの作成	メッシュオブジェクトを作成します。	第8章【p.274】
初期属性データ編集	初期属性データを編集します。非時空間モードの地図データの場合は初期属性データ編集,時空間モードの地図データの場合は初期時間属性データ編集に入ります。	【p.207】
時間設定	時空間モードの設定および情報を表示します。	【p.210】

7.4.1 オブジェクト名編集

MANDARAでは,地図ファイル中のオブジェクトにつけられたオブジェクト名が,属性データと結合するためのキーとなります。オブジェクト名編集では,オブジェクト名およびオブジェクト名リストを一括で編集します。非時空間モードの場合はオブジェクト名編集,時空間モードの場合は時間オブジェクト名編集画面になります。

オブジェクト名の編集は,オブジェクトを個別に選択してオブジェクト編集パネル【p.232】でも可能ですが,オブジェクト名リストの編集はこのメニューからのみ可能です。

7.4.1.1 オブジェクト名編集

非時空間モードの場合のオブジェクト名編集画面は次のようになっています。オブジェクトグループのオブジェクトごとにオブジェクト名リストのオブジェクト名がグリッドに並んでいるので,直接編集できます。オブジェクト名リストは,オブジェクトグループごとに設定し,右クリックしたメニューから追加・削除できます。初期属性データからオブジェクト名に設定することもできます。

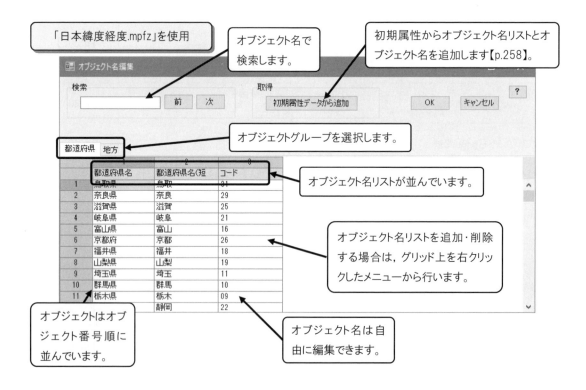

7.4.1.2 時間オブジェクト名編集

時空間モードの場合のオブジェクト名編集の画面は次のようになっています。時空間モードでは，1 つのオブジェクトに異なる期間設定のオブジェクト名を設定することができるので，オブジェクトの名称の変化を表現することができます。たとえば地図ファイル「日本市町村緯度経度.mpfz」では，1990 年以降の市区町村の変化を記録しており，その中で，市区町村の名称，つまりオブジェクト名の変化も記録しています。

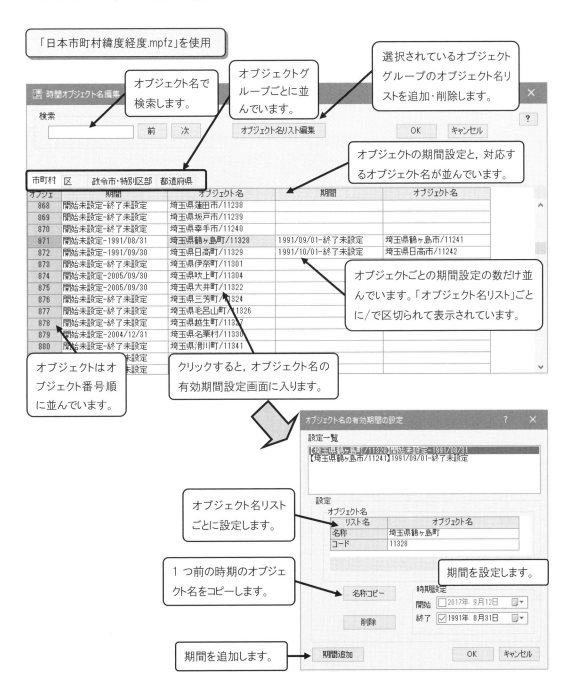

7.4.2 オブジェクト名置換

オブジェクト名を検索し，指定した文字に置換します。検索対象はオブジェクト名の一部または全部で，すべてのオブジェクト名リスト・時期が対象となります。

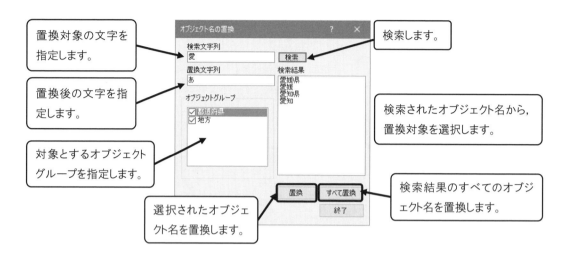

7.4.3 オブジェクト名一括変換

オブジェクト名を一括で設定するには，「オブジェクト名編集」【p.202】の「初期属性から追加」機能を使う方法もありますが，初期属性に含まれていないデータを使って一括で変換したいと思います。ここでは，地図ファイルとして「日本緯度経度.mpfz」を使用し，そこでの都道府県名を英語表記にします。そのために[第7章]フォルダの「オブジェクト名一括変換.xlsx」を使用します。

「日本緯度経度.mpfz」を開き，[第7章]フォルダの「オブジェクト名一括変換.xlsx」を Excel で開きます。

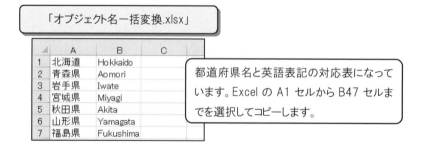

[オブジェクト編集]>[オブジェクト名一括変換]

7.4.4 オブジェクト名のクリック割り当て

「オブジェクト名のクリック割り当て」は，画面上でオブジェクトをクリックしながらオブジェクト名を割り当てていく機能です。ここでは，地図ファイルとして「日本緯度経度.mpfz」を使用し，オブジェクト名を変更します。

「日本緯度経度.mpfz」を開き，[第7章]フォルダの「オブジェクト名クリック割当.xlsx」をExcelで開きます。

都道府県名と英語表記，ふりがなの3項目が並んでいます。これは，割り当てたいオブジェクトのオブジェクト名リストの数に合わせています。ExcelのA1セルからC4セルまでを選択してコピーします。

[オブジェクト編集]>[オブジェクト名のクリック割り当て]

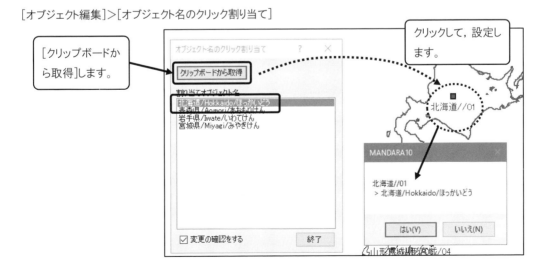

7.4.5 代表点座標の一括設定

緯度経度座標系の地図データで，設定されたオブジェクトの代表点を緯度経度の数値で指定して設定します。ここでは，地図ファイル「日本緯度経度.mpfz」の代表点を県庁所在地に設定してみます。

「日本緯度経度.mpfz」を開き，[第7章]フォルダの「県庁所在地経緯度.xlsx」をExcelで開きます。

「県庁所在地経緯度.xlsx」

	A	B	C	D
1	沖縄県	127.681	26.21236	
2	鹿児島県	130.5581	31.56018	
3	宮崎県	131.4239	31.91097	
4	大分県	131.6126	33.23813	
5	熊本県	130.7411	32.79037	

都道府県と，県庁所在地の経度，緯度のデータが並んでいます。座標データは国土数値情報から取得したものです。ExcelのA1セルからC47セルまでを選択してコピーします

[オブジェクト編集]＞[代表点座標一括設定]

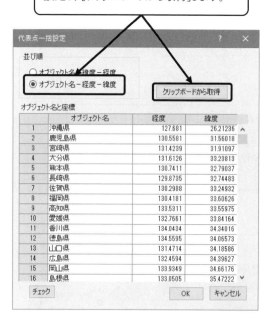

[並び順]を「オブジェクト名-経度-緯度」に設定し，[クリップボードから取得]します。

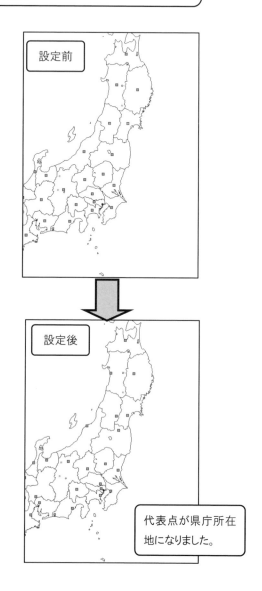

設定前

設定後

代表点が県庁所在地になりました。

7.4.6 初期属性データ編集

[オブジェクト編集]＞[初期属性データ編集]で，地図ファイル中に保存される初期属性データを編集します。非時空間モードの地図データの場合は初期属性データ編集，時空間モードの地図データの場合は初期時間属性データ編集に入ります。初期属性データを出力画面で表示するには，白地図・初期属性データ表示機能【p.14】，または属性データ編集画面【p.45】から追加してください。

■初期属性データを作成する必要性

属性データを初期属性として設定するかどうかの判断は，以下のように行ってください。

1つは，地図ファイルの再利用性です。作成した地図ファイルが，さまざまな用途で，いろいろな属性データで使われると予想される場合は，初期属性データを設定してもあまり役立ちません。

もう1つは，計算の必要性です。「初期属性データ編集」機能には，計算機能が含まれていないので，密度，割合等の属性データ間の計算はExcel上で行う必要があります。Excelで計算した結果を初期属性データに貼り付けることはできますが，計算過程の計算式は保存できません。結局，Excelと初期属性に二重にデータが存在することになり，無駄となってしまいます。したがって，計算が必要な場合は属性データをExcel上でデータを管理し，MANDARAタグを使って読み込ませる方法が適当です。

ここでは，地図ファイル「WORLD.mpfz」を読み込み，その初期属性データを見てみます。

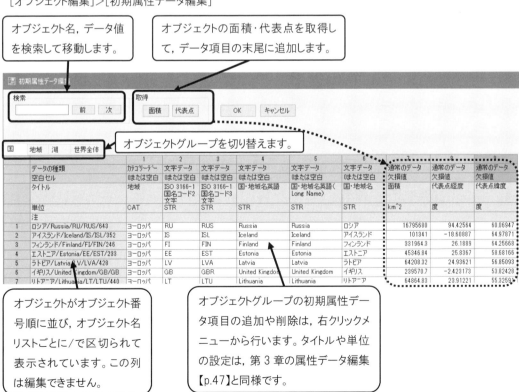

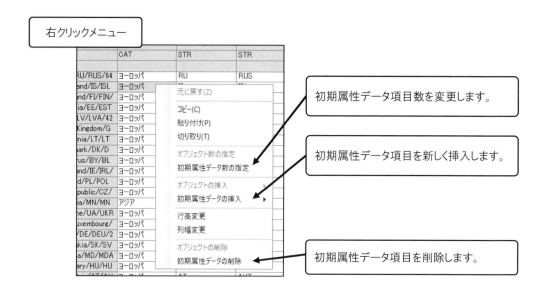

■注意事項

・初期属性データ項目が 1 つしかない状態では，[初期属性データ項目削除]のメニューを選択しても消えません。最後の 1 つを削除したい場合は，タイトル欄を空白にしてください。

・初期属性データ編集画面から，オブジェクトを作成したり削除したりすることはできません。

・個別のオブジェクト編集時に初期属性を設定する場合は，オブジェクト編集パネル【p.232】で行うことができます。ただしこの場合は初期時間属性データ項目の追加・削除はできません。

7.4.7 初期時間属性データ編集

　時空間モード地図ファイルの場合は，「初期時間属性データ編集」画面となり，初期属性に時間情報をつけた「初期時間属性データ」を作成できます。その操作方法は，上の「初期属性データ編集」と大きく異なります。ここでは，時空間モード地図ファイルで初期時間属性データが追加されている地図ファイル「日本市町村緯度経度.mpfz」を読み込み，その初期属性データを見てみます。

「日本市町村緯度経度.mpfz」

[オブジェクト編集]＞[初期属性データ編集]

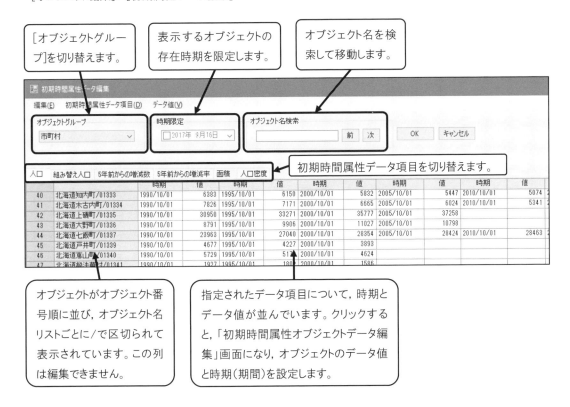

- [オブジェクトグループ]を切り替えます。
- 表示するオブジェクトの存在時期を限定します。
- オブジェクト名を検索して移動します。
- 初期時間属性データ項目を切り替えます。
- オブジェクトがオブジェクト番号順に並び，オブジェクト名リストごとに/で区切られて表示されています。この列は編集できません。
- 指定されたデータ項目について，時期とデータ値が並んでいます。クリックすると，「初期時間属性オブジェクトデータ編集」画面になり，オブジェクトのデータ値と時期（期間）を設定します。

■[初期時間属性データ編集]メニュー

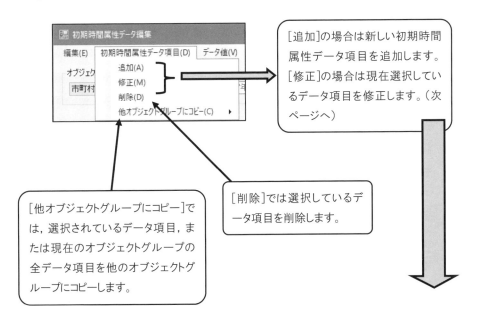

- [追加]の場合は新しい初期時間属性データ項目を追加します。[修正]の場合は現在選択しているデータ項目を修正します。（次ページへ）
- [削除]では選択しているデータ項目を削除します。
- [他オブジェクトグループにコピー]では，選択されているデータ項目，または現在のオブジェクトグループの全データ項目を他のオブジェクトグループにコピーします。

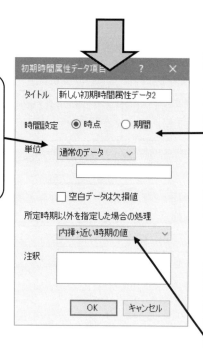

「通常のデータ」、「カテゴリーデータ」、「文字データ」から選択します。「通常のデータ」の場合は、下のボックスに単位を指定します。

「時点」データは変動するデータのある時点の情報を抽出したデータになります。たとえば東京都の2015年10月1日の人口、などが該当します。「期間」データとは、変化について開始・終了の期間を設定できるデータです。たとえば、東京都庁の所在地住所などが該当します。

「時点」データの場合に、指定時点以外の時間を指定してデータを取得しようとした場合の処理方法を設定します。
単位がカテゴリーデータまたは文字データの場合は、「欠損値」または「近い時期の値」からしか選べません。

■[データ値]メニュー

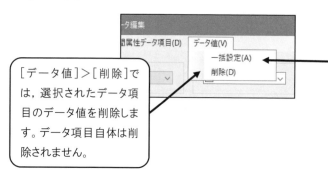

[データ値]>[削除]では、選択されたデータ項目のデータ値を削除します。データ項目自体は削除されません。

[データ値]>[一括設定]では、選択されたデータ項目のデータ値をクリップボードから取得して一括設定します。第9章でも使用しています【p.295】。

7.4.8 時間設定

時空間モードで編集している場合に、[オブジェクト編集]>[時間設定]で選択できます。さらに3つの項目があります。

時間情報の一括設定	オブジェクトに対する時間設定を一括して行います。第9章で詳しく解説しています【p.289】。
継承一覧	時空間モードの地図データで、オブジェクトの継承設定の一覧を時間順に表示します。
オブジェクト名変更一覧	時空間モードの地図データで、オブジェクト名の開始・終了時期の一覧を時間順に表示します。

7.5 ライン編集メニュー

ライン編集メニューは，マップエディタの編集モードが「ライン編集モード」の場合に利用できるメニューです。このメニューでは，ラインの検索，ラインの編集，ラインの取り込みなど多くの機能を含んでいます。なお，ラインを選択している状態では使用できません。

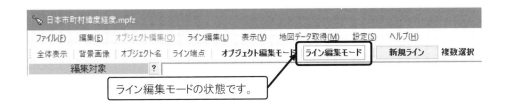

[ライン編集]メニュー	機能	解説箇所
ライン番号検索	ライン番号とはライン編集時の編集パネル上部に表示されている番号です。この機能では指定した番号のラインを編集状態にします。オブジェクト編集時の編集パネルに使用しているライン番号の一覧が表示されるので，オブジェクトがうまく面にならない場合などはライン番号で検索し，ラインの結節点を確認してください。なお，ライン番号はラインの登録された順番につけられ，ユーザは変更できません。	
ライン結合	編集対象ラインに対して，結合処理を行います。ただし，結合するとオブジェクトに影響を与える場合や，結節点で3本以上のラインが接している場合など，接続していても結合されないケースもあります。なお，ラインが細切れになっていても大きな問題はないので，あまり使うことのない機能でしょう。	
ラインを交点で切断	編集対象ラインに対して，ラインを交点で切断します。同一線種同士の交点で切断するかどうかを選択できます。	第8章【p.271】
ラインの共有部分を別ラインに	隣接するオブジェクト同士で同じ座標であるが別のラインを使用している場合，共有可能な箇所を抽出して別ラインとし，位相構造化します。	第8章【p.260】
端点結合	編集対象ラインの端点で結節点になっていない箇所に関して，近隣の別のラインの端点と結合します。ライン結合とは違い，ラインは別々のままです。選択後に，結合する隙間のしきい値を%で設定します（0以上1%以下）。	
ポイント・ループ間引き	編集対象ラインに対して，ラインの中のポイントを間引き，あるいは小さいループになったラインを削除します。	第8章【p.273】
ラインの取り込み	緯度経度座標系の地図データで，ラインを座標でクリップボードから取り込みます。	【p.212】

※「編集対象ライン」とは，左側パネルの[編集対象選択]ボタンの設定によって編集対象に選ばれているラインを指します。

7.5.1 ラインの取り込み

　緯度経度座標系の地図データに，ラインを座標でクリップボードから取り込みます。ここでは，地図ファイル「WORLD.mpfz」の上に，2016年の台風の経路を追加してみます。[第7章]フォルダの「2016台風位置.xlsx」を開いてください。

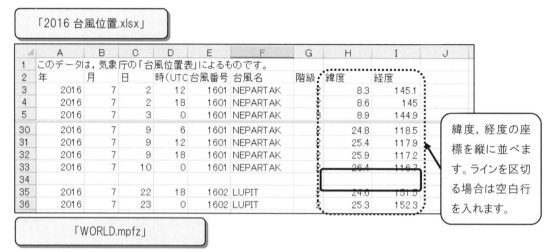

「2016 台風位置.xlsx」

緯度，経度の座標を縦に並べます。ラインを区切る場合は空白行を入れます。

「WORLD.mpfz」

[ライン編集]＞[ラインの取り込み]

「新規線種」にして「台風」と入力します。

Excel で H3 セルから I829 セルまでをコピーし，[クリップボードから取得]します。

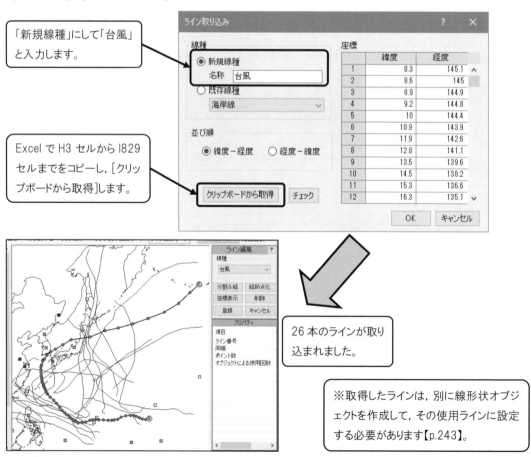

26 本のラインが取り込まれました。

※取得したラインは，別に線形状オブジェクトを作成して，その使用ラインに設定する必要があります【p.243】。

7.6 表示メニュー

[表示]メニュー	機能
プレビュー	現在の地図データを代表点などがない状態で表示します。色塗りなどはできません。
全体表示	地図全体を表示します。画面上部の[全体表示]ボタンと同一です。
オブジェクト名表示	画面上の代表点にオブジェクト名を表示する場合にチェックします。画面上部の[オブジェクト名]ボタンと同一です。
ライン端点表示	ラインの端点に赤い印をつける場合にチェックします。画面上部の[ライン端点]ボタンと同一です。
背景画像表示	緯度経度情報を持つ地図ファイル場合に，背景画像【p.173】を表示します。画面上部の[背景画像表示]ボタンと同一です。
初期属性表示	マップエディタ上にオブジェクトグループ・初期属性データを指定してオブジェクトのデータ値を表示します。時空間モードの場合は左側パネルで時期を指定してください。右の図は地図ファイル「日本市町村緯度経度.mpfz」で設定した例です。 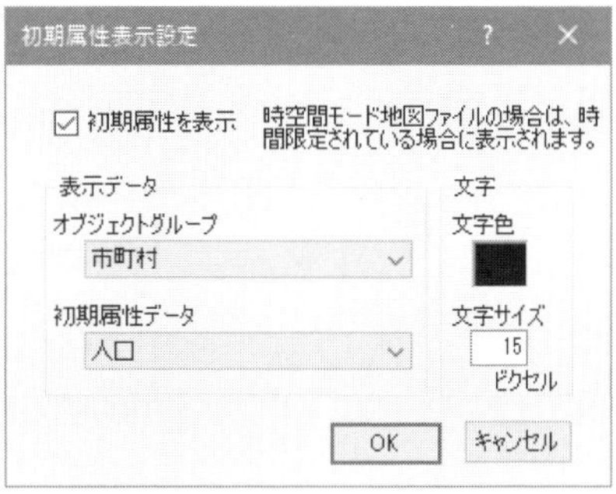 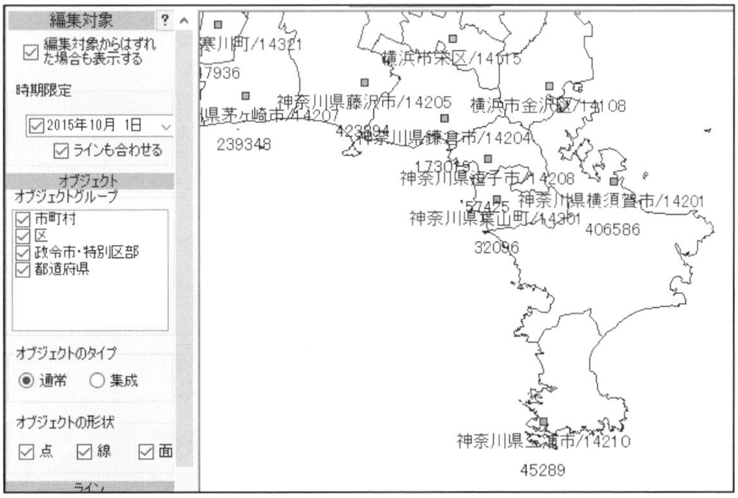

7.7 地図データ取得メニュー

さまざまな外部地図データを MANDARA に取り込みます。

[地図データ取得]メニュー	機能	解説箇所
シェープファイル	GIS でよく使われるデータ形式であるシェープファイルを読み込んで追加します。設定画面から直接読み込むこともでき，解説はそちらを参照してください。なお，MANDARA でのオブジェクト名は，ファイル名+ファイル中の並び順の番号となります。	第 5 章【p.117】
Export(e00)形式ファイル	ESRI 社の Arc/Info のデータ交換用のベクタデータのテキストフォーマットである Export(e00)形式ファイルのデータを読み込んで追加します。	【p.215】
KML/KMZ ファイル	KML/KMZ ファイルは，Google Earth で用いられるファイル形式です。ファイルを指定して，KML/KMZ ファイルの点，線，面の情報を読み込むことができます。 Folder タグごとにオブジェクトグループが作成され，オブジェクトグループ名はファイル名 + . + Folder タグ内の name タグの内容 となります。 Placemaek タグごとにオブジェクトが作成され，オブジェクト名はファイル名 + . + オブジェクトグループ名 + . + Placename タグの name タグの内容となります。 description タグの内容がオブジェクトごとの初期属性データに文字データとして設定されます。 ファイル中に異なる形状が含まれていても読み込めます。	
基盤地図情報	国土地理院の整備している基盤地図情報を読み込んで追加します。	【p.216】
オープンストリートマップデータ	オープンストリートマップは背景画像として設定できますが，もととなるデータ(拡張子 osm)を取得することもできます。	【p.218】
統計 GIS 国勢調査小地域データ	国勢調査の小地域データについて，統計データと境界データを統合して読み込みます。	【p.219】
標高データから等高線取得	さまざまな標高データから等高線データを取得し，線オブジェクトと面オブジェクトに設定します。	【p.222】

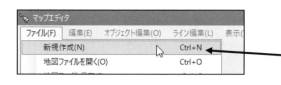

外部地図データを取り込む際に，既に何らかの地図ファイルを読み込んでいる状態では，その上に重ねて追加されます。新しく取り込みたい場合は，[ファイル]>[新規作成]を行ってください。

既存データでも，時々エラーがあります。たとえば名称が違っていたり，面形状のはずが面になっていなかったりするケースです。また，データの作成時期が古くて現状に合わない場合があります。そうした場合は MANDARA のマップエディタの編集機能を使用して修正することができます(第 8 章)。

読み込んだデータは[ファイル]>[名前をつけて地図ファイル保存]で保存してください【p.197】。

7.7.1 Export(e00)形式ファイル

Export(e00)形式ファイルは，ESRI社のArc/Infoのデータ交換用のベクタデータのテキストフォーマットで，拡張子が「e00」となっています。Export形式で配布されているデータは，シェープファイルに比べて少ないのですが，古いデータではe00形式で配布されているものもあります。

シェープファイルとの相違点として，次の点が挙げられます。まず，シェープファイルは複数のファイルから構成されているのに対し，Export形式ファイルは拡張子「.e00」の単独のテキストファイルとなっています。また，面形状オブジェクトの場合，位相構造化されたデータとなっています。位相構造化したい場合で，シェープファイルとExport形式の両方が選べる場合は，Export形式を選択するとよいでしょう。

e00ファイルにはいろいろな要素が含まれていますが，MANDARAで取り込むのは，ARCのデータではARC, PAL, LAB, CNTセクションです。LABセクションは，ARCおよびPALセクションが無い場合に限り，読み込まれます。INFOの部分では，AAT(Arc Attribute Table), PAT(Polygon or Point Attribute Table)セクションの属性データを初期属性データとして取り込みます。AATは線形状，PATは点・面形状のオブジェクトのデータです。MANDARAでのオブジェクト名は，ファイル名+ファイル中の並び順の番号となります。

7.7.2 基盤地図情報

基盤地図情報は，2007 年に出された「地理空間情報活用推進基本法」に基づき整備されているデータで，国土地理院のホームページ http://www.gsi.go.jp/kiban/ から無償でダウンロードすることができます。ただし，ダウンロードに際してはユーザ登録が必要です。基盤地図情報には，国土交通省令で定められた地物が含まれていますが，MANDARA のマップエディタから取り込めるデータは，「基本項目」となります。また，「数値標高モデル」を使うと，等高線を取得することができます【p.222】。

地物	内訳
測量の基準点	「測量の基準点」，「標高点」
海岸線	「海岸線」
行政区画の境界線及び代表点	「行政区画」，「行政区画界線」，「行政区画代表点」
道路縁	「道路縁」，「道路構成線」，「道路域分割線」，「道路域」，「道路区分面」，「道路区域界線」
軌道の中心線	「軌道の中心線」，複線の場合は 2 本の線となります。
標高点	「標高点」，「等高線」
水涯線	「水崖線」，「水域」，「水部構造物線」，「水部構造物面」，「河川区域界線」，「河川堤防表肩法線」
建築物の外周線	「建築物の外周線」，「建築物」，市街地の場合はデータが膨大となり，MANDARA での処理が困難なこともあります。
市町村の町若しくは字の境界線及び代表点	「町字界線」，「町字の代表点」
街区の境界線及び代表点	「街区線」，「街区の代表点」，「街区域」

国土地理院の「基盤地図情報ダウンロードサービス」のページから「基盤地図情報 基本項目」の必要な範囲を指定して，データをダウンロードし，展開して 1 つのフォルダにまとめて入れておきます。

ダウンロードは 2 次メッシュ【p.29】を単位としています。展開して現れるファイルは，上記のデータの種類ごとになっています。

ここでは千葉県浦安市付近の，2 次メッシュコード 533937 をダウンロードしています。

[地図データ取得]>[基盤地図情報]

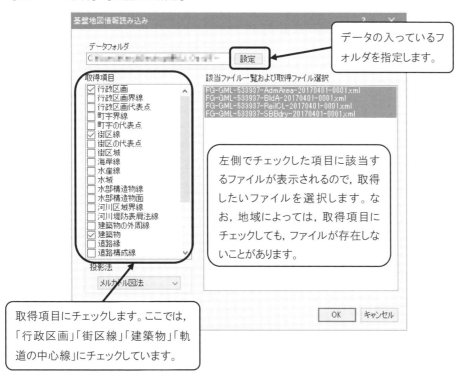

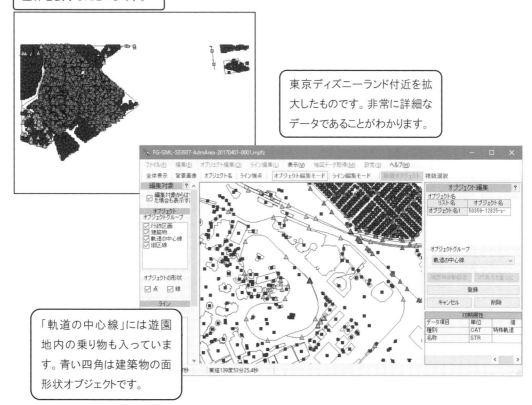

7.7.3 オープンストリートマップデータ

　オープンストリートマップとは，道路地図などの地理情報データを誰でも利用できるよう，フリーの地理情報データを作成することを目的としたプロジェクトとされており，MANDARA の背景画像でも表示できるようになっています。また，画像として利用できるだけでなく，元のベクタデータを取得して GIS で独自に編集することも可能です。ここでは，オープンストリートマップデータを取得し，MANDARA のマップエディタで取り込んでみます。

　OpenStreetMap の Web サイト　https://www.openstreetmap.org/

データを取得したい範囲を表示し，「エクスポート」をクリックします（範囲が広すぎると取得できません）。「map.osm」というファイルがダウンロードされます。

[地図データ取得]＞[オープンストリートマップデータ]

取得したデータ

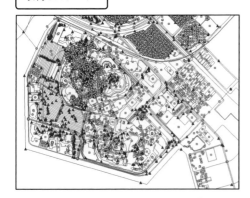

MANDARA では，オープンストリートマップのデータのうち，node 要素と way 要素を取得し，点，線，面の 3 つのオブジェクトグループに分けています。オブジェクト名には各要素の id が設定されています。

各オブジェクトがどのような要素なのかは，初期属性データを[オブジェクト編集]＞[初期属性データ編集]で調べてください。

7.7.4 統計 GIS 国勢調査小地域データ

「統計 GIS」とは，国の実施している多くの統計が公開されている「政府統計の総合窓口」の中にある「地図で見る統計（統計 GIS）」（https://www.e-stat.go.jp/gis）のことです。ここでは，WebGIS で地域の統計データを見ることができるだけでなく，町丁・大字単位の小地域統計と地図データをダウンロードすることができます。

その際，地図データと統計データは別のファイルとして提供されており，両者の結合には手間がかかります。そこで MANDARA では，ダウンロードしたシェープファイルと，統計データのファイルを自動的に結合させ，地図ファイルを作成できるようにしています。この機能で利用できる統計データは，国勢調査の小地域データで，2000 年から 2015 年にかけてのものです。

ここでは，例として 2015 年の埼玉県川口市の職業別人口の分布図を作成します。

> 統計データのダウンロード

「地図で見る統計（統計 GIS）」の Web サイトで「統計データダウンロード」を選択します。「国勢調査」＞「2015 年」＞「小地域（町丁・字等別）」＞「職業（大分類）別就業者数」と選択し，最後に「11 埼玉県」の CSV ファイルをクリックしてダウンロードします。ファイルには埼玉県全体のデータが含まれています。

> 境界データのダウンロード

再び「地図で見る統計（統計 GIS）」の Web サイトで，「境界データダウンロード」を選択します。「小地域」＞「国勢調査」＞「2015 年」＞「小地域（町丁・字等別）」＞「世界測地系緯度経度・Shape 形式」＞「11 埼玉県」と選択し，最後に「11203 川口市」のシェープファイルをクリックしてダウンロードします。

※このとき，「11000 埼玉県全域」を選ぶと，埼玉県全域を地図化できます。複数の市区町村の選択も可能です。

ダウンロードしたファイルはすべて展開し，任意のフォルダにまとめて入れておきます。シェープファイルのほか，拡張子「txt」のファイルは統計データです。

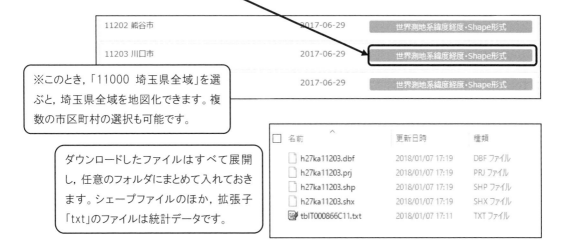

[地図データ取得]>[統計GIS国勢調査小地域データ]

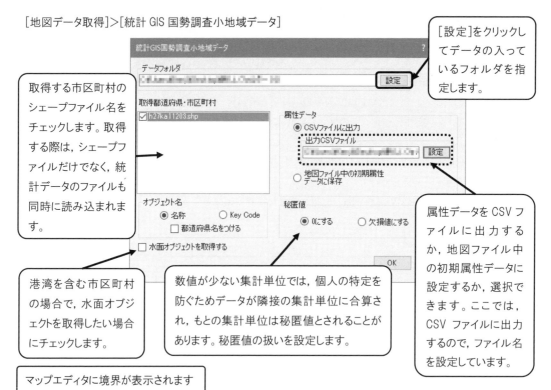

取得する市区町村のシェープファイル名をチェックします。取得する際は，シェープファイルだけでなく，統計データのファイルも同時に読み込まれます。

[設定]をクリックしてデータの入っているフォルダを指定します。

属性データをCSVファイルに出力するか，地図ファイル中の初期属性データに設定するか，選択できます。ここでは，CSVファイルに出力するので，ファイル名を設定しています。

港湾を含む市区町村の場合で，水面オブジェクトを取得したい場合にチェックします。

数値が少ない集計単位では，個人の特定を防ぐためデータが隣接の集計単位に合算され，もとの集計単位は秘匿値とされることがあります。秘匿値の扱いを設定します。

マップエディタに境界が表示されます

・飛び地は結合されて1つのオブジェクトになります。
・線種は，各市区町村の内部の「町丁・字等境界」と「市区町村外周線」が作成されます。

・統計データの秘匿情報については，秘匿された地区のデータは欠損値扱いとしています。一方，秘匿値を合算された地域については，特に処理を行っていませんのでご注意ください。
・統計データの「-」は0となります。

確認したら地図ファイルとして保存します。

CSVファイルを選択した場合は，Excelで表示されます

MANDARAタグが設定されているので，地図ファイル名や単位を設定してください。

［属性データ］で「初期属性データに保存」を選択した場合は，［オブジェクト編集］＞［初期属性データ編集］から確認できます。設定画面で地図化する場合は，白地図・初期属性データ表示機能【p.14】を使用します。

		32	33	34	35	36	37	38	39	40	41
	データの種類	通常のデータ	通常のデータ	通常のデータ	文字データ	文字データ	文字データ	通常のデータ	通常のデータ	通常のデータ	通常のデータ
	空白セル	0または空白	0または空白	0または空白	0または空白	0または空白	0または空白	欠損値	欠損値	欠損値	欠損値
	タイトル	SETAI	X_CODE	Y_CODE	KCODE1	秘匿先T000866	合算.T000866	総数	A 管理的職業従事者	B 専門的・技術的職業従事者	C 事務従事者
	単位										
	注	DBF	DBF	DBF	DBF	T000866	T000866	T000866	T000866	T000866	T000866
1	川口市本町1丁目	1025	139.725616	35.79575	0010-01	0	0	995	28	155	206
2	川口市本町2丁目	1353	139.7266			0	0	1603	40	342	418
3	川口市本町3丁目	1359	139.723			0	0	1506	52	251	367
4	川口市本町4丁目	2127	139.720560	35.800289	0010-04	0	0	2298	93	471	733
5	川口市栄町1丁目	1812	139.727737	35.803581	0020-01	0	0	1894	61	366	489
6	川口市栄町2丁目	1418	139.723312	35.803558	0020-02	0	0	1527	39	326	429
7	川口市栄町3丁目	1086	139.718796	35.803371	0020-03	0	0	1083	39	228	286

⇐ DBFデータ ⇒ ⇐ 統計データ ⇒

初期属性には，シェープファイルのDBFファイルのデータと，統計データがまとめて入っています。

※シェープファイルの各図形は，飛び地の結合によって最初の状態から変化しています。各図形の属性もそれによって変化していることがあります。この点については「同一オブジェクト名のオブジェクトを結合」【p.259】を参照してください。

出力画面

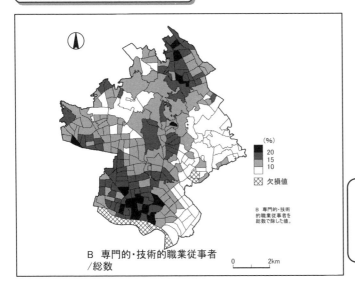

B 専門的・技術的職業従事者／総数

属性データから，データ計算機能【p.133】で専門的・技術的職業従事者の割合を計算し，表示したものです。

7.7.5 標高データから等高線取得

7.7.5.1 読み込める標高データ

現在，数値標高モデル（DEM: Digital Elevation Model）と呼ばれる，地表を細かなメッシュ（グリッド）で区切った標高データが多数作成されています。このデータは地形を立体的に表示する GIS で不可欠なものですが，MANDARA では以下のような各種標高データから等高線データを取得することができます。その際，等高線自体の線形状オブジェクト，等高線を段にした面形状オブジェクトが作成されます。

データ	範囲	概要
数値地図 50m メッシュ（標高），250m メッシュ（標高），1km メッシュ（標高）	日本国内	国土地理院が作成し，日本地図センターから販売されているメッシュ標高データです。50m メッシュは全国を 3 枚の CD，250m と 1km メッシュは合わせて 1 枚の CD に入っています（現在は刊行されていません）。
基盤地図情報 5m メッシュ（標高）	日本国内	国土地理院が作成しているデータで，無償でダウンロードできます（整備されていない地域もあります）。航空レーザー測量（地域によっては写真測量）により作成された詳細な標高データです。MANDARA では JPGIS(GML)形式のデータを使用します。
基盤地図情報 10m メッシュ（標高）	日本国内	国土地理院が作成しているデータで，全国を無償でダウンロードできます。1/2.5 万地形図の等高線から作成した詳細な標高データですが，1m 単位で取得してもきれいに取得できないので 10m 単位の標高値の指定が適当です。MANDARA では JPGIS(GML)形式のデータを使用します。
SRTM30/30Plus	世界	SRTM(Shuttle Radar Topography Mission)はスペースシャトルからのレーダーにより測定された標高データです。世界中の標高が 30 秒間隔で入っており，米国地質調査所のホームページから無料でダウンロードできます。SRTM30Plus は，SRTM30 の陸上データに，海面下の水深情報を付加したもので，米国カリフォルニア大学サンディエゴ校スクリプス海洋研究所のホームページからダウンロードできます。SRTM30 よりも，最初から SRTM30Plus をダウンロードして使用した方が便利です。 なお，ダウンロードしたファイルは巨大なため，MANDARA では取り込みやすいよう，分割する必要があります。分割には等値線取得画面の[SRTM30/Plus コンバータ]で行います【p.224】。
SRTM3	世界	SRTM30 の間隔を 3 秒にしたものです。欠落値が少なくありません。
ASTER GDEM	世界	日本の経済産業省と NASA が共同で作成している標高データです。メッシュの間隔は 1 秒間隔で，欠落値も少ないので SRTM3 よりもこちらの方が便利です。MANDARA では「〜dem.tif」のファイルを使用します。（近年，元の Web サイトからダウンロードできなくなりました）
ETOPO5	世界	NOAA が配布している標高・水深データで，メッシュの間隔は 5 分間隔のため，大陸など広い範囲の等高線を取得するのに適しています。MANDARA では「ETOPO5.DOS」のファイルを使用します。

7.7.5.2 標高データの準備

■数値地図 50m, 250m, 1km メッシュ（標高）
　CD を直接指定するか，CD 内のデータをそのままパソコン内の任意のフォルダに移しておきます。

■基盤地図情報 5m, 10m メッシュ（標高）
　国土地理院の基盤地図情報ダウンロードサービスにログインし，必要な範囲について GML 形式のデータをダウンロード・展開します。展開したファイルは任意のフォルダにまとめて入れておきます。

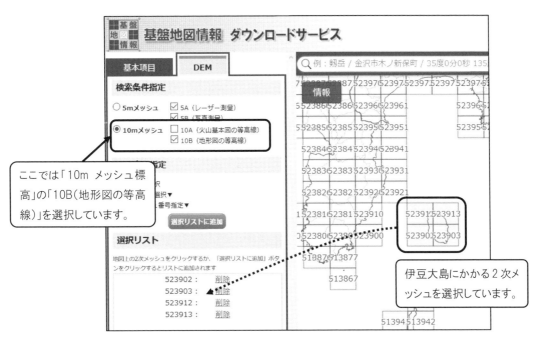

■SRTM30

SRTM30のデータは米国地質調査所のサーバー http://dds.cr.usgs.gov/srtm/ からダウンロードすることができます。日本付近のデータをダウンロードしてみます。

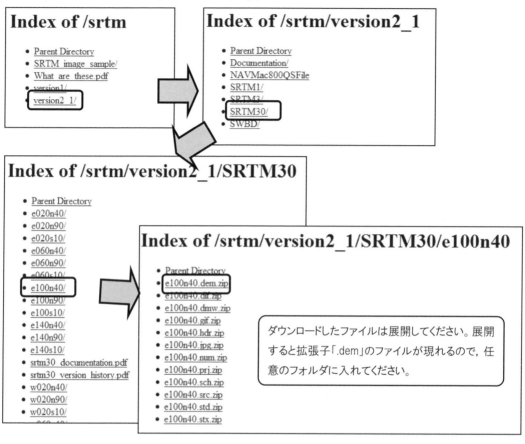

[地図データ取得]＞[標高データから等高線取得]

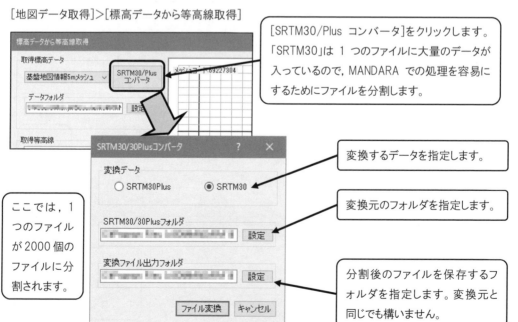

■SRTM30Plus

　SRTM30Plusは陸上のSRTM30データに水深データが追加されたデータで，米国カリフォルニア大学サンディエゴ校スクリップス海洋研究所（http://topex.ucsd.edu/WWW_html/srtm30_plus.html）のFTPサーバー ftp://topex.ucsd.edu/pub/srtm30_plus/ からダウンロードできます。

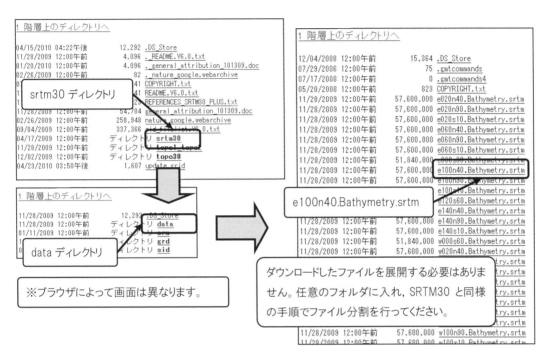

■SRTM3

　SRTM3はSRTM30と同じく，米国地質調査所のサーバー http://dds.cr.usgs.gov/srtm/ からダウンロードすることができます。

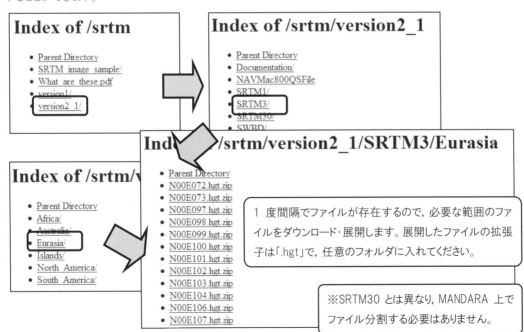

■ETOPO5

NOAAのWebサイト https://www.ngdc.noaa.gov/mgg/global/etopo5.HTML からダウンロードできます。

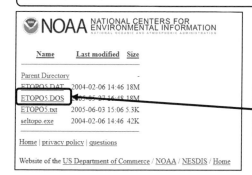

「ETOPO5.DOS」を右クリックして「名前をつけて保存」してください。

コラム　Web等高線メーカーサイト

　本章では等高線データを生成していますが，生成する範囲のDEMデータをダウンロードして用意する必要があります。この手間を省き，任意の範囲の等高線データを作成するために筆者が開発したWebサイトが，「Web等高線メーカー」(http://ktgis.net/lab/etc/webcontour/)です（谷 2015）。このサイトでは，地図上で表示した領域の任意の等高線を取得して表示でき，画面上で表示するほか，**KML**として出力できます。このKMLファイルをMANDARAで読み込めば【p.214】，等高線データとして利用できます。ただし，本章のように面領域のオブジェクトとしては利用できず，等高線の線データとなります。

　等高線作成のための標高データとしては，国土地理院の「標高タイル」を使用しています。この「標高タイル」を使うことで，表示領域の空間スケールに応じた精度の標高データを取得できます。

　広範囲を取得する場合でも，狭い範囲を取得する場合でも，取得に必要な時間は同じです。また，日本国内だけでなく，世界中の等高線を取得することができます。

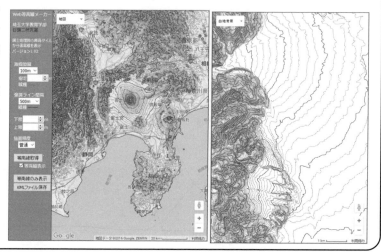

7.7.5.3 等高線の取得

[地図データ取得]＞[標高データから等高線取得]

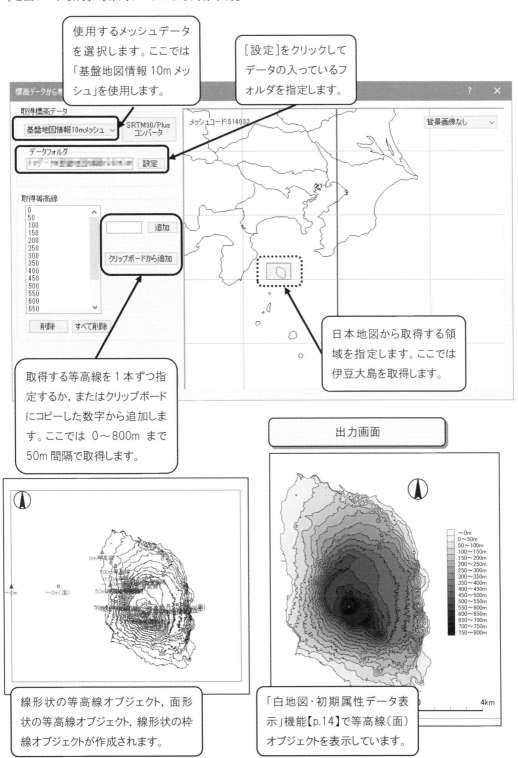

7.8 設定メニュー

[設定]メニュー	機能	解説箇所
線種設定	[線種設定] 線種の作成や削除, ラインパターンの設定を行います。	第 8 章【p.240,269】
	[線種統合] 指定した複数の線種を統合して 1 つの線種にまとめます。	第 9 章【p.282】
オブジェクトグループ設定	[オブジェクトグループ設定] オブジェクトグループの作成や削除, 使用線種の設定等を行います。	第 8 章【p.239,269】
	[オブジェクトグループ統合] 指定した複数のオブジェクトグループを統合して 1 つにまとめます。その際, オブジェクトグループの形状および初期属性データ項目が同じである必要があります。	第 10 章【p.301】
方位設定	方位の形状を記号から選択します。ここで設定した方位は, 地図ファイルを使用した際のデフォルトとして出力画面に表示されます。地図上の方位記号を右クリックした場合も同様です。	
座標変換	座標系, 測地系を変換します。	【p.228】
投影法変換	投影法を変換します。	【p.229】
背景画像設定	マップエディタの背景に「地理院地図」等の画像を表示しながら, 地図データを編集します。出力画面の背景画像と同じです。	第 6 章【p.173】
オプション	マップエディタに関するオプションを設定します。	【p.231】

7.8.1 座標変換

座標変換では, 測地系の変換および平面直角座標系から緯度経度座標系への変換を行います。

7.8.1.1 緯度経度座標系の測地系変換

「測地系」という言葉は, 地図や GIS を扱わない人にとってはなじみのない言葉で, GIS を難しくしている要素の 1 つです。ここは単純に, 地球の形状(地球楕円体)を定義するものと考えます。地球の形状は完全な球体ではなく, 赤道側が膨らんだ回転楕円体です。以前は各国で独自に地球の形状を定義していましたが, 国ごとに地図を作成する際にはあまり問題は生じませんでした。しかし現在のように人工衛星の GPS を使って位置を測定できるようになると, 国ごとに異なる地球の形状の定義では, 問題が生じるようになりました。

そこで日本では, 2002 年から従来の「日本測地系」にかわり,「世界測地系」を用いることになりました。測地系が変更になっても, 日本の形が変わるわけではありませんが, 従来の緯度経度と新しい緯度経度では, 位置が合わず, 東京付近では約 450m のずれが発生します。

このため測地系が異なると地図データは重なりません。異なる測地系のデータを重ねるには, 変換を行って測地系を統一しておく必要があります。

特に標準地域メッシュに基づくデータは, 日本測地系と世界測地系とでは位置が異なるため, メッシュオブジェクト作成【p.274】の際には必要な測地系に変換する必要があります。

このメニューでは，日本測地系－世界測地系の変換を相互に行うことができます。変換のプログラムには，国土地理院作成のプログラム「TKY2JGD」のソースコードの一部を使用しています(承認番号　国地企調第 174 号　平成 18 年 8 月 22 日)。

地球楕円体	長半径(赤道半径)	短半径(極半径)
ベッセル楕円体 (日本測地系)	6,377,397m	6,356,079m
GRS80 楕円体 (世界測地系)	6,378,137m	6,356,752m

(日本地図センター(2005)による)

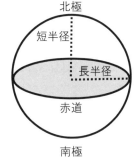

7.8.1.2 平面直角座標系を緯度経度座標系に変換

緯度と経度の値を用いれば，地球上の位置を示すことができますが，データによっては緯度と経度ではなく，投影法で変換した後の座標で位置を示す場合があります。日本で流通している地図データには，緯度経度で座標を保持しているものと，「平面直角座標系」で保持しているものがあります。平面直角座標系とは，ガウス＝クリューゲル図法で日本を 19 の座標原点に分けて投影したもので，大縮尺の地図で用いられます。たとえば，数値地図 2500(空間データ基盤)は平面直角座標系で位置が示されています。

MANDARA では，平面直角座標系の座標に対応していない機能があるので，緯度経度座標系に統一しておくと便利です。そのため，平面直角座標系から緯度経度座標系に変換するメニューを用意しています。ただし，逆方向の，緯度経度座標系から平面直角座標系への変換はできません。

7.8.2 投影法変換

球面の地球を平面の地図に示すため，これまでにいろいろな方法が考えられてきており，地図投影法と呼んでいます。MANDARA では，数ある投影法のうち，次の 7 種類の円筒図法・擬円筒図法による投影法を用意しています。各投影法の変換式は小坂(1982)，政春(2011)を参考にしています。地図ファイルで設定された投影法は，設定画面で読み込まれた際のデフォルトの投影法になりますが，出力画面の[オプション]＞[投影法変換]で変更できます。投影法によって，地図の見え方はかなり異なります。

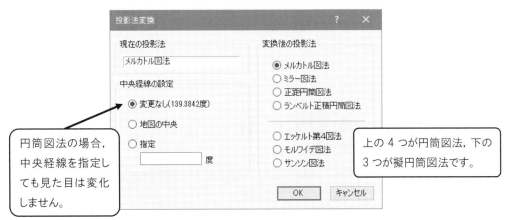

投影法	世界地図	埼玉県
メルカトル図法 極に近づくと縦方向に大きくなり、極点は表せません。背景画像【p.173】を表示する場合に適しています。		
ミラー図法 メルカトル図法の歪みを小さくした図法です。世界全図を示すのに適当です。		
正距円筒図法 緯度と経度の間隔が等しい投影法です。緯度と経度の値でそのまま位置を示しています。		
ランベルト正積円筒図法 面積が正しい投影法です。極に近づくと縦方向に圧縮されます。		
エッケルト第4図法 面積が正しい投影法です。世界の統計地図をペイントモードで表示する際に適しています。		

モルワイデ図法 面積が正しい投影法です。世界の統計地図をペイントモードで表示する際に適しています。		
サンソン図法 面積が正しい投影法です。両極付近で歪みが大きくなります。		

7.8.3 オプション

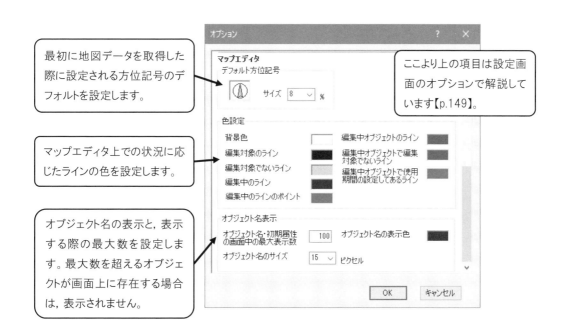

最初に地図データを取得した際に設定される方位記号のデフォルトを設定します。

ここより上の項目は設定画面のオプションで解説しています【p.149】。

マップエディタ上での状況に応じたラインの色を設定します。

オブジェクト名の表示と，表示する際の最大数を設定します。最大数を超えるオブジェクトが画面上に存在する場合は，表示されません。

7.9 右側操作パネル

7.9.1 オブジェクト編集パネル

オブジェクト編集モードでオブジェクトを選択した際に画面右側に表示されます。

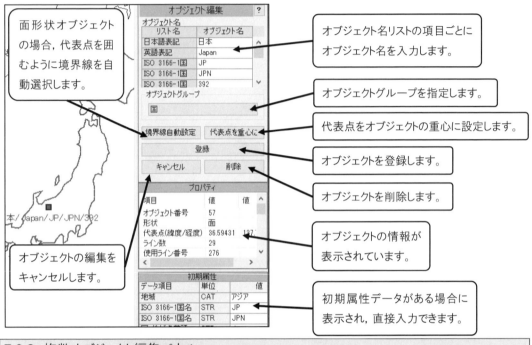

7.9.2 複数オブジェクト編集パネル

複数オブジェクト選択モードで表示されます。

処理方法	機能	解説箇所
1.オブジェクト名検索	オブジェクト名からオブジェクトを検索して選択します。	【p.248】
2.結合	選択したオブジェクトを結合し，1つの新しいオブジェクトを作成します。選択したそれぞれのオブジェクトはそのまま残り，結合後のオブジェクトの編集モードになります。時空間モードの場合は，合併・編入の処理を行います。	【p.248】【p.285】
3.境界線自動設定	選択したオブジェクトの境界線を自動設定します。時空間モードでは使用できません。	【p.265】
4.代表点を重心に	面オブジェクトを選択している場合に，選択したオブジェクトの代表点を重心に設定します。時空間モードでは使用できません。	
5.オブジェクトグループ変更	選択したオブジェクトのオブジェクトグループを変更します。集成オブジェクトと通常のオブジェクトの間では変更できません。	
6.削除	選択したオブジェクトを削除します。	【p.249】
7.使用ラインごと削除	選択したオブジェクトを削除します。同時に，当該オブジェクトが使用しているラインが，他のオブジェクトに共有されていない場合は，当該ラインも削除します。集成オブジェクトの場合は，選択した集成オブジェクトを削除し，同時に集成オブジェクトを構成するオブジェクトを削除します。	【p.270】
8.外側オブジェクト削除	面形状オブジェクトが選択されている場合，当該の面形状オブジェクトの外側に位置する編集対象オブジェクトを削除します。	【p.253】
9.メッシュオブジェクト作成	選択した面オブジェクトの内部に，各種メッシュオブジェクトを作成します。なお，マップエディタでメッシュオブジェクトを作成しない場合でも，属性データの設定でレイヤのタイプをメッシュに指定することでも，メッシュデータを地図化できます。	【p.274】
10.使用ライン線種変更	選択したオブジェクトが使用しているラインの線種を線種ごとに変更します。[共有ラインの線種も変更]選択したオブジェクト同士で共有しているラインの線種も変更する場合にチェックします。	
11.集成オブジェクトを構成	選択したオブジェクトを集成オブジェクトの構成要素に設定します。集成オブジェクトのオブジェクトグループが存在しない場合は実行できません。	【p.303】
12.選択オブジェクト名表示	選択したオブジェクトのオブジェクト名を表示します。	
13.初期属性入力	選択したオブジェクトについて初期属性を入力します。同一のオブジェクトグループが選択されている必要があります。	

この複数オブジェクト編集パネルは，時空間モード，集成オブジェクト編集モード，いずれも同一です。

7.9.3 時空間モードオブジェクト編集パネル

時空間モードの地図ファイルでのオブジェクト編集モードで，オブジェクトを選択した際に表示されます。

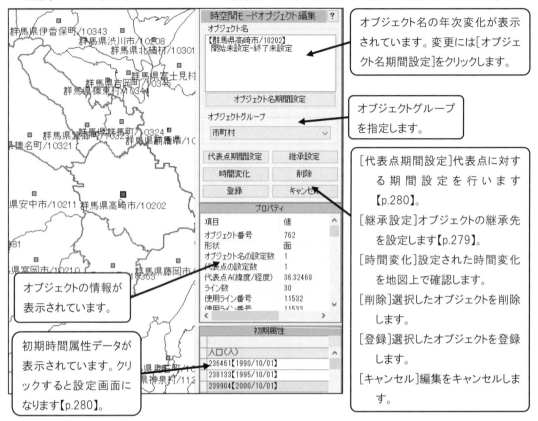

7.9.4 ライン編集パネル

ライン編集モードでラインを選択した際に表示されます。

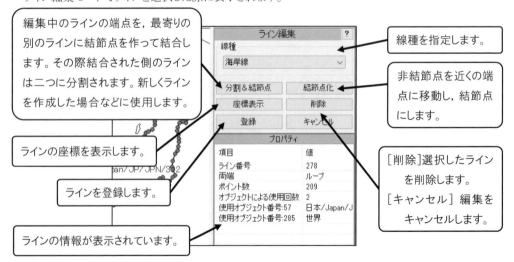

7.9.5 複数ライン編集パネル

複数ライン選択モードで表示されます。

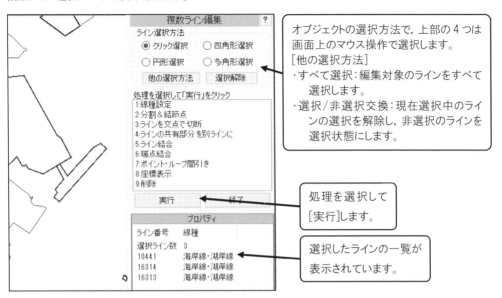

処理方法	機能	解説箇所
1.線種設定	選択したラインにまとめて線種設定を行います。非時空間モードの場合は選択ラインの線種変更，時空間モードの場合はラインの線種と期間設定画面になります。	第8章【p.251】
2.分割&結節点	選択したラインの端点を，最寄りの別のラインに結節点を作って結合します。その際結合された側のラインは二つに分割されます。	第9章【p.288】
3.ラインを交点で切断	選択したラインに対して，ラインを交点で切断します。同一線種同士の交点で切断するかどうかを選択できます。	【p.211】の[ライン編集]メニューの項目と同じ機能です。
4.ラインの共有部分を別ラインに	選択したラインに関して，隣接するオブジェクト同士で同じ座標であるが別のラインを使用している場合，共有可能な箇所を抽出して別ラインとし，位相構造化します。	
5.ライン結合	選択したラインに対して，結合処理を行います。	
6.端点結合	選択したラインで，結節点になっていない箇所に関して，近隣の別のラインの端点と結合します。	
7.ポイント・ループ間引き	選択したラインについて，ポイントを間引いたり，小ループを削除したりします。	第8章【p.274】
8.座標表示	選択したラインの座標を表示します。	
9.削除	選択したラインを削除します。	

第 8 章 地図データの編集

　第 7 章では各種外部地図データを読み込み，MANDARA の地図ファイルとして保存する方法を解説しましたが，実際には取得した地図データをそのまま使用できるケースは少なく，各種の編集作業を行う必要があります。たとえば，データの作成時期と表示したい時期が異なると，市町村が合併していたり，鉄道が新しく敷設されていたりして変化していることがあります。また，地図データ自体に誤りがあり，面形状オブジェクトのはずが面になっていない，ということもあるかもしれません。

　本章では，そうした場合の地図データの編集作業を解説します。編集作業においては，各種機能を臨機応変に活用する必要があるので，編集作業を実際に行っていきます。

8.1 地図編集の実例－基本編－

　ここでは，地図ファイル「8-1 四国.mpfz」を使って，マップエディタの編集機能の基本を見ていきます。[ファイル]＞[地図ファイルを開く]で「8-1 四国.mpfz」を読み込んでください。

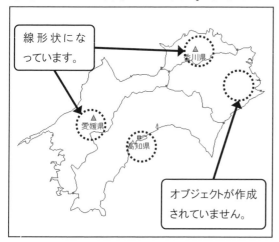

緑色の記号はオブジェクトの代表点です。●は点形状，▲は線形状，■は面形状を示しています。代表点の下にはオブジェクト名が表示されています。

徳島県オブジェクトが作成されていません。香川県と愛媛県が▲で，面形状になっていません。これらを修正していきます。

8.1.1 新規オブジェクト作成

　まず「徳島県」オブジェクトを作成します。

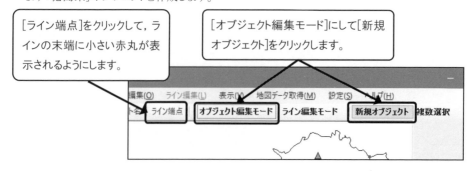

[ライン端点]をクリックして，ラインの末端に小さい赤丸が表示されるようにします。

[オブジェクト編集モード]にして[新規オブジェクト]をクリックします。

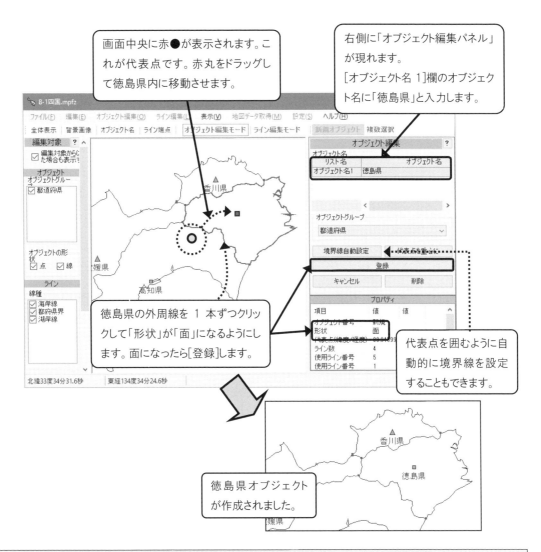

8.1.2 ラインを修正して面形状オブジェクトに

次は線形状の香川県を面形状に修正します。

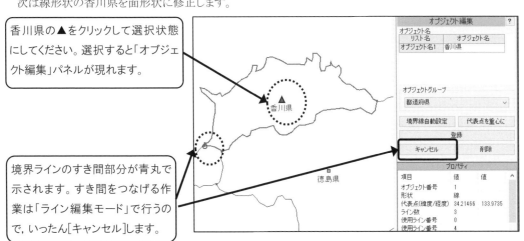

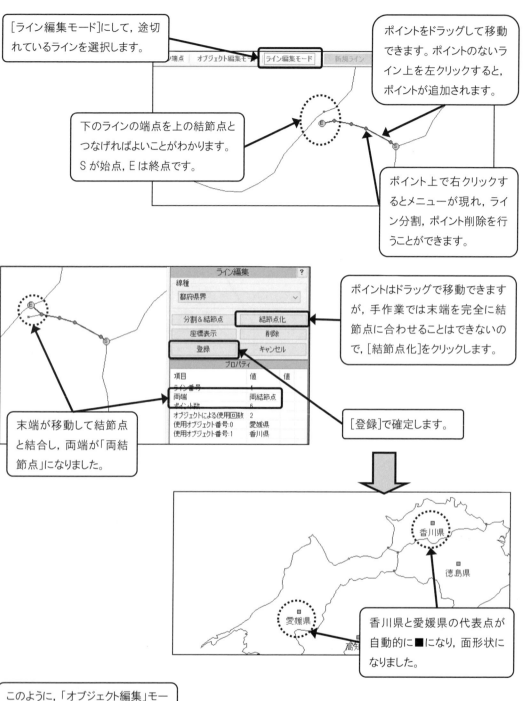

8.2 地図データ編集の実例－初級編－

ここでは，地図ファイル「8-2 埼玉県編集前.mpfz」を使って，さらにマップエディタの編集機能をマスターしていきます。マップエディタの[ファイル]>[地図ファイルを開く]で「8-2 埼玉県編集前.mpfz」を読み込んでください。この地図ファイルは，国土数値情報（http://nlftp.mlit.go.jp/ksj/）の行政界と鉄道データを使用し，一部修正したものです。

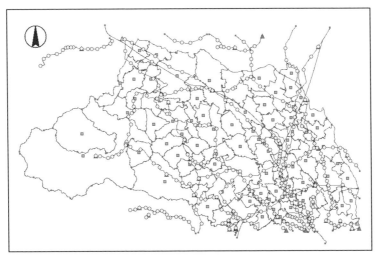

8.2.1 オブジェクトグループと線種

まず，この地図ファイルを構成しているオブジェクトグループとオブジェクト名リスト，線種を確認します。

[設定]>[オブジェクトグループ設定]>[オブジェクトグループ設定]

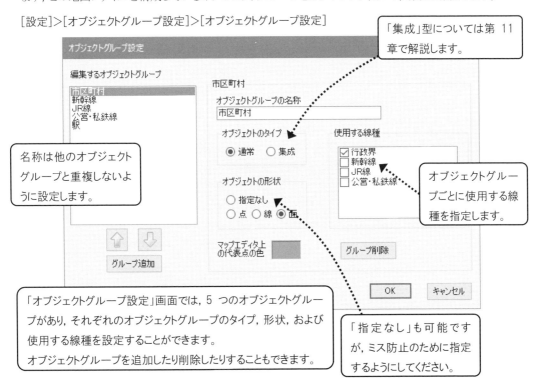

名称は他のオブジェクトグループと重複しないように設定します。

「集成」型については第11章で解説します。

オブジェクトグループごとに使用する線種を指定します。

「オブジェクトグループ設定」画面では，5つのオブジェクトグループがあり，それぞれのオブジェクトグループのタイプ，形状，および使用する線種を設定することができます。
オブジェクトグループを追加したり削除したりすることもできます。

「指定なし」も可能ですが，ミス防止のために指定するようにしてください。

［オブジェクト編集］＞［オブジェクト名編集］

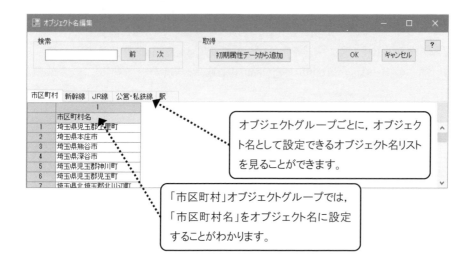

［設定］＞［線種設定］＞［線種設定］

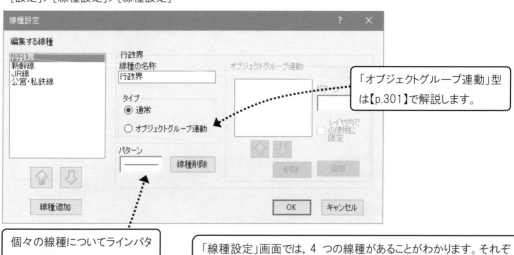

8.2.2 新設鉄道路線の作成－線形状オブジェクト－

まず，地図データには 2005 年に開業した鉄道「つくばエクスプレス」とその駅が含まれていないので，作成します。

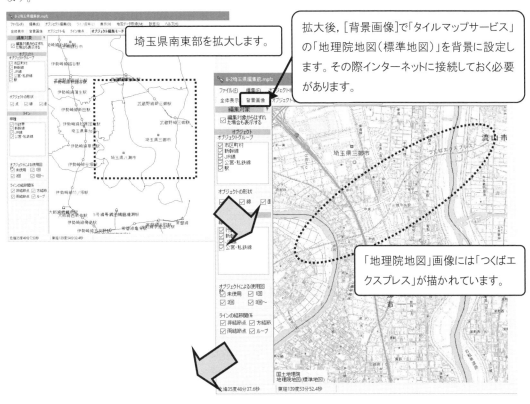

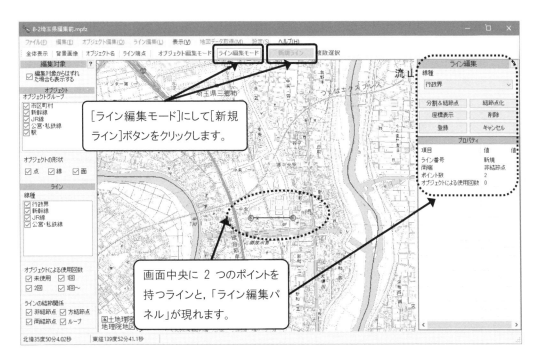

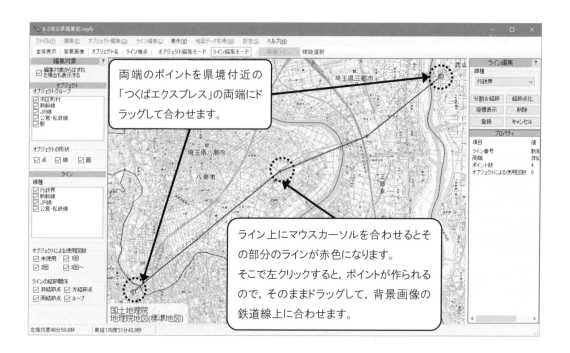

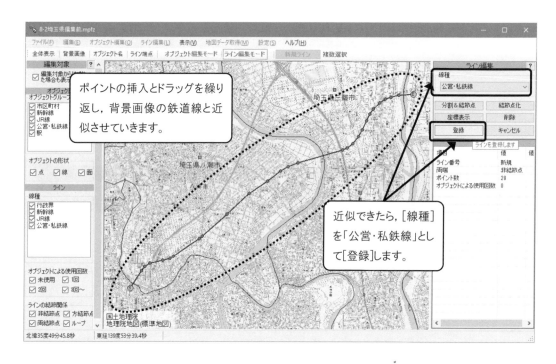

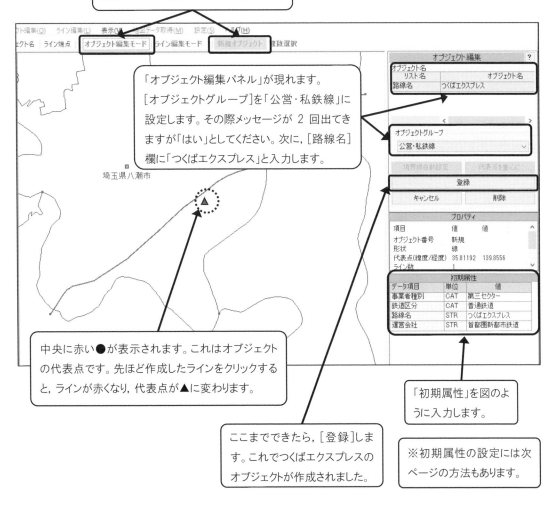

8.2.3 新設駅の作成―点形状オブジェクト―

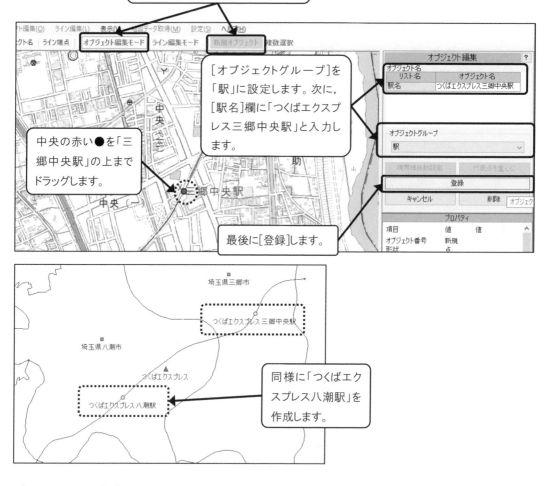

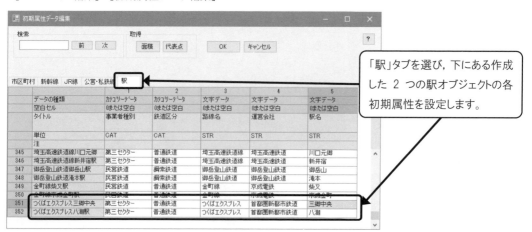

[オブジェクト編集]>[初期属性データ編集]

8.2.4 行政界の変化

2010年3月に埼玉県と群馬県の県境の一部が変更されました。この変更を地図データに反映させます。

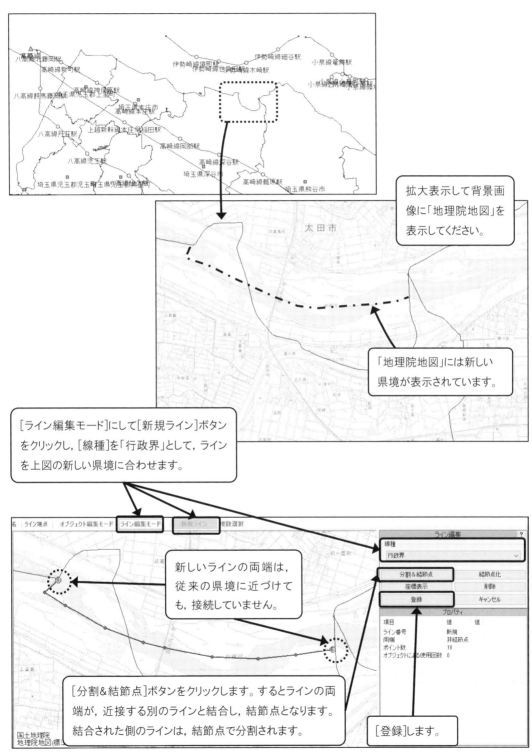

拡大表示して背景画像に「地理院地図」を表示してください。

「地理院地図」には新しい県境が表示されています。

[ライン編集モード]にして[新規ライン]ボタンをクリックし，[線種]を「行政界」として，ラインを上図の新しい県境に合わせます。

新しいラインの両端は，従来の県境に近づけても，接続していません。

[分割&結節点]ボタンをクリックします。するとラインの両端が，近接する別のラインと結合し，結節点となります。結合された側のラインは，結節点で分割されます。

[登録]します。

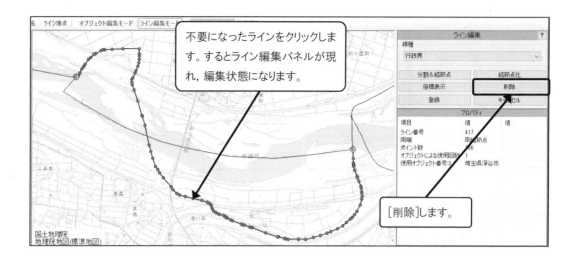

この段階では，作成したラインはオブジェクトと関連づけられていません。

8.2.5 市町村の合併

埼玉県では，地図データの状態以降に，以下のような市町村の合併が行われています。合併に合わせて市町村を修正・削除します。

年月日	合併後	合併前
2006/1/10	本庄市	本庄市, 児玉町
2006/2/1	比企郡ときがわ町	都幾川村, 玉川村
2007/2/13	熊谷市	熊谷市, 江南町
2010/3/23	加須市	加須市, 騎西町, 北川辺町, 大利根町
2010/3/23	久喜市	久喜市, 菖蒲町, 栗橋町, 鷲宮町
2011/10/11	川口市	川口市, 鳩ケ谷市

■編集対象の選択

市町村のみを編集するので，見やすくするために左側パネルを使って，鉄道や駅オブジェクトは編集対象から外します。

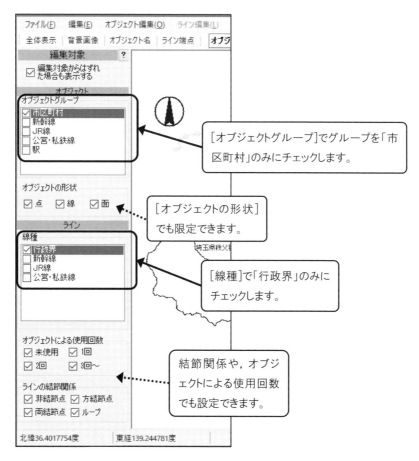

■オブジェクトの検索

オブジェクトの場所がすぐに見つけられない場合，オブジェクト名からオブジェクトを検索してみます。オブジェクト編集モードにして，[オブジェクト編集]＞[オブジェクト名検索]と選びます。

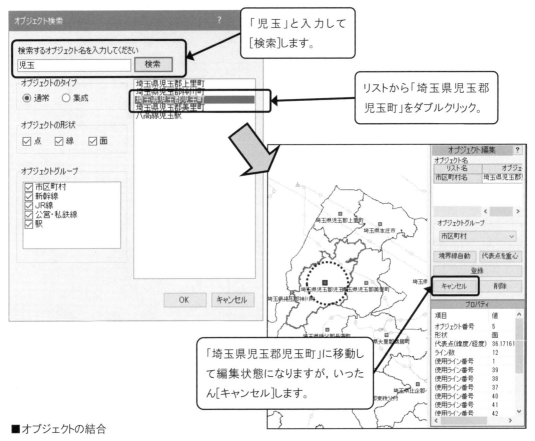

■オブジェクトの結合

位置がわかったところで，複数オブジェクト選択モードにして結合します。

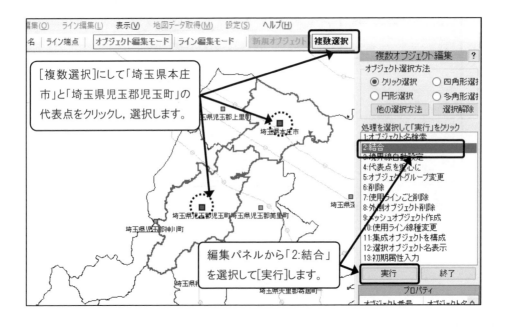

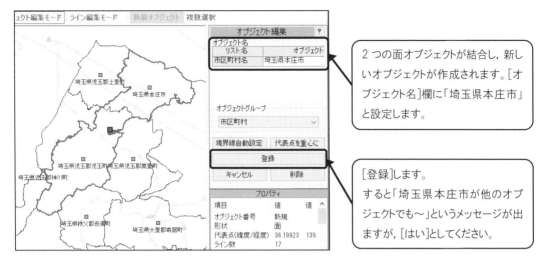

■合併前のオブジェクトの削除

オブジェクトを結合しても，結合前のオブジェクトは残っているので，削除します。

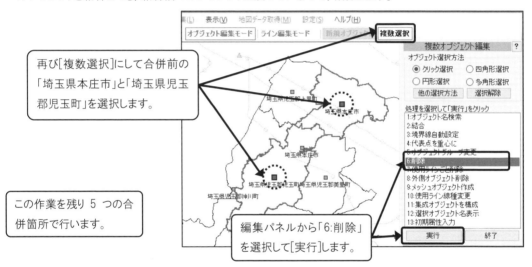

■不要ラインの削除

合併の結果，旧行政界はどのオブジェクトからも参照されなくなり，不要となりました。そのまま残しても問題は生じませんが，ここではまとめて削除することにします。

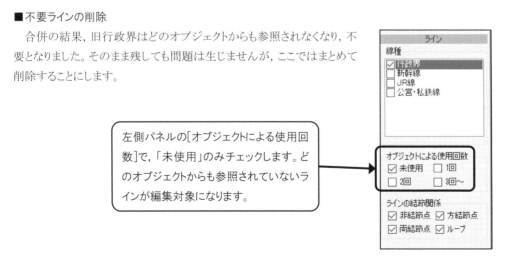

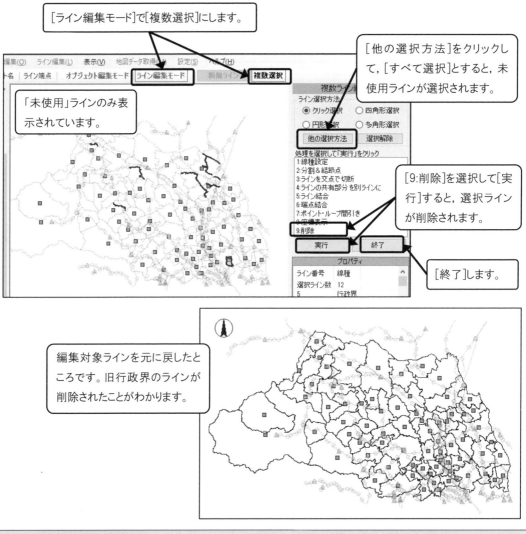

8.2.6 線種の追加と変更

市区町村の境界は線種「行政界」のみなので、県境部分は「県境」という線種に変更してみます。

■線種の設定 ［設定］＞［線種設定］＞［線種設定］

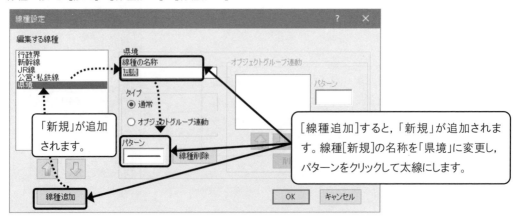

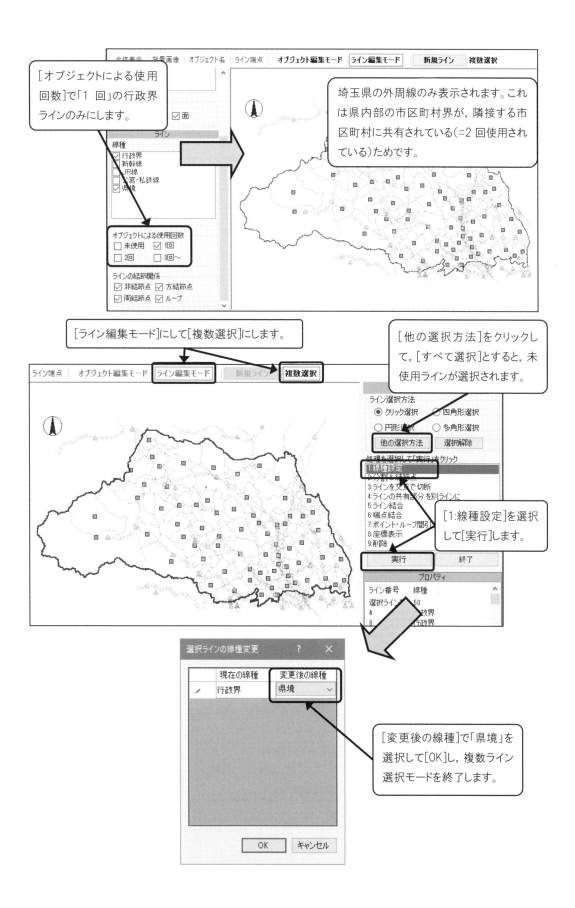

8.2.7 オブジェクトグループと面形状オブジェクトの追加

県全体を1つのオブジェクトにした「埼玉県」オブジェクトを新しいオブジェクトグループとして作成します。

■オブジェクトグループの設定

[設定]>[オブジェクトグループ設定]>[オブジェクトグループ設定]

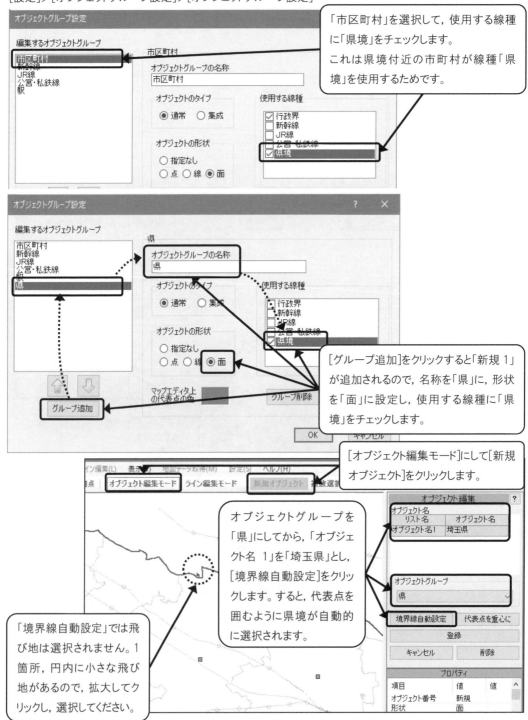

8.2.8 県外の駅・鉄道オブジェクトの削除

編集している地図データには，埼玉県外の鉄道線や駅が含まれています。そこで県外の鉄道線と駅を削除します。

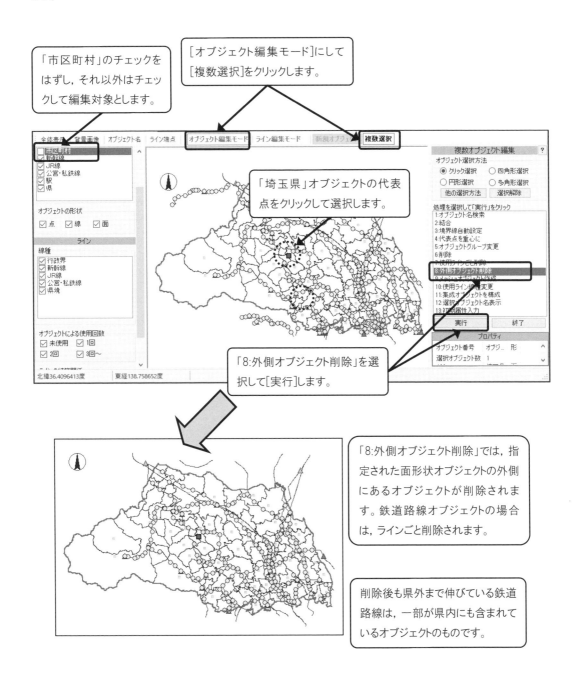

8.2.9 緯度経度による点オブジェクトの追加と初期属性の設定

最後に，点オブジェクトを緯度経度から取得して，初期属性を設定してみます。点データの表示については，第2章のように地点定義レイヤ【p.26】を使うことで地図ファイル中に含まれていなくても可能です。しかし，その場合は常にデータ中に緯度経度を含める必要があります。地図ファイル中に点オブジェクトを作成しておけば，その必要はなくなります。

[第8章]フォルダの「埼玉県宅配ピザ店分布.xlsx」をエクセルで開いてください。

「埼玉県宅配ピザ店分布.xlsx」

店の名称と位置の経度・緯度の情報が入っています。

A2からC110セルまでを選択してコピーしてください。

■点オブジェクトの取り込み
[オブジェクト編集]>[点オブジェクトの取り込み]

「新規オブジェクトグループ」にして「宅配ピザ店」と入力し，[並び順]を「オブジェクト名－経度－緯度」，として[クリップボードから取得]とします。

コピーした内容が表示されます。

確認して[OK]してください。

※取り込むポイントの測地系は地図ファイルと同じにしてください。

点オブジェクトが取り込まれました。オブジェクトグループも同時に作成されています。

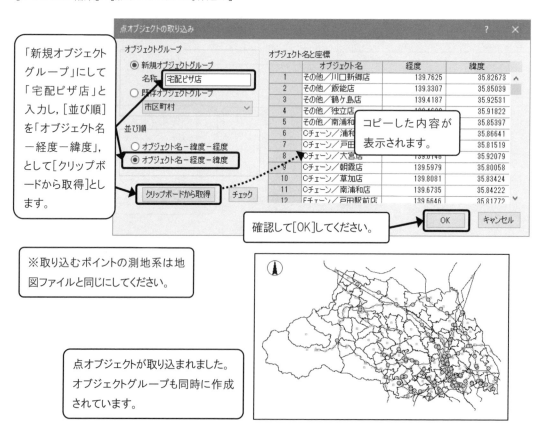

■初期属性の設定

　地図ファイル中のオブジェクトには，オブジェクトグループごとに設定された初期属性を設定することができます。ここではピザチェーン名を初期属性に設定します。

[オブジェクト編集]＞[初期属性データ編集]

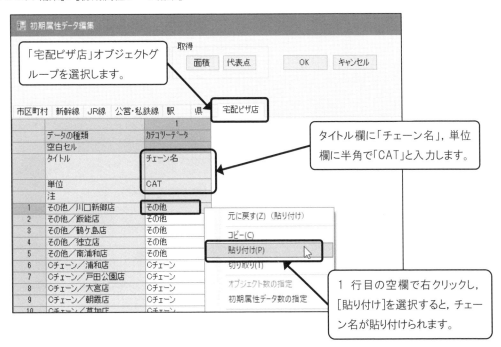

　これで完成です。最後に地図ファイルを別名で保存します。

[ファイル]＞[名前を付けて地図ファイル保存]でファイル名「8-2 埼玉県完成.mpfz」として保存してください。

　地図データが完成したところで，「白地図・初期属性データ表示」機能で地図ファイルを表示してみます【p.14】。レイヤの表示するオブジェクトグループに「宅配ピザ店」を設定し，出力画面で「市区町村」と「JR 線」「公営・私鉄線」をダミーオブジェクトグループ【p.171】に設定してみてください。

8.3 地図編集の実例－中級編－

埼玉県の編集事例に続き，ここでは地図ファイル「8-3 茨城栃木編集前.mpfz」を使って，マップエディタの編集機能をさらに詳しく見ていきます。ここでは，「初級編」の内容ほど使用頻度が高くないものの，知っていると地図データを編集する上で便利な機能を使っていきます。

マップエディタの[ファイル]>[地図ファイルを開く]で「8-3 茨城栃木編集前.mpfz」を読み込んでください。この地図ファイルは，国土数値情報の行政界（茨城県と栃木県）と湖沼データのシェープファイルを使用し，2県の外部の湖沼を削除したもので，ほぼシェープファイルを読み込んだ後の状態です。

ここから行う処理は次のようになります。

①オブジェクトグループと初期属性，線種の確認
②オブジェクト名を市町村名とし，市町村ごとに1つのオブジェクトにする
③市町村の境界線を共有させ，位相構造化する
④県境・海岸線の線種を作成する
⑤湖沼を市町村の行政界に設定する
⑥ラインの精度を下げ，小さなループを削除する
⑦メッシュオブジェクトを作成する

8.3.1 オブジェクトグループと初期属性，線種の確認

最初に，地図ファイルにどのようなデータが含まれているか確認し，名称を設定します。

茨城県と栃木県の市町村，湖沼のオブジェクトが含まれています。

[設定]>[線種設定]>[線種設定]

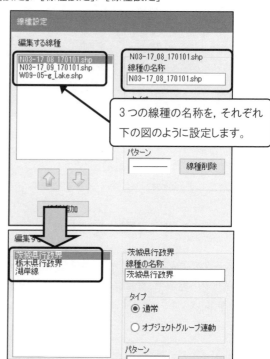

3つの線種の名称を，それぞれ下の図のように設定します。

［設定］＞［オブジェクトグループ設定］＞［オブジェクトグループ設定］

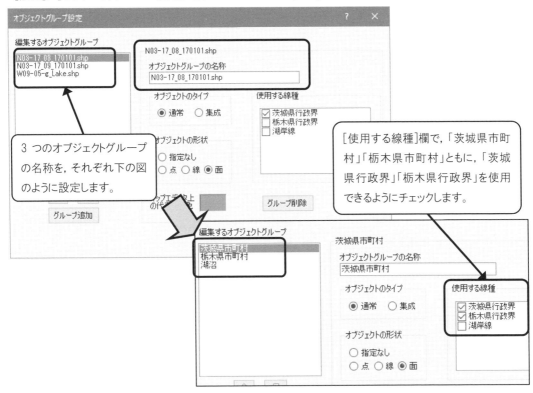

［オブジェクト編集］＞［初期属性データ編集］

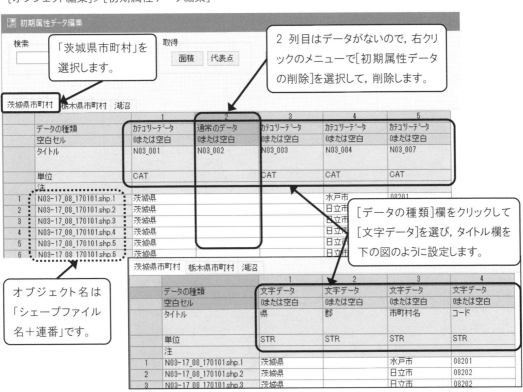

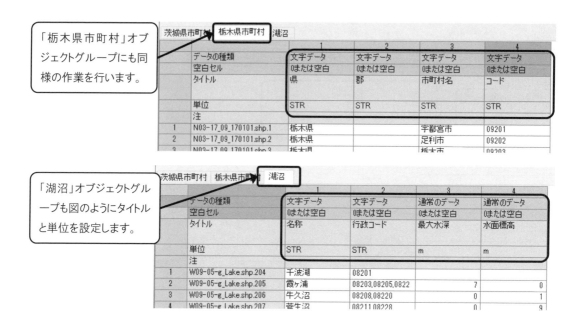

8.3.2 オブジェクト名を市町村名とし，市町村ごとに1つのオブジェクトにする

先に見たように，各オブジェクトのオブジェクト名は「シェープファイル名＋連番」になっています。そこで，わかりやすいようにオブジェクト名を市町村名，湖沼名に変更します。

［オブジェクト編集］＞［オブジェクト名編集］

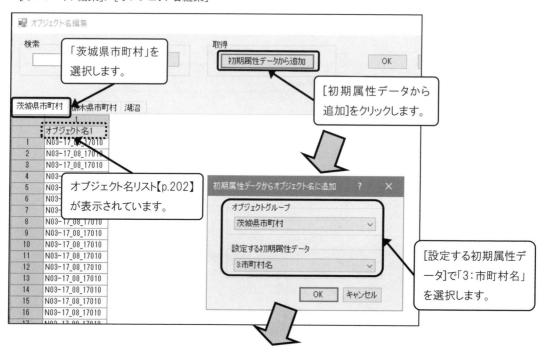

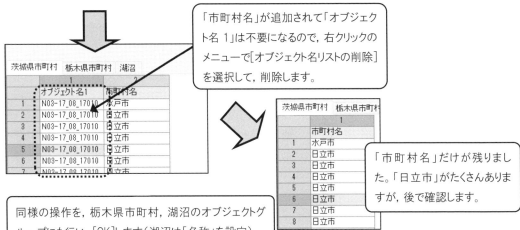

「市町村名」が追加されて「オブジェクト名1」は不要になるので，右クリックのメニューで[オブジェクト名リストの削除]を選択して，削除します。

「市町村名」だけが残りました。「日立市」がたくさんありますが，後で確認します。

同様の操作を，栃木県市町村，湖沼のオブジェクトグループにも行い，[OK]します（湖沼は「名称」を設定）。

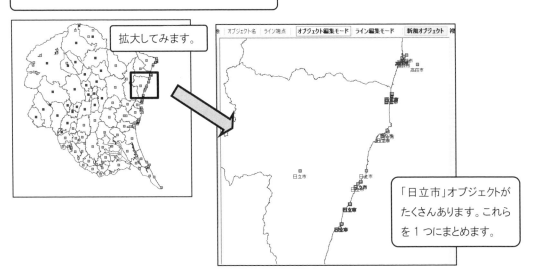

拡大してみます。

「日立市」オブジェクトがたくさんあります。これらを1つにまとめます。

[オブジェクト編集]>[同一オブジェクト名のオブジェクトを結合]

結合されたオブジェクトの一覧が表示されます。

結合されたことがわかります。

※結合前のオブジェクトは削除されます。
※初期属性がある場合，データの種類が「数値」であれば，結合前のオブジェクトの数値を加算した値になります。「カテゴリー」または「文字」の場合は，カテゴリー・文字の種類ごとに"/"で区切って付加されます。

8.3.3 市町村の境界線を共有させ，位相構造化する

　国土数値情報などのシェープファイルを MANDARA で取り込んだ場合，オブジェクトの境界は 1 本のループとなっており，隣接するオブジェクト間では，同じ座標のラインが重なった状態になっています。これを位相構造化して，隣接する市町村の境界を共有します。

　位相構造化することによって，次のような利点があります。①ラインの座標の数が半分ですむ，②隣接するオブジェクトが同じラインを共有することで，境界線の座標を変更する場合に 1 つのラインの座標を変更するだけですむ，③ラインの共有から隣接するオブジェクトがすぐに判別できる，④出力画面で，面形状オブジェクト階級区分オブジェクト間の境界線設定ができる【p.182】。

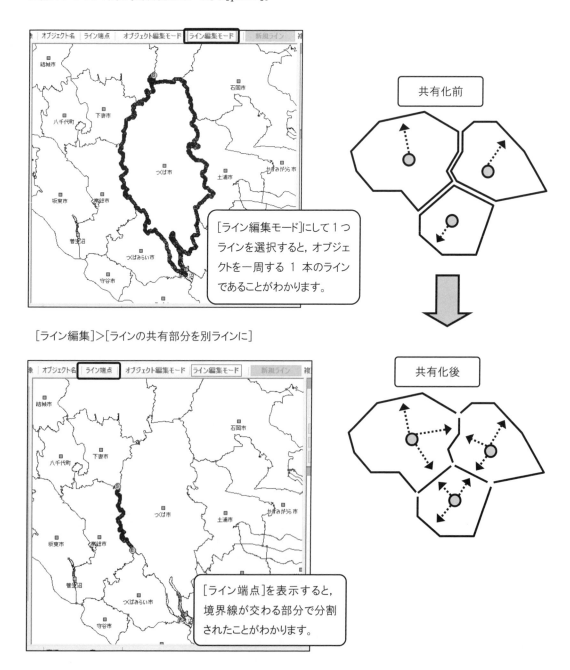

[ライン編集]＞[ラインの共有部分を別ラインに]

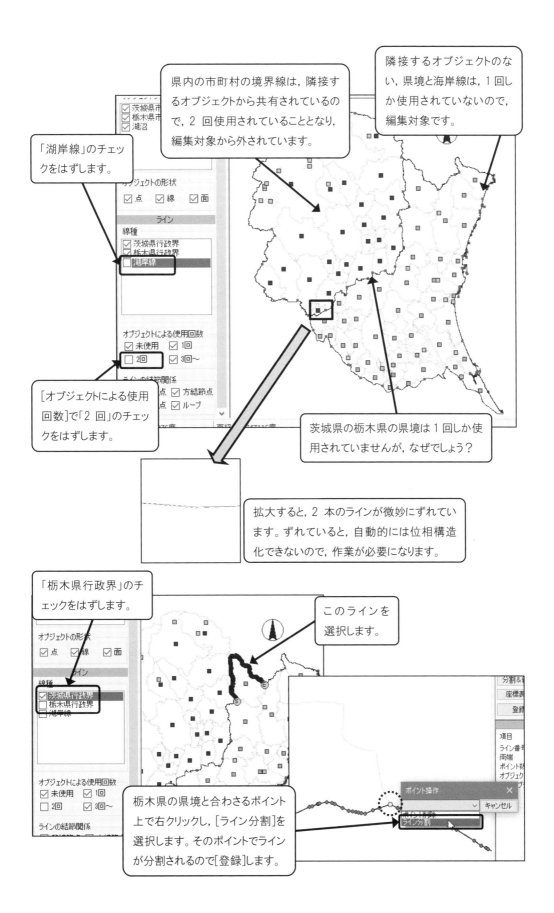

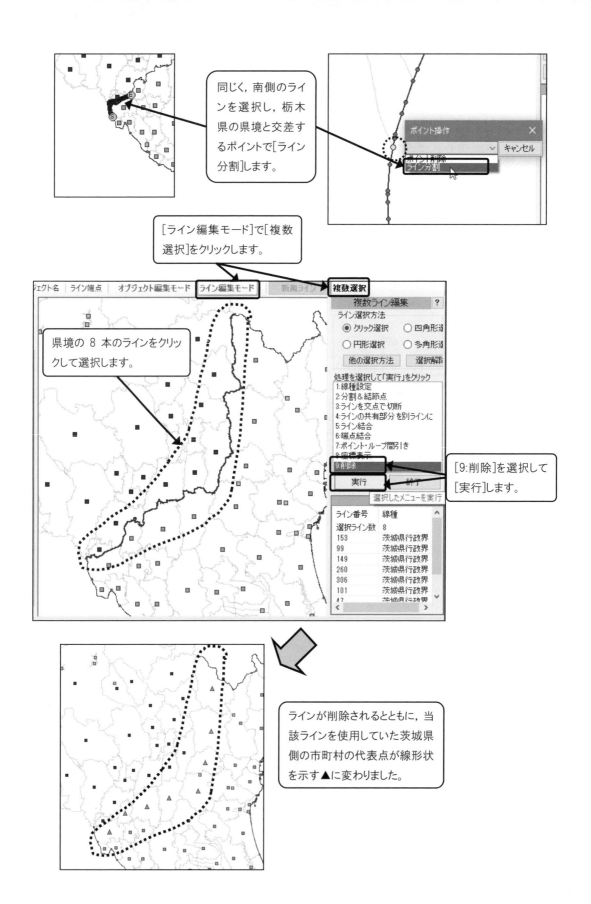

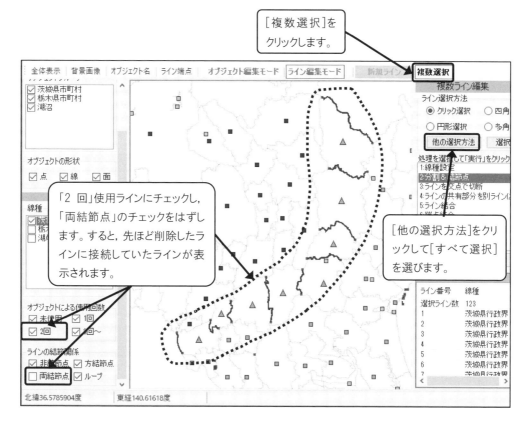

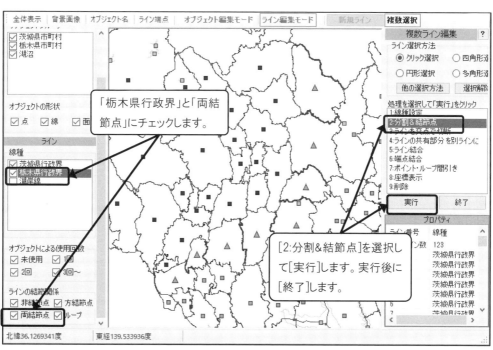

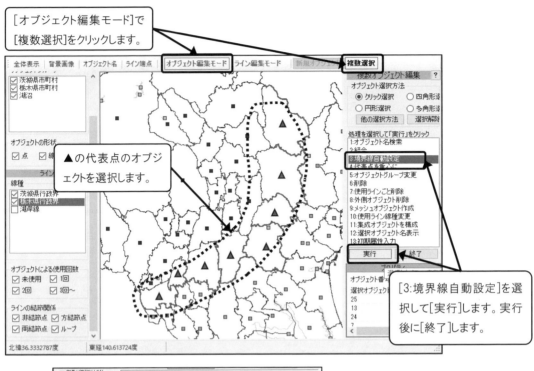

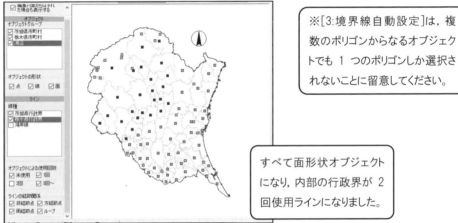

アルゴリズム：境界線自動設定

　MANDARA の「境界線自動設定」機能では，代表点を取り囲むようにラインが選択されます。このアルゴリズムを紹介します。下の図で，A 点を囲むラインを選びます。人間が目で見れば，②③⑤のラインが A 点を囲むラインであることは一目瞭然です。しかしコンピュータでは，「一目瞭然」とはいかないので，数字で根拠を示してラインを選択していく必要があります。

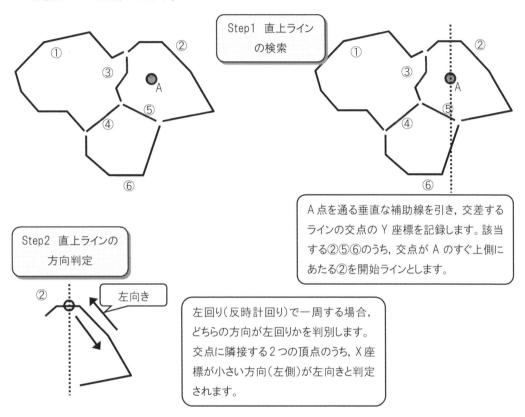

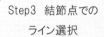

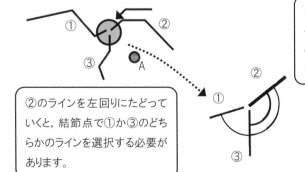

8.3.4 県境・海岸線の線種を作成

ここまでは市町村の境界となるラインは「行政界」のみでしたが，これを海岸線と県境，市町村界に分けてみます。線種を分けることで，それぞれを異なるラインパターンで表示することができます。

[設定]>[線種設定]>[線種設定]

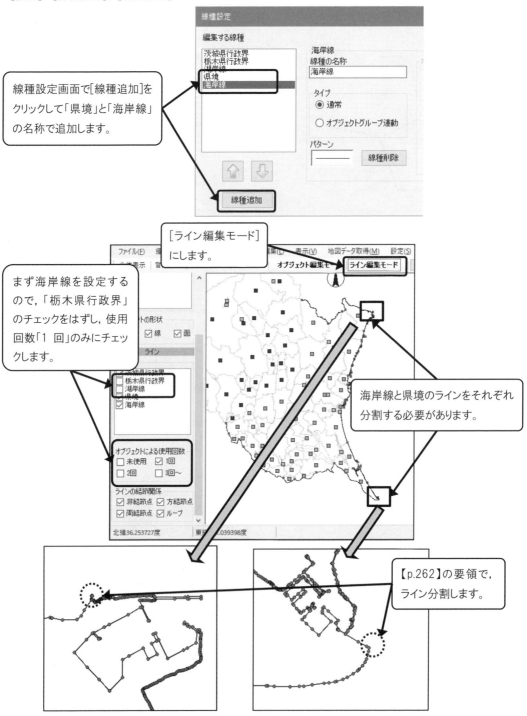

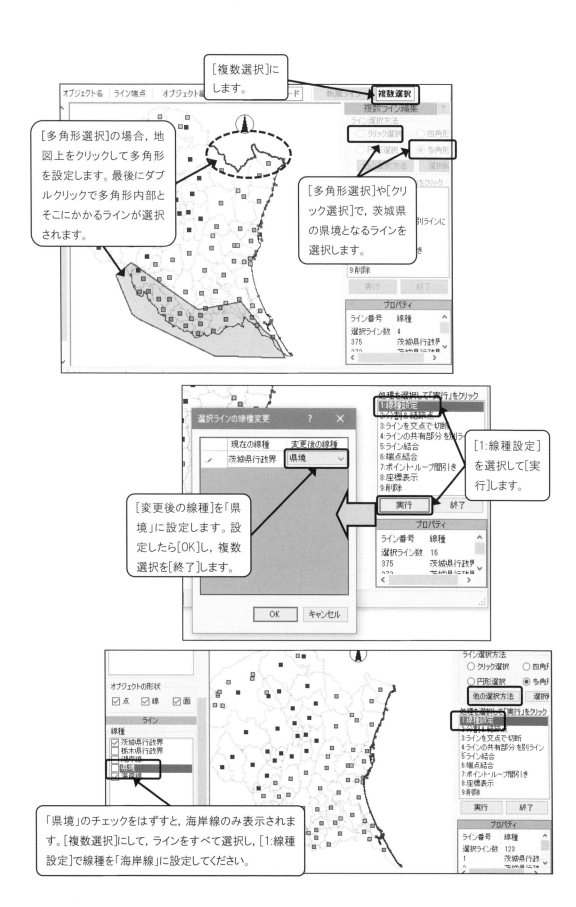

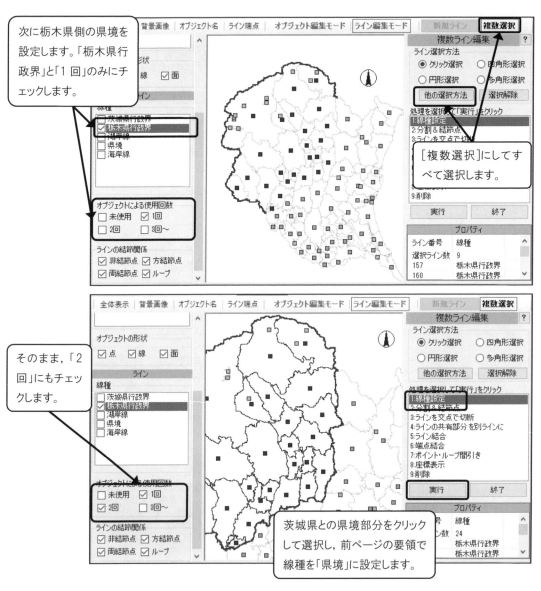
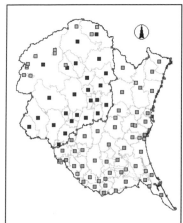

県境と海岸線が設定できました。

「茨城県行政界」と「栃木県行政界」をまとめて，「市町村界」の線種とします。また，オブジェクトグループも「茨城県市町村」と「栃木県市町村」をまとめて「市町村」にします。

[設定]>[線種設定]>[線種統合]

2つの線種をチェックし，[統合後の名称]を「市町村界」とします。

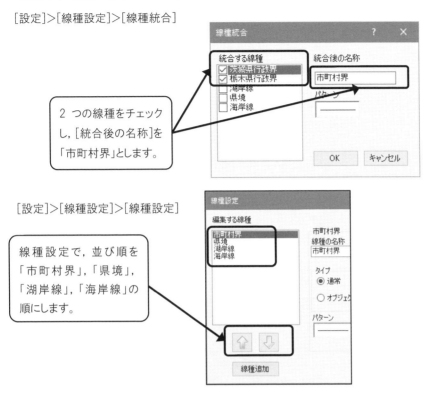

[設定]>[線種設定]>[線種設定]

線種設定で，並び順を「市町村界」，「県境」，「湖岸線」，「海岸線」の順にします。

[設定]>[オブジェクトグループ設定]>[オブジェクトグループ統合]

2つのオブジェクトグループをチェックし，[統合後の名称]を「市町村」とします。

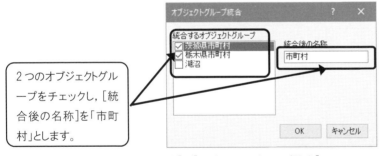

[設定]>[オブジェクトグループ設定]>[オブジェクトグループ設定]

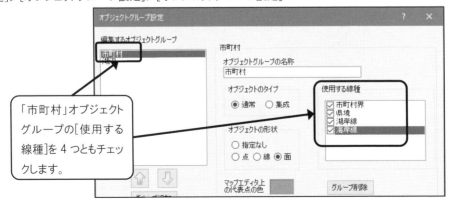

「市町村」オブジェクトグループの[使用する線種]を4つともチェックします。

8.3.5 湖沼を市町村の行政界に設定する

　茨城県には，霞ヶ浦，北浦，涸沼といった複数の行政区画にまたがる湖沼があります。国土数値情報の行政界データでは，湖岸線は無視されていますが，ここでは湖岸線を行政界と同様に扱って，オブジェクトの境界に設定します。

　ただし，データには小さな湖沼も含まれているので，まず小さな湖沼を削除します。

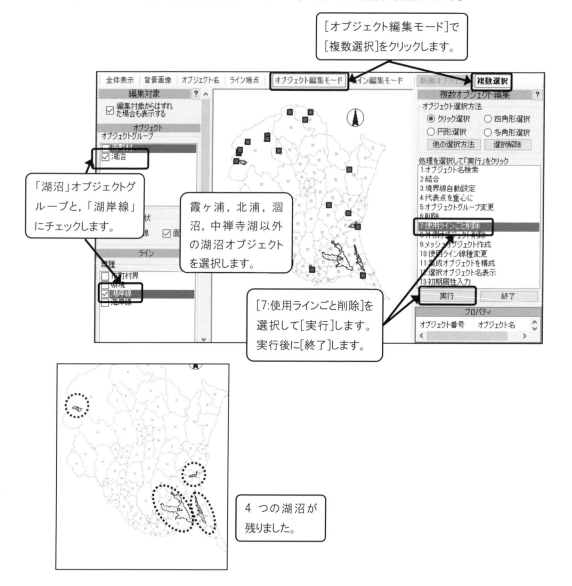

次に、「霞ヶ浦」「北浦」「涸沼」の湖沼を含む市町村について、湖岸線をオブジェクトの外周線に設定します。

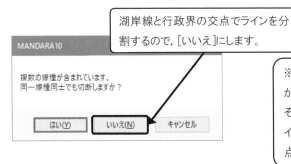

湖岸線と市町村界の交差する箇所には赤点がないので、2つのラインは結節関係をもたないことがわかります。まずラインを交点で切断します。

「行方市」の境界線は霞ヶ浦の中心になっています。

[ライン編集]＞[ラインを交点で切断]

湖岸線と行政界の交点でラインを分割するので、[いいえ]にします。

※メニューから実行すると、編集対象ライン全体が切断対象となり、時間がかかることがあります。そうした場合は「複数ライン選択」にして必要なラインのみを選択して、編集パネルから[ラインを交点で切断]を実行してください。

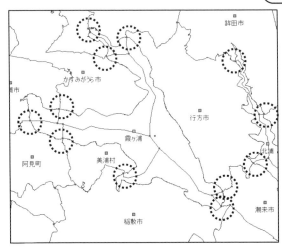

湖岸線と市町村界の交差する箇所に赤点ができたので、ラインが分割されたことがわかります。

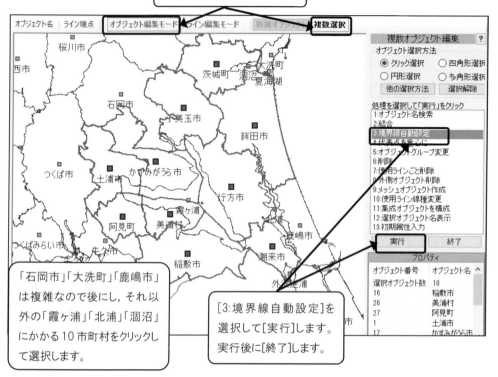

不要になった湖沼内の市町村界を削除します。

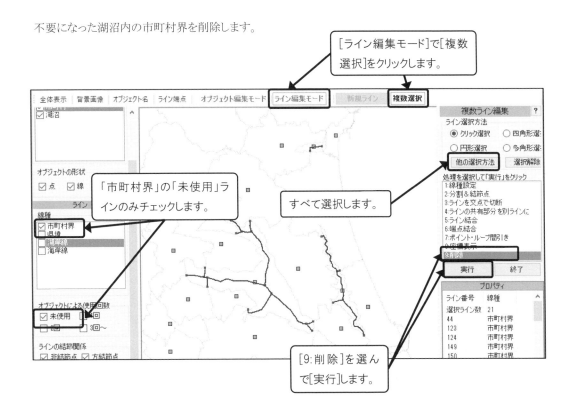

8.3.6 ラインの精度を下げる，小さなループを削除する

　国土数値情報は，市区町村の行政界や海岸線であってもかなり高精度の情報を持っています。しかし拡大すると，次の図のように，県全体を表示する際にはここまで詳細でなくてもよいと感じられる箇所も見られます。詳細なデータほどよいと思うかもしれませんが，次のような問題点があります。
- ポイントが多いため，ファイルサイズが大きくなり，メモリを消費する。
- ポイントが多いため，塗りつぶしなどの描画に時間がかかる。
- ラインに細かな屈曲が多いため，描画時に線が太く見える。

こうしたことから，表示する空間スケールに応じて解像度を検討する必要があります。

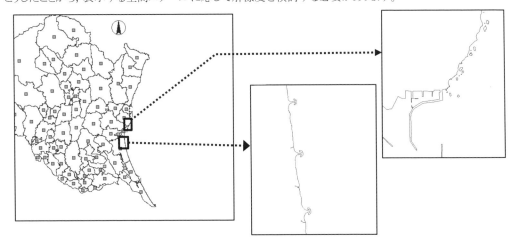

[ライン編集]＞[ポイント・ループ間引き]

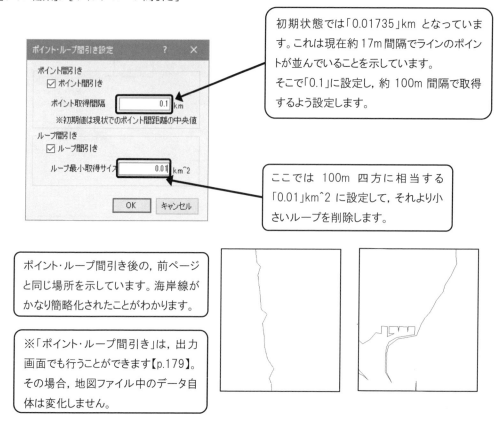

8.3.7 メッシュオブジェクトの作成

メッシュについては，第 2 章のメッシュレイヤで解説しているように【p.29】，属性データでメッシュコードを指定して表示することができます。しかし，その場合はメッシュ間で位相構造化されておらず，隣接するメッシュ間でメッシュ枠は共有されていません。位相構造化されたメッシュを作成する場合は，地図ファイル中にマップエディタでメッシュオブジェクトを作成します。ここでは，よく使われる 3 次メッシュを作成してみます。

[編集]＞[オブジェクト編集]＞[メッシュオブジェクトの作成]

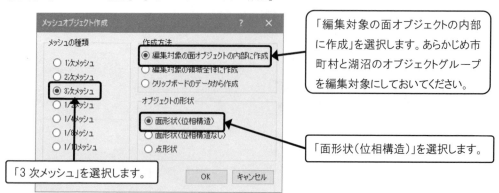

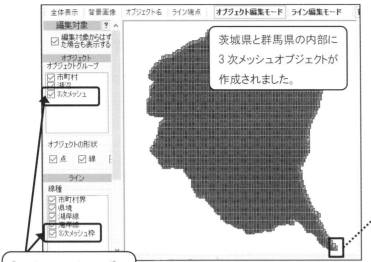

拡大すると，四角い枠と代表点がわかります。
オブジェクト名には，メッシュコードが設定され，3次メッシュの場合は8桁の数字です。

茨城県と群馬県の内部に3次メッシュオブジェクトが作成されました。

[オブジェクトグループ]に「3次メッシュ」，[線種]に「3次メッシュ枠」が追加されています。

これで地図ファイルの編集は終了です。[ファイル]＞[名前をつけて地図ファイル保存]で，「8-3 茨城栃木編集済.mpfz」で保存してください。

メッシュオブジェクトに属性データをつけて表示する方法は，通常の地図ファイルのオブジェクトを地図化する場合と同じで，「メッシュレイヤ」の設定をおこなう必要はありません。[第8章]フォルダにある「茨城栃木3次メッシュ土地利用.csv」をExcelで開いてみます。

「茨城栃木3次メッシュ土地利用.csv」

	A	B	C	D	E
1	MAP	8-3茨城栃木編集済			
2	COMMENT	国土数値情報の2006年土地利用データ			
3	DUMMY_GROUP	市町村			
4	TITLE	最大土地利	最大土地利	メッシュ面積	田
5	UNIT	CAT	m²	m²	m²
6	53404685	河川地及び	689502	1044700	0
7	53404686	河川地及び	741736	1044699	0
8	53404687	河川地及び	595478	1044698	0
9	53404688	建物用地	804417	1044698	0
10	53404694	河川地及び	898351	1044594	0

メッシュレイヤ【p.29】の場合と異なり，メッシュであることの設定は必要ありません。

3次メッシュのオブジェクト名は8桁の数字です。

上記CSVファイルを読み込んで出力画面に表示したものです。

第 9 章 時空間モード地図ファイルの作成

9.1 時間情報の必要性

　現在さまざまな統計が市区町村単位で集計され，MANDARA などの GIS を利用すれば容易に地図化することができます。しかし過去の統計データを表示する場合はどうでしょうか。古い統計書を見ると，名称だけでは場所すらわからない市町村が出てきます。そうした場合は地名辞典などを参照して，市町村の変遷を調べなければなりません。変遷がわかったとしても，使用している GIS に当時の境界線を含む地図データが含まれていなければ地図化できません。

　「平成の大合併」により，2000 年代には市町村の行政界は激しく変化しました。GIS を使って市区町村別の統計地図を作成するにも，統計データの時期に対応した行政界地図データを用意する必要があり，特に時系列的に比較したい場合は困難となります。もし合併の期日に対応した地図データを個別に作成したとすると，2000 年代だけでも大量の，少しずつ異なる地図データを管理する必要があります。

　こうした問題の解決策の一つとして，地図データの各要素に時間情報を付与してオブジェクトの変化を記述することがあげられます。こうした機能を持つ GIS は「時空間 GIS」と呼ばれます。第 1 章や第 2 章で紹介した地図ファイル「日本市町村緯度経度.mpfz」を使うと，地図データに時間データをつけて任意の年月日で地図を表示し，属性データを付与することができます。さらに「時系列集計機能」【p.134】を用いれば，複数の期間で統一した空間単位で属性データを集計することができます（谷 2002, 2004）。

　このような地図ファイルを MANADRA では「時空間モード地図ファイル」と呼んでおり，付属の時空間モード地図ファイルを使用して統計データを地図化するだけでなく，ユーザ自身で時空間モード地図ファイルを作成・編集することができます。

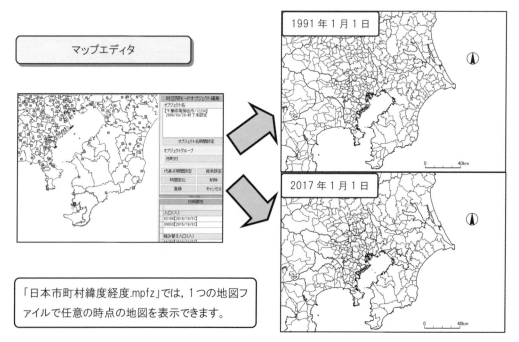

「日本市町村緯度経度.mpfz」では，1 つの地図ファイルで任意の時点の地図を表示できます。

9.2 時間情報を付与する要素

MANDARA の地図ファイルで保持できる時間情報は，年月日までで，時・分・秒は含まれません。年は西暦が基準で，閏年への対応を行っています。時間情報には，開始時期〜終了時期の組み合わせ情報と，特定のイベントの際の単独時期の情報があります。開始時期〜終了時期は，片方または両方を未設定にすることができます。未設定の場合は無限大に延長されます。

9.2.1 時間属性を付与できる要素

MANDARA では，地図データの次の要素に時間属性を付与することができます。MANDARA の地図データの要素の多くに時間属性を付与することができますが，オブジェクトグループと線種には時間属性をつけることはできません。また，1つのオブジェクトが属するオブジェクトグループを変化させることはできません。

要素	備考
オブジェクト名	オブジェクト名への期間設定は最も重要で，期間設定から外れている時期は，当該オブジェクトが存在していないものと見なされます。 オブジェクト名に期間を設定する際には，1つのオブジェクトに対して時期によって異なるオブジェクト名をつけることができます。たとえば，村が町になった場合は，オブジェクトの形状は変化せず，オブジェクト名だけが変化します。異なるオブジェクト同士では同じオブジェクト名をつけることはできませんが，時期がずれていれば可能です。
オブジェクトの使用するライン	オブジェクトの領域が変化した際に，旧来の外周ラインの一部は参照の必要がなくなり，新しい外周ラインを参照する必要があります。その場合，必要のなくなったラインに対しては参照の終了時期を設定し，新たに参照するようになったラインへは参照の開始時期を設定します。
オブジェクトの代表点	点形状オブジェクトで，その位置が移動した場合は，代表点に期間を設定して動かすことができます。面形状オブジェクトでは，その代表点を役所所在地など意味のある位置にしている場合，役所の位置の変化に応じて代表点にも時期を設定して移動させることができます。
ライン	海岸線が埋め立てられた場合，旧来の海岸線は存在しなくなり，新しい海岸線が現れます。この場合は，それぞれに終了時期と開始時期を設定してラインの消滅と生成を設定します。また，「市町村界」だったラインが「区界」へと線種が変化することもあります。この場合は時期設定して線種を変化させます。 ※MANDARA では，オブジェクトで使用されていない限り，出力画面にラインは表示されません。そのため，ラインに時間設定をしなくとも，「オブジェクトの使用するライン」の時間設定だけで済ますこともできます。
オブジェクトの継承	オブジェクト同士の合併，別のオブジェクトへ編入，および2つに分離するようなケースで，継承先オブジェクトとその時期を設定します。継承先を設定しない場合，属性データの時系列集計機能【p.134】を正しく利用することはできません。
初期属性データ	初期属性にも時間要素を設定できます。この場合，「時点データ」と「期間データ」があります。時点設定としては，たとえば毎年の12月末日の人口数などが該当します。期間設定は，たとえば市役所所在地の住所の変遷などがあげられます。

9.2.2 オブジェクト名の期間設定

町が市になってオブジェクト名が変更になった場合に設定します。地図ファイル「日本市町村緯度経度.mpfz」をマップエディタに読み込んで見てみます。

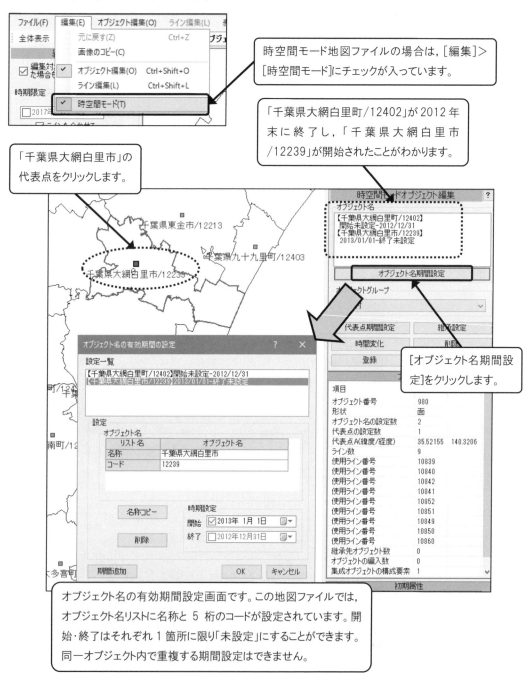

9.2.3 オブジェクトの使用するラインの期間設定とオブジェクトの継承設定

オブジェクトが参照しているラインについて，その参照期間を設定します。これにより，市町村が拡大したり，縮小したりする変化を表現できます。ここでは，2005年に埼玉県名栗村を編入した埼玉県飯能市を例として，市町村の編入合併の際の設定を見てみます。

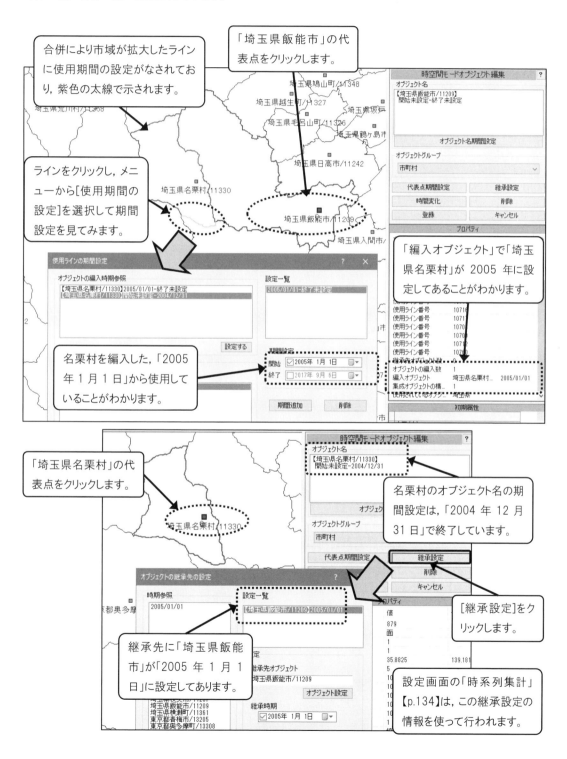

9.2.4 代表点とラインの期間設定

代表点は出力画面で記号表示位置とラベル表示位置に使用されますが，代表点の位置の移動も期間を設定して記録することができます。また，埋め立てで海岸線が変わったり，線路が移設された場合など，ラインにも期間を設定できます。ここでは，地図ファイル「日本鉄道緯度経度.mpfz」を使ってみます。

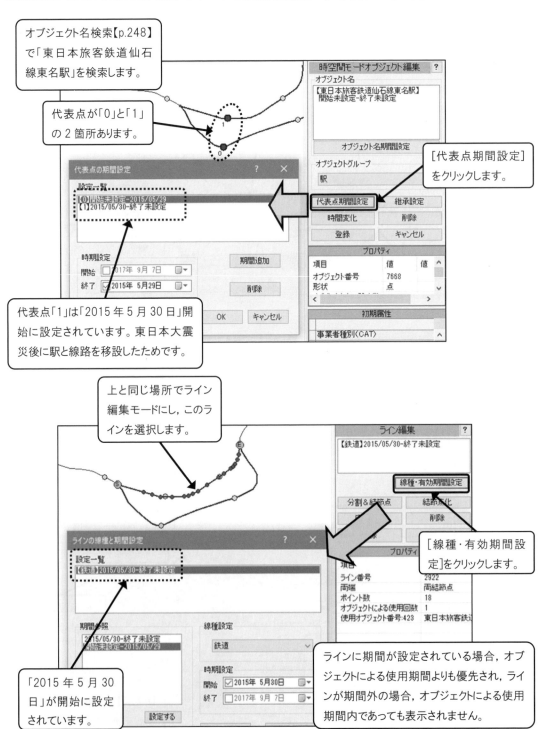

9.2.5 初期属性の期間設定

オブジェクトの名称や形状が変化するのと同様，その属性も変化していきます。そのため，地図ファイル中に記録する「初期属性」についても，時間情報を設定できます。地図ファイル「日本市町村緯度経度.mpfz」を使って見てみます。

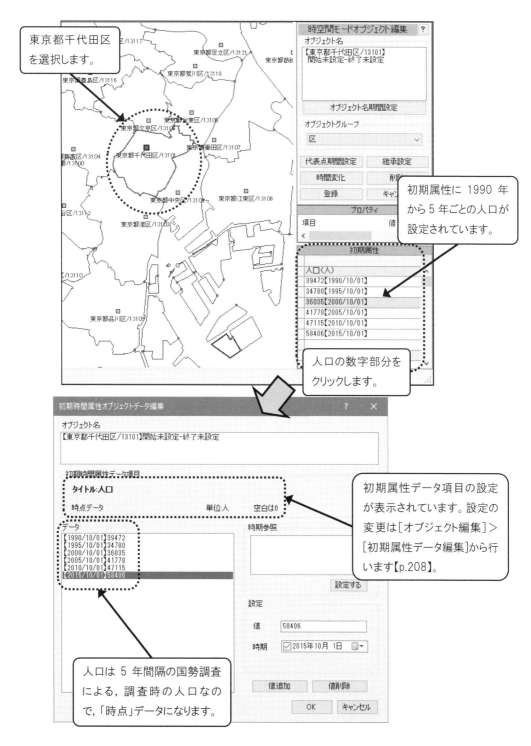

9.3 時空間モード地図ファイルの作成例

ここでは地図ファイル「9-3 埼玉県編集前.mpfz」を加工して時空間モード地図ファイルを作成してみます。この地図ファイルは，2000年時点の国土数値情報の行政界データを一部修正したものです。埼玉県では，2000年から2005年10月にかけて，以下のような市区町村の変化がありました。これらの変化を記録していきます。

年月日	変更種別	変更後	変更前
2001年5月1日	新設	さいたま市	浦和市, 大宮市, 与野市
	町制	川里町	川里村
2002年4月1日	町制	大里町	大里村
2003年4月1日	政令指定都市	さいたま市 西区, 北区, 大宮区, 見沼区, 中央区, 桜区, 浦和区, 南区, 緑区設置	
2005年1月1日	編入	飯能市	飯能市, 名栗村
2005年4月1日	編入	さいたま市, 岩槻区設置	さいたま市, 岩槻市
	新設	秩父市	秩父市, 吉田町, 大滝村, 荒川村
2005年10月1日	新設	熊谷市	熊谷市, 妻沼町
	新設	ふじみ野市	上福岡市, 大井町
	新設	春日部市	春日部市, 庄和町
	編入	小鹿野町	両神村
	編入	鴻巣市	川里町, 吹上町

9.3.1 オブジェクトグループ連動型線種

地図ファイル「9-3 埼玉県編集前.mpfz」をマップエディタに読み込んだら，[設定]>[オブジェクトグループ設定]>[オブジェクトグループ設定]でオブジェクトグループを見てください。

最初に地図ファイル中に存在するオブジェクトは，「県」グループの「埼玉県」オブジェクト，「市町村」グループの各市町村オブジェクトです。2000年時点では，「政令指定都市」「区」オブジェクトは存在しません。

各オブジェクトグループが使用するラインが「行政界」になっているように，線種は「行政界」しか作られていません。この状態から，県界，政令指定都市界，区界を作成するとします。当初の状態では，【p.250】で行ったように県界を設定できますが，時間設定を行うと，市町村界から政令指定都市界，区界への変化を設定する必要があります。これはかなり煩雑な設定です。

ここで，行政界の性質を考えてみると，各行政界の線種は参照しているオブジェクトグループによって決定されることがわかります。すなわち県オブジェクトに使用されている行政界が県界，政令指定都市に使用されている行政界が政令指定都市界，市町村に使用されている行政界が市町村界，区に使用されている行政界が区界となります。もちろん，県界は市町村界と共通ですが，より上位の階層の行政領域である県が優先されて県界とされます。この性質をMANDARAで採用したものが「オブジェクトグループ連動型線種」です。

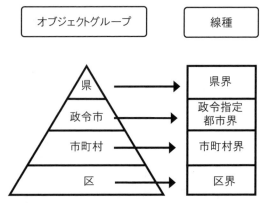

[設定]>[線種設定]>[線種設定]

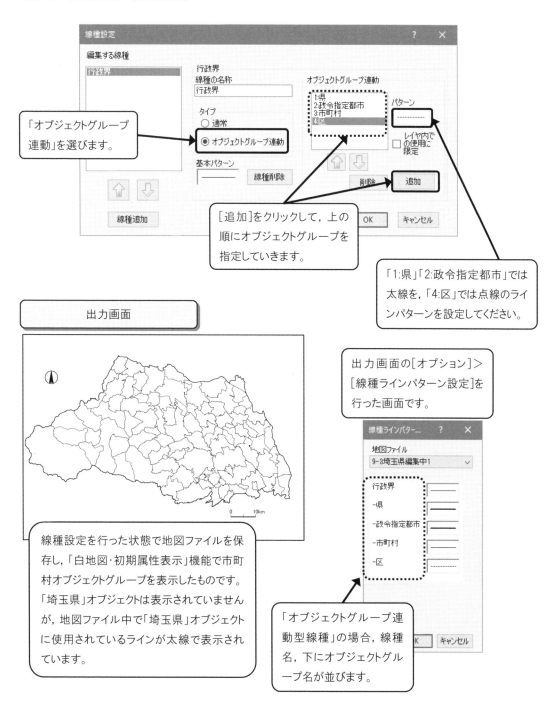

　この「オブジェクトグループ連動型線種」を使用すると，ほとんどの線種の設定は不要になり，オブジェクトの設定に専念できます。地図ファイル「日本市町村緯度経度.mpfz」でも「オブジェクトグループ連動型線種」を使用しています。

9.3.2 オブジェクト名への期間設定

それでは時間属性の設定を行います。まず設定の簡単なオブジェクト名への期間設定を行ってみます。オブジェクト名の変更だけですむものは，2001年5月1日の「川里村」→「川里町」と，2002年4月1日の「大里村」→「大里町」の2つです。

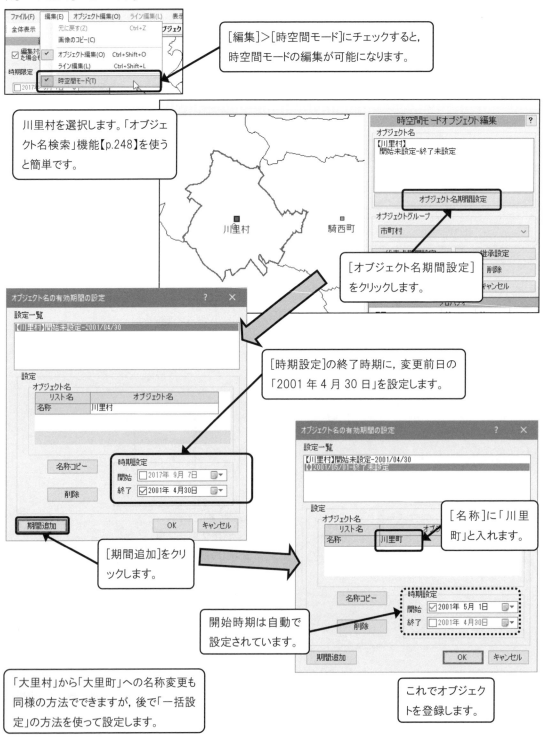

9.3.3 オブジェクトの編入と新設合併

次はオブジェクトの編入・新設合併です。編入では2005年1月1日の飯能市・名栗村→飯能市を例に取り上げます。また、新設合併では、2001年5月1日の浦和市・大宮市・与野市→さいたま市を取り上げます。

■編入合併

編入合併では、編入された側のオブジェクトは期間終了となり、編入先のオブジェクトは継続します。

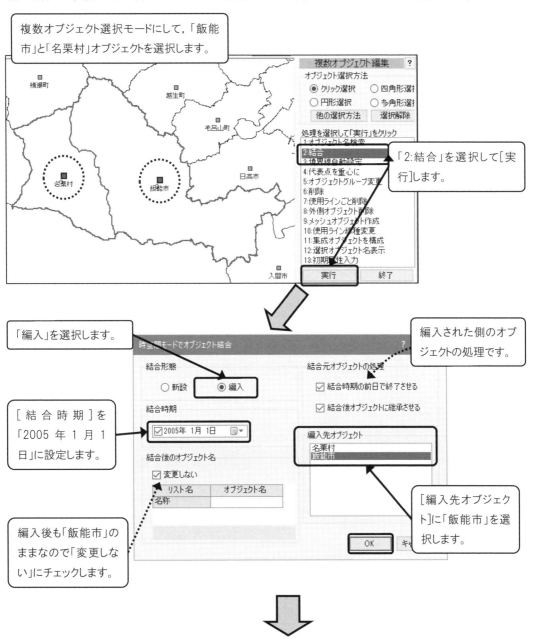

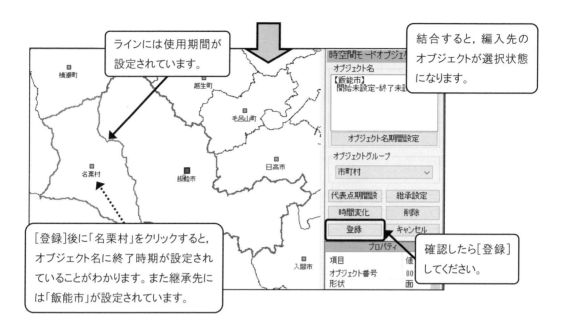

■新設合併

新設合併では，合併前のオブジェクトはすべて期間終了となり，新しいオブジェクトに継承設定されます。

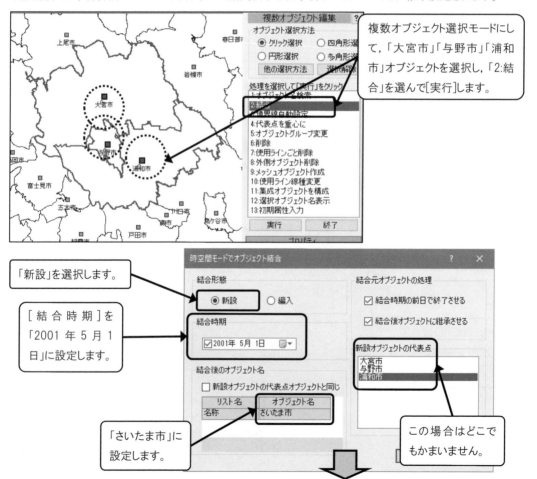

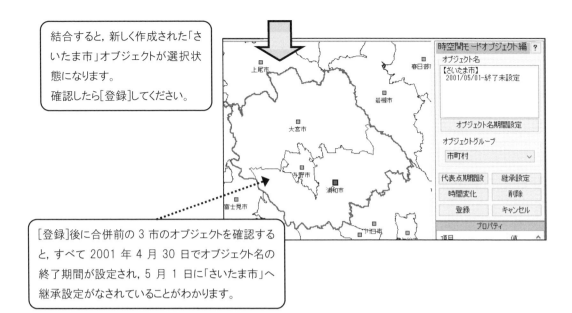

結合すると，新しく作成された「さいたま市」オブジェクトが選択状態になります。
確認したら[登録]してください。

[登録]後に合併前の3市のオブジェクトを確認すると，すべて2001年4月30日でオブジェクト名の終了期間が設定され，5月1日に「さいたま市」へ継承設定がなされていることがわかります。

他の編入・合併オブジェクトの設定については，後の「一括設定」で行います。

9.3.4 区オブジェクトの作成

次に，2003年4月1日に「さいたま市」が政令指定都市となり，西区・北区・大宮区・見沼区・中央区・桜区・浦和区・南区・緑区の9区が設置された変化を設定します。この変化には新しく区界に相当するラインが必要です。[第9章]フォルダの「追加区界とオブジェクト.xlsx」にラインの座標と区オブジェクトの代表点の座標が入っているので，Excelで開いてください。

※本当に新規の変化であれば，緯度経度の座標データが存在しないかもしれません。その場合は【p.245】のように地理院地図等を背景にして，ユーザ自身でラインのポイントを設定してください。

追加区界とオブジェクト.xlsx

A, B列は追加する行政界の座標です。
D, E, F列は区オブジェクトの名称と代表点の座標です。

9本のラインの緯度経度が並んでおり，ラインの区切りには空白行が入っています。
まず，A1からB785のセルを選択してコピーします。

■ラインの追加

「ライン編集モード」にして,「ラインの取り込み」機能【p.212】で A, B 列の緯度・経度をまとめて取り込んでください。その際の線種は「既存線種」で「行政界」とします。

区界となる 9 本のラインが取り込まれ,追加されます。

■ラインの結節点化

取り込まれたラインは,既存の行政界と結節点で結合していません。【p.262】を参考に,「複数ライン編集モード」にして追加された 9 本のラインを選択し,[2:分割&結節点]を行って結節点化してください。

■区オブジェクトの代表点の取り込み

区オブジェクトの代表点を取り込みます。【p.254】を参考に,Excel 上のオブジェクト名と緯度経度を MANDARA に取り込んでください。その際オブジェクトグループは「区」に設定してください。

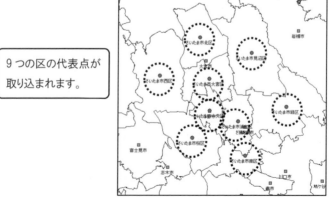

9 つの区の代表点が取り込まれます。

■区オブジェクトの時期設定と境界線設定

代表点だけ取り込まれた区オブジェクトに開始時期を設定し，境界線を手動で指定します（時空間モードでは「境界線自動設定」機能は使えません）。

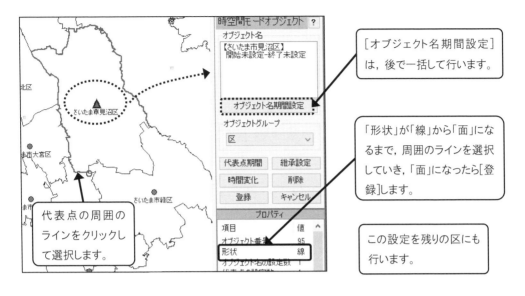

9.3.5 時間情報の一括設定

ここまで，オブジェクトごとに時間情報を付与してきましたが，これらのうちいくつかは「時間情報の一括設定」を使って，自動化することができます。[第9章]フォルダの「時間情報一括設定.xlsx」を開いてください。

	機能	時期	パラメータ1	パラメータ2	パラメータ3
	A	B	C	D	E
1	名称変更	2002/4/1	大里村	大里町	
2	開始	2003/4/1	さいたま市北区		
3	開始	2003/4/1	さいたま市見沼区		
4	開始	2003/4/1	さいたま市西区		
5	開始	2003/4/1	さいたま市大宮区		
6	開始	2003/4/1	さいたま市緑区		
7	開始	2003/4/1	さいたま市中央区		
8	開始	2003/4/1	さいたま市浦和区		
9	開始	2003/4/1	さいたま市桜区		
10	開始	2003/4/1	さいたま市南区		
11	オブジェクトグループ変更	2003/4/1	さいたま市	さいたま市	政令指定都市
12					
13	編入	2005/4/1	岩槻市	さいたま市	
14	オブジェクトグループ変更	2005/4/1	岩槻市	さいたま市岩槻区	区
15	合併	2005/4/1	秩父市|吉田町|大滝村|荒川村	秩父市	
16	合併	2005/10/1	熊谷市|妻沼町	熊谷市	
17	合併	2005/10/1	上福岡市|大井町	ふじみ野市	
18	合併	2005/10/1	春日部市|庄和町	春日部市	
19	編入	2005/10/1	両神村	小鹿野町	
20	編入	2005/10/1	川里町|吹上町	鴻巣市	

機能欄では，時間情報を設定する形態を指定し，時期欄ではその時期を，パラメータ欄では機能に対応したパラメータを指定します。

　例えば，1行目の機能の「名称変更」では，「2002/4/1」に，「大里村」が「大里町」になったことを意味します。この機能では，オブジェクト名期間設定で「大里村」オブジェクトのオブジェクト名「大里村」を2002/3/31に終了し，「大里町」を2002/4/1に開始する設定を行います。2行目の「開始」では，「さいたま市北区」のオブジェクト名期間設定で，開始時期に2003/4/1を設定します。

　この表を読み込ませて処理することにより，一連の時間変化を一括して設定することができます。

[オブジェクト編集]>[時間設定]>[時間情報の一括設定]

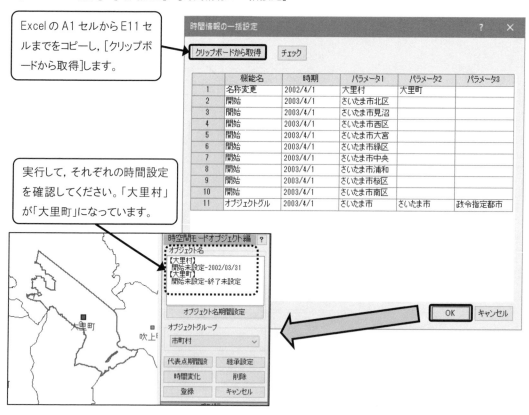

290

ここで 2 回にわけて設定しているのは，一回の設定の中で，それぞれの設定は独立している必要があるためです。最初の設定で，2003 年 4 月 1 日に，「さいたま市」のオブジェクトグループが「政令指定都市」に変化する設定が含まれています。二回目の設定では，2005 年 4 月 1 日に「岩槻市」オブジェクトを「さいたま市」に編入する設定がなされています。このような，同一のオブジェクトに対する時間設定操作が含まれているケースでは，別々に分けて設定する必要があります。

　設定できる項目とパラメータの一覧は次のようになっています。年月日指定は/で区切ります。

機能名	内容	パラメータ 1	パラメータ 2	パラメータ 3
新設	新しいオブジェクトの開始時期を設定します	新設オブジェクトのオブジェクトグループ名	新設オブジェクト名*2	代表点 X(経度)|代表点 Y(緯度)*4
合併	パラメータ 1 で指定したオブジェクトを合併して，パラメータ 2 で指定する新しいオブジェクトを作成します。パラメータ 1 のオブジェクトには終了設定がなされ，新設オブジェクトに継承設定が行われます。新設オブジェクトの代表点はパラメータ 1 で最初に指定したオブジェクトの代表点になります。	オブジェクト名*1	合併後の新設のオブジェクト名*2	新設のオブジェクトのオブジェクトグループ*5
開始	既存のオブジェクトの開始時期を設定します	オブジェクト名	－	－
編入	パラメータ 1 で指定したオブジェクトを，パラメータ 2 で指定したオブジェクトに編入します。パラメータ 1 のオブジェクトには終了設定がなされ，編入先オブジェクトに継承設定が行われます。	オブジェクト名*1	編入先オブジェクト名	－
継承	パラメータ 1 で指定したオブジェクトを，パラメータ 2 で指定したオブジェクトに継承設定します。	オブジェクト名	継承先オブジェクト名*1	－
名称変更	指定したオブジェクトのオブジェクト名を変更します。	オブジェクト名	変更後のオブジェクト名*2	－
名称変更逆	指定したオブジェクトよりも前のオブジェクトの名称を設定します	前のオブジェクト名*2	既存のオブジェクト名	－
編入名称変更	パラメータ 1 で指定したオブジェクトを，パラメータ 2 で指定したオブジェクトに編入し，同時に編入先のオブジェクト名を変更します。	オブジェクト名*1	編入先オブジェクト名	変更後のオブジェクト名*2
終了	指定したオブジェクトの終了時期を設定します。継承先オブジェクトを指定することもできます。	オブジェクト名	継承先オブジェクト名*1 *3	－
オブジェクトグループ変更	指定したオブジェクトを指定した時期の前日で終了させ，別のオブジェクトグループの新しいオブジェクトに変更します。新しいオブジェクトは，旧オブジェクトの終了時の形状を保持します。通常のオブジェクトと集成オブジェクト間での変更はできません。	オブジェクト名	新しいオブジェクト名*2	新しいオブジェクトグループ

*1 複数のオブジェクトを指定する場合は「|」(バーティカルバー)で区切って指定できます。
*2 オブジェクト名リストの複数の項目に設定する場合は，「|」で区切って指定できます。
*3 省略することもできます。
*4 代表点の XY 座標間は「|」で区切ってください。
*5 省略することもできます。省略すると，パラメータ 1 の最初のオブジェクトのオブジェクトグループに設定されます。

時間情報が正しく設定されているか，確認してみます。

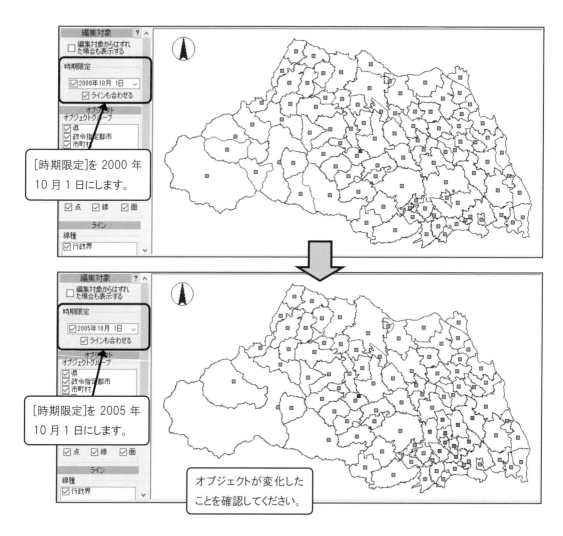

「時間情報の一括設定」機能では設定できない項目として，オブジェクトの個別のラインの使用期間，代表点の変化，およびラインの有効期間，線種の変化があります。これらの設定は，マップエディタでオブジェクト・ラインを指定して個別に設定してください。

9.3.6 初期時間属性の設定

オブジェクトの形状に関して時間情報を設定したところで，最後に時間属性つきの初期属性を設定します。[第9章]フォルダの「埼玉県人口.xlsx」をExcelで開いてください。このデータは，2000年と2005年の国勢調査から，人口と5年前からの人口増加率を市区町村ごとに示したもので，市区町村名－年月日－データ値，と並んでいます。

同じデータは年次が違う場合も縦に並べます。

データが同じでも，オブジェクトグループが違う場合は別にします。

9.3.6.1 初期時間属性データ項目の作成

次に，マップエディタの「初期時間属性データ編集」画面で設定を行います。

[オブジェクト編集]＞[初期属性データ編集]

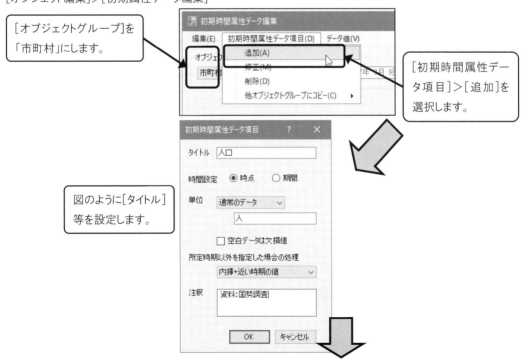

[オブジェクトグループ]を「市町村」にします。

[初期時間属性データ項目]＞[追加]を選択します。

図のように[タイトル]等を設定します。

293

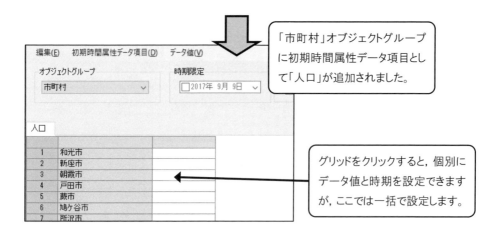

再び，[初期時間属性データ項目]＞[追加]

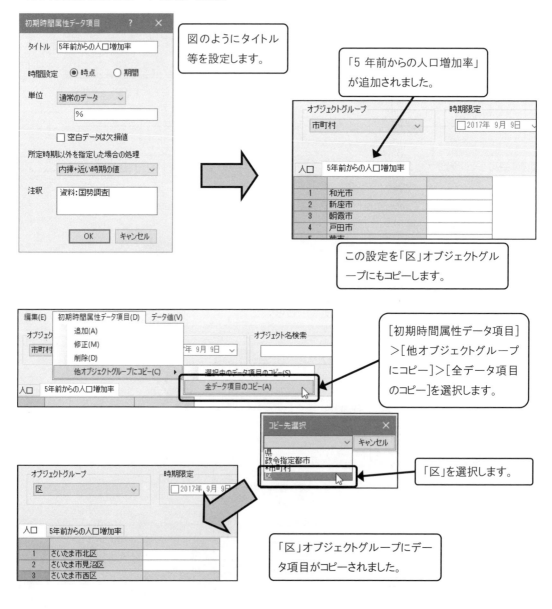

9.3.6.2 初期時間属性データ値の設定

次にExcelのデータを使ってデータ値を設定します。

[オブジェクトグループ]を「市町村」に設定します。

[データ値]＞[一括設定]を選択します。

Excel の A3 から C171 のセルを選んでコピーし、[クリップボードから取得]します。

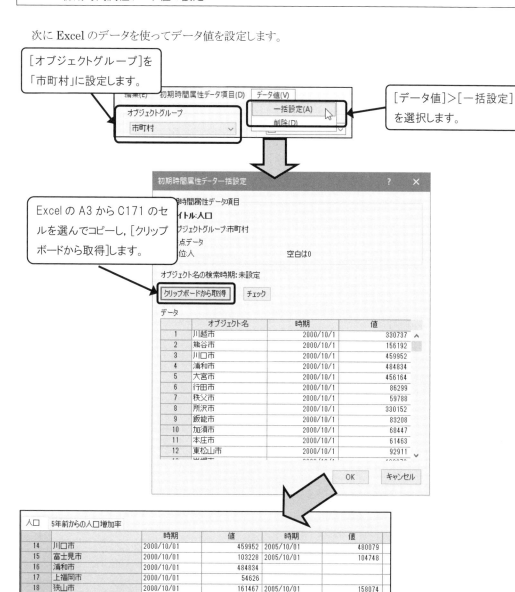

データ値が2年次分含まれるオブジェクトと、そうでないオブジェクトがあります。たとえば浦和市は、2000年10月1日には存在しましたが、2005年にはさいたま市となって存在していないので、2000年のデータしかありません。

この作業を、「5年前からの人口増加率」でも行います。さらに、オブジェクトグループを「区」にして、人口と人口増加率データを一括設定します。

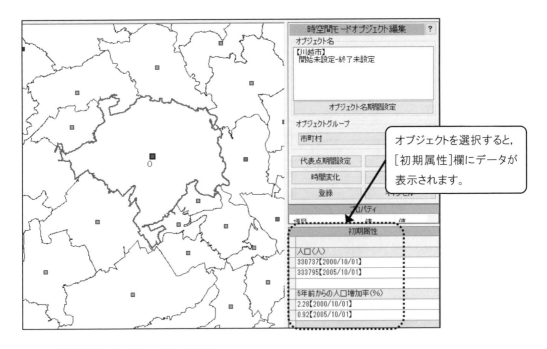

■白地図・初期属性データ表示機能で地図化

作成した初期時間属性データを地図化してみます。マップエディタで地図ファイルを保存して終了し、白地図・初期属性データ表示画面を出してください【p.14】。

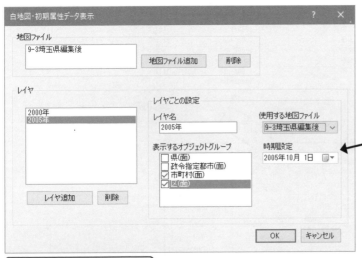

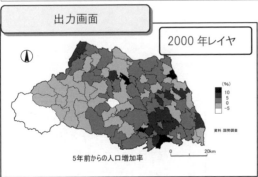

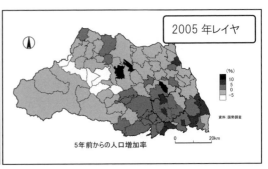

アルゴリズム：位相構造暗示式と明示式

　MANDARA は位相構造を持つベクター型の GIS ですが，位相構造に対してもいくつかの考え方があります。MANDARA 以外に時間情報を扱うことのできる GIS ソフトとして，DiMSIS（畑山ほか 1999），STIMS（林ほか 2001）などがあります。これらは，従来の GIS の多くで用いられてきた位相構造を明示的に示すデータ構造ではなく，必要に応じて位相構造を算出する位相構造暗示型（算出型）のデータ構造を採用しています。

　統計 GIS 研究会（1998）によると，従来の位相構造明示型のシステムで時間情報を扱う場合，データ量とデータ作成コストの増大，プログラムの複雑化，図形 ID で管理することによるデータ交換の複雑化，などが問題であるとしています。ただ，位相構造明示型と暗示型の差異は，線分の結合関係や，面形状を構成する線分の向きなどの情報が，GIS に渡される前の段階で記述されているか，それとも GIS で表示する直前にプログラム上で計算するか，という違いであり，計算後には暗示型の GIS でも明示的な位相構造を持つと思われます。

　下の表に，位相構造明示型で完全な位相構造データを持つ場合を示しましたが，これだけの情報に時間を設定するのは，確かに困難です。しかし筆者の経験では，明示式に必要とされる情報のほとんどは，プログラミング上は不要であったり，プログラムから検索・計算すれば簡単に取得できるもので，過剰といえます。

　MANDARA では，最低限必要な情報である，参照して使用するラインを特定する情報のみを持っており，それ以外の情報は必要に応じてプログラムで算出します。そのため，面形状の変化に対する時間設定も，「ラインを使用する期間」の設定だけで済みます。

　さらに暗示型では，代表点（コントロールポイント）とラインに存在時間を設定します。そして，位相構造の算出には，指定の時間に存在する代表点に対して，その時間に存在するラインの中から，代表点を囲むようにラインを選択し，面形状を構成します（「アルゴリズム：境界線自動設定」【p.265】の方法です）。これは MANDARA が唯一地図データ中に所持している，参照するラインの情報も計算で求めようというもので，オブジェクトの合併の際は，合併によって不要になった境界線に終了期間を設定することになります。

地図データの持つ位相構造 （面領域の場合）	所持するデータ
明示型（完全な情報を持つ場合）	参照ライン，ループを構成するためのラインの向き，ラインの右側・左側のオブジェクト，ラインの接続先ノード，ノードを共有するライン，中抜け，飛び地
明示型（MANDARA の場合）	参照ライン
暗示型	代表点（コントロールポイント）

　MANDARA は暗示型に比べて「ラインを使用する期間」の設定分だけ時間設定箇所が多いことになりますが，合併作業が自動化され実質的にラインに時間設定する必要がないことなどにより，完全な暗示式に対して時間設定にかかる作業量が多いとはいえません。位相構造暗示型のデータ構造に対し，MANDARA のデータ構造が持つ利点としては，面形状オブジェクトにおける飛地や中抜け領域に対する特別な処理が不要である点があげられます。さらに，暗示式の場合はオブジェクトの持つ情報量が低下し，ラインの重要性が高まるので，MANDARA で採用されている「オブジェクトグループ連動型線種」【p.282】は使えなくなってしまいます。

> アルゴリズム：過去の行政界を復元する2つの方法

　MANDARA付属の地図ファイル「日本市町村.mpfz」では，1960年（地域によっては1955年）以降の行政界の変化を記録しています。それ以前となると，昭和の大合併以前となり，市町村数は大幅に増加します。現在，13都府県に限られますが，次の2つの地図ファイルを作成して戦前の行政界地図ファイルをWebサイトからダウンロードできるようにしています。

・「大正昭和南関東.mpfz」 埼玉県，千葉県，東京都，神奈川県についての，1920年～1955年末にかけての市区町村地図
・「大正昭和東海近畿.mpfz」 岐阜県，愛知県，三重県，滋賀県，京都府，大阪府，兵庫県，奈良県，和歌山県についての，1920年～1950年にかけての市区町村地図ファイル

　この2つの地図ファイルは，戦前の1/5万地形図からトレーシングペーパーで行政界をトレースし，そこからラスター→ベクター変換して作成したものです（MANDARA9.45までは含まれていましたが，MANDARA10では実装されていません）。

　一方，筑波大学大学院生命環境科学研究科空間情報科学分野では，筆者が行った方法とは異なる方法で1889年から2006年までの全国の行政界を復元し，「行政界変遷データベース」として1年ごとのシェープファイルで公開しています（藤田ほか2006，渡邉ほか2008）。

　その方法とは，「平成7年国勢調査小地域集計町丁・字等別地図（境域）データ」をベースマップとして使用し，そこでの町丁・字界を過去の合併情報データを用いて時期ごとに結合させ，過去の全国の行政界を復元するというものです。さらに2009年2月には，国土数値情報において都道府県ごとに1950年の行政界・海岸線データが公開され，これも渡邉ほか（2008）と同様の方法で復元されているようです。

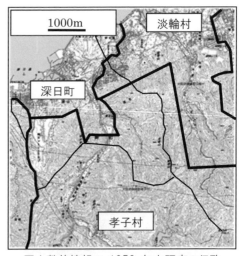

国土数値情報の1950年大阪府の行政界（太線）と，1/5万地形図上の境界線（細線）の比較をすると，かなりずれています（背景は「ウオッちず」地形図画像）。

　谷（2009b）では，過去の地形図から行政界データを作成する方法と，現在の町丁・字界から復元する方法を検討しました。その結果をまとめると次のようになります。

	利点	欠点
過去の地形図から復元	・海岸線の変化がわかる。 ・1/5万地形図からの取得では精度は高くないが，ほぼ正確に当時の行政界を取得できる。	・古い地形図の歪み。 ・行政界を手作業でトレースする際の歪み。 ・山間部等で，測量の精度が低い。
現在の町丁・字界から復元	・高い精度で行政界を取得できる。 ・他のデータと高い精度で重ね合わせることができる。	・現在の町丁・字界が過去の行政界を反映しているとは限らない。 ・国勢調査の町丁・字等別地図データでは，山間部などでは必ずしも現在の町丁・字界と合っているとは限らない（上図）。

　こうして見ると，全国の行政界データを高い精度でかつ正確に作成するのは，なかなかたいへんだということがわかります。

第10章 集成オブジェクトの作成

10.1 集成オブジェクト作成の準備

10.1.1 集成オブジェクトとは

　第9章で作成した時空間モード地図ファイルでは、「さいたま市」が政令指定都市になったことで、「区」オブジェクトを作成し、さらに新しい「さいたま市」オブジェクトが作成されました。その際、区オブジェクトの境界線ラインを1つずつクリックして設定していきましたが、区オブジェクトの境界線と「さいたま市」オブジェクトの外周線が本当に一致しているか、すぐにはわかりません。

　そこで、政令指定都市「さいたま市」の外形は、構成する各区の集合体なので、各区の集合として新「さいたま市」を定義してみます。すると区とさいたま市の境界線が一致しているかどうか確認する必要も無くなり、効率的で正確なオブジェクトの管理が可能になります。

　地理空間には、こうした上位−下位と階層的に構成される事象が多くあります。特に行政領域は、町村→郡、区→政令指定都市、郡・市・政令指定都市→県、のように、下位領域の構成要素の集合が上位領域となります。この行政領域を利用して、さらに別の地域区分が目的に応じて作成されています。たとえば、保健医療の分野では「保健医療圏」という圏域が設定されています。一次医療圏は一般に市町村に相当します。二次医療圏は、医療法に基づいて各都道府県の医療計画で定められ、複数の市町村を単位とした地域となっています。三次医療圏は都道府県が1つの単位となります。

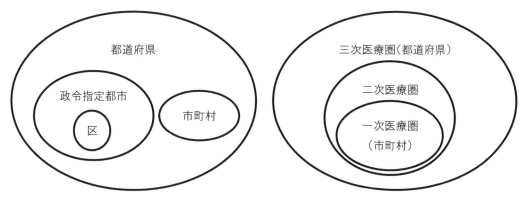

　この関係を、オブジェクト指向(ソフトウェア開発のために採用された手法で、実世界をさまざまなオブジェクトの集合としてとらえ、オブジェクト間の相互作用としてシステムを構築する)の考え方では、「集成」(または集約；aggregation)と呼びます。近年の地図データのフォーマットでも、このオブジェクト指向の考え方が一般化し、日本国内のデータでは、基盤地図情報、国土数値情報などで、オブジェクト指向に基づき、XML(Extensible Markup Language)形式で記録された地理情報標準プロファイル(JPGIS)での公開が進んでいます(有川・太田 2007)。

　MANDARAではこの「集成」の概念を実装し、通常のオブジェクトがラインを参照して自身の形状を構成するのに対し、集成オブジェクトは他のオブジェクトを参照して自身の形状を構成します(谷 2008, 2009b)。

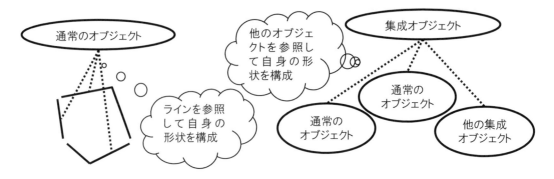

10.1.2 集成オブジェクトの作成計画

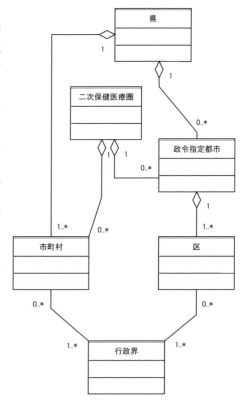

　集成オブジェクトを用いれば，地図ファイル中の階層的な関係にあるオブジェクトの管理が簡単かつ正確になります。そこで，地図データを編集する前に各オブジェクトがどのような関係になるかを考えておきます。ここでは，前ページのように区，市町村，政令指定都市，二次医療圏，都道府県，というオブジェクトグループを作成することにします。一次医療圏は市町村，三次医療圏は都道府県そのものなので，ここでは作成しません。

　この設計は文章で表現するよりも，UML（統一モデリング言語；Unified Modeling Language）の「クラス図」の表現を借ります。UML はオブジェクト指向による設計を図的に表現することができます。

　右の図は，各オブジェクトグループの関係を示したクラス図です。「行政界」は MANDARA での線種で，それ以外の要素はオブジェクトグループです。各オブジェクトグループの下に 2 つの空欄があり，本来ここは「プロパティ」と「メソッド」を記述しますが，ここでは省略しています。

　オブジェクトグループを結ぶ線で，先端に◇がついているものが「集成」の関係を示しており，たとえば「県」を全体とすれば「市町村」は「県」の一部であることを示しています。線の脇に数字がありますが，「市町村」の向かう先の「県」の横の「1」は，1 つの市町村が必ず 1 つの県に含まれることを意味しており，市町村側にある「1..*」は，県の構成要素として市町村が「1 つかそれ以上」であることを示しています。これを「多重度」と呼び，オブジェクト間の関係性でエラーの有無をチェックする際に使用できますが，残念ながら MANDARA 内には多重度を定義する機能はありません。またこの図から，「行政界」ラインを直接参照するのは「市町村」と「区」だけであることがわかります。それ以外のオブジェクトグループに属するオブジェクトは，別のオブジェクトグループのオブジェクトを参照して自身を構成しています。

　UML については各種入門書が出ていますが（たとえばファウラー（2005）など），UML を知らないと MANDARA の集成オブジェクトが使えないというわけではありません。ただ，JPGIS 準拠のデータの仕様書には UML が利用されているので，いろいろ地図データを扱いたいという方にとっては，知っておくべきものといえます。UML を作成するフリーソフトも出ています。

10.2 集成オブジェクトの作成

ここでは地図ファイル「10-2 埼玉県編集前.mpfz」を加工して，2010年3月末時点の埼玉県内の二次医療圏について集成オブジェクトを作成してみます。この地図ファイルは，国土数値情報の行政界データを一部修正して2010年3月末の状態にしたものです。

10.2.1 オブジェクトグループとオブジェクトグループ連動型線種の設定

地図ファイル「10-2 埼玉県編集前.mpfz」をマップエディタに読み込んだら，[設定]>[オブジェクトグループ設定]>[オブジェクトグループ設定]でオブジェクトグループを見てください。

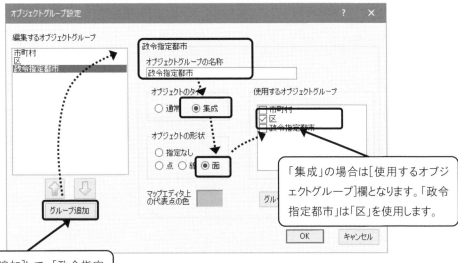

[グループ追加]して，「政令指定都市」とし，タイプを「集成」，形状を「面」にします。

同様に[グループ追加]して，「県」と「二次医療圏」オブジェクトグループを「集成」オブジェクトグループとして作成します。「県」「二次医療圏」ともに使用するオブジェクトグループは「市町村」と「政令指定都市」です。

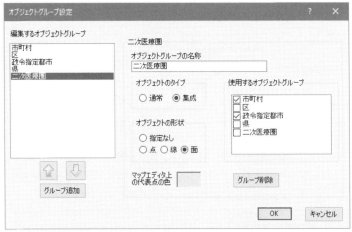

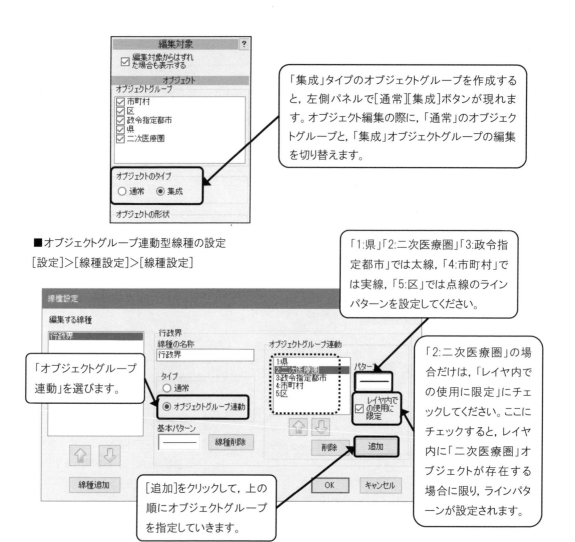

■オブジェクトグループ連動型線種の設定
[設定]>[線種設定]>[線種設定]

10.2.2 集成オブジェクトの作成

集成オブジェクトを作成する方法は複数用意されているので、実際に作成してみます。

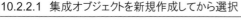

10.2.2.1 集成オブジェクトを新規作成してから選択

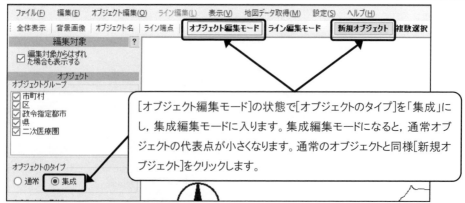

政令指定都市の「さいたま市」を作成します。政令指定都市は「区」オブジェクトを使用します。

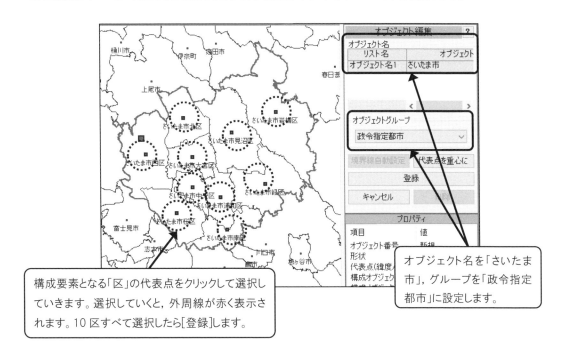

構成要素となる「区」の代表点をクリックして選択していきます。選択していくと、外周線が赤く表示されます。10区すべて選択したら[登録]します。

オブジェクト名を「さいたま市」、グループを「政令指定都市」に設定します。

10.2.2.2 複数オブジェクト選択モードから新規作成

次は「埼玉県」オブジェクトを作成します。[編集対象選択]で「区」を外し、「通常」オブジェクトの編集にします。

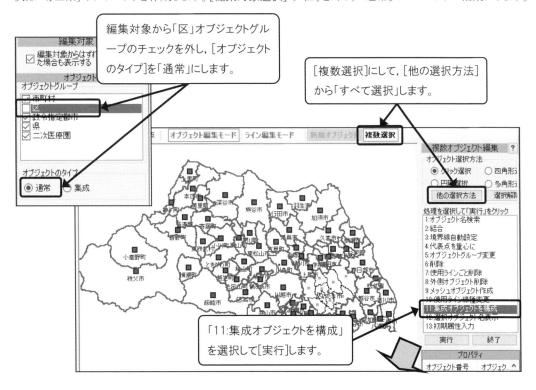

編集対象から「区」オブジェクトグループのチェックを外し、[オブジェクトのタイプ]を「通常」にします。

[複数選択]にして、[他の選択方法]から「すべて選択」します。

「11:集成オブジェクトを構成」を選択して[実行]します。

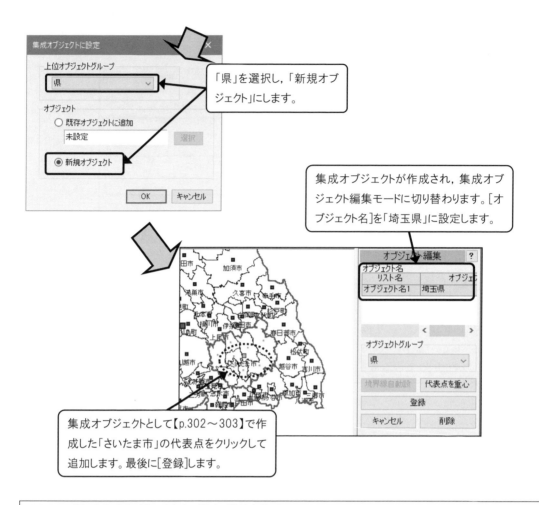

10.2.2.3 「集成オブジェクトにまとめて設定」機能を使用

これまでの方法では，複数の集成オブジェクトを作るには手間がかかります。そこで，対応表を使った「集成オブジェクトにまとめて設定」機能を利用します。[第 10 章]フォルダの「市町村－保健医療圏対応.xlsx」を Excel で開いてください。

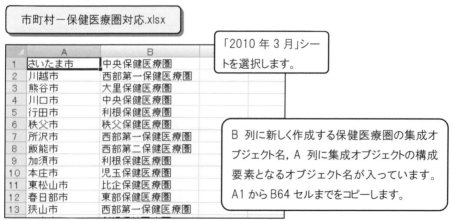

[オブジェクト編集]>[集成オブジェクトにまとめて設定]

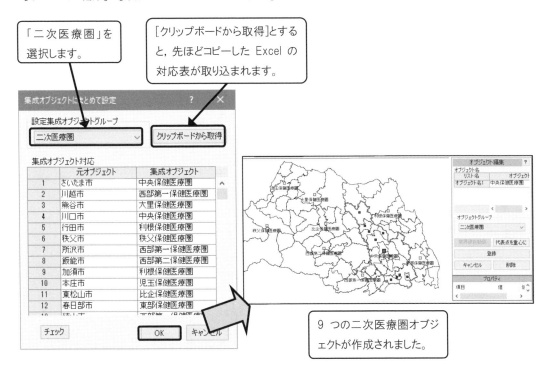

これで 2010 年 3 月末の地図データは完成しました。「白地図・初期属性データ表示」機能【p.14】で見てみます。集成オブジェクトの地図化の方法は，通常のオブジェクトの場合と同一です。

出力画面

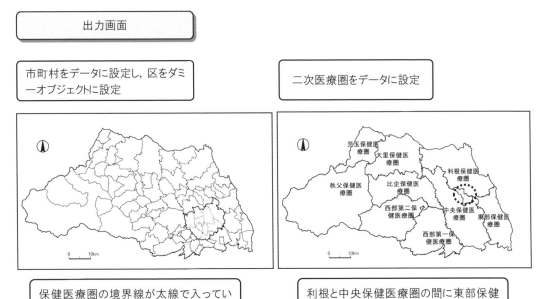

10.3 集成オブジェクトへの時間設定

第 9 章で行った時間設定は，集成オブジェクトに対しても行うことができます。

10.3.1 時間変化

2010 年 4 月 1 日に，埼玉県の二次医療圏が変更されました。この変化を集成オブジェクトに反映しようと思います。

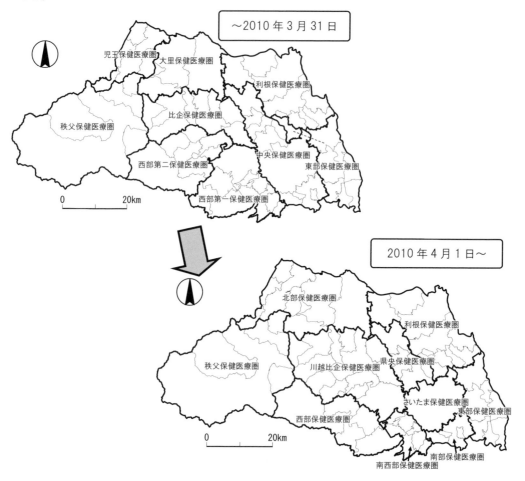

変更箇所は右の通りです。合併，一部の移動，分割など，いろいろなパターンがあります。

変更前	変更
秩父	変更なし
利根・東部	蓮田市が東部→利根
児玉・大里	合併して北部
比企・西部第一・西部第二	川越比企・西部・南西部
中央	県央・さいたま・南部

時間設定を行う場合は，まず[編集]>[時空間モード]を選択して時空間モードに入ってください。次に編集対象のオブジェクトのタイプを[集成]にして集成オブジェクト編集モードにします。

10.3.2 構成オブジェクトの構成期間設定

まず設定の簡単な「蓮田市」の医療圏の変更からはじめます。

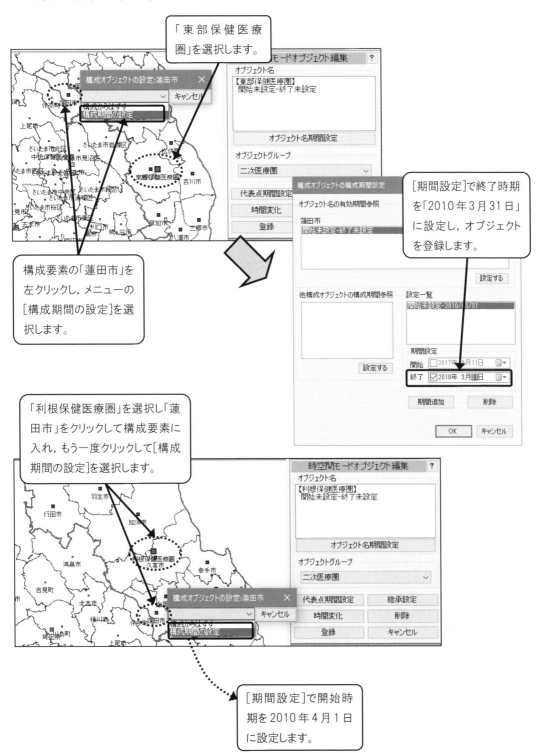

「東部保健医療圏」の構成要素だった「蓮田市」が「利根東部医療圏」に移ったことで，「東部保健医療圏」の継承先を設定します。継承設定はオブジェクトが終了していなくても設定できます。

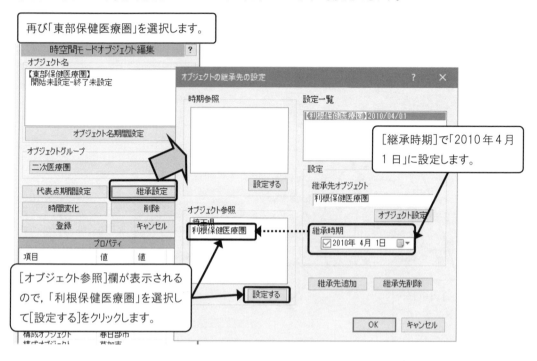

10.3.3 集成オブジェクトの結合

児玉・大里が合併して「北部保健医療圏」となった変化を設定します。これは通常オブジェクトの時空間モードでの結合と同じです。

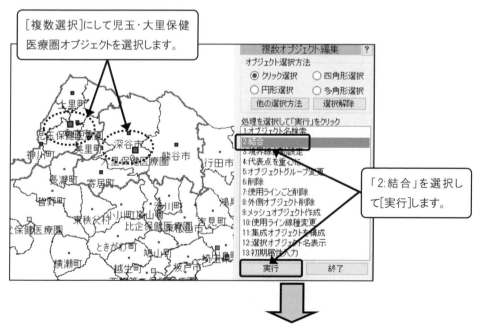

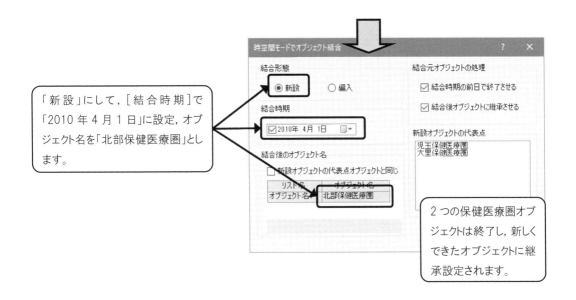

10.3.4 新設・終了・継承

中央保健医療圏が，県央・さいたま・南部保健医療圏になり，また比企・西部第一・西部第二保健医療圏が，川越比企・西部・南西部保健医療圏となった変化は，多少複雑です。

この場合は，「集成オブジェクトにまとめて設定」機能を使用して，新しくできた保健医療圏オブジェクトを作成して開始時期を設定し，以前の保健医療圏に終了時期と継承先を設定するとよいでしょう。[第10章]フォルダの「市町村－保健医療圏対応.xlsx」をExcelで開き，「2010年4月」シートを選んでください。そして，【p.304】の「集成オブジェクトにまとめて設定」機能を使用して，新しい保健医療圏オブジェクトを作成します。

作成された新しい保健医療圏オブジェクトに開始時期を設定し，古い保健医療圏オブジェクトに終了時期と継承先を設定します。前記Excelファイルで「時間情報一括設定」シートを選んでください。

	A	B	C	D
1	開始	2010/4/1	西部保健医療圏	
2	開始	2010/4/1	川越比企保健医療圏	
3	開始	2010/4/1	南西部保健医療圏	
4	開始	2010/4/1	さいたま保健医療圏	
5	開始	2010/4/1	県央保健医療圏	
6	開始	2010/4/1	南部保健医療圏	
7				
8				
9	終了	2010/3/31	中央保健医療圏	さいたま保健医療圏|県央保健医療圏|南部保健医療圏
10	終了	2010/3/31	比企保健医療圏	川越比企保健医療圏
11	終了	2010/3/31	西部第一保健医療圏	川越比企保健医療圏|西部保健医療圏|南西部保健医療圏
12	終了	2010/3/31	西部第二保健医療圏	川越比企保健医療圏|西部保健医療圏

このデータには，まず，6つの保健医療圏オブジェクトへの開始時期の設定が入っているので，第9章で行った，「時間情報の一括設定」【p.289】を行います。次にもう一度，下の終了時期と継承先を示した部分について，同じく「時間情報の一括設定」を行ってください。

これで集成オブジェクトの変化の設定は完了です。「白地図・初期属性データ表示」機能で，二次医療圏レイヤを2010年3月と4月それぞれ作成して表示すると，【p.306】のような地図が表示できます。MANDARA付属の地図ファイル「日本市町村緯度経度.mpfz」でも集成オブジェクトを使用しているので，参考にしてください。

第 11 章 移動データの表示

移動データ表示機能では，移動する人やモノにさまざまな属性を設定して表示します。データの設定方法は，第 2 章の属性データの設定とかなり違いがあります。

まず，移動体の位置の表現方法として，地図ファイル中のオブジェクトの代表点を使う方法と，緯度経度で表す方法の 2 種類あります。また，データの設定方法として，Excel で MANDARA タグを使用する方法と，属性データ編集画面から GPS データのファイルである GPX ファイルを読み込む方法があります。

本章では，移動データの設定方法と表示方法を解説していきます。

11.1 移動データ描画の準備

移動データを表示するためには，次のような移動に関するデータが必要です。

データ	備考
移動主体に関する情報	主体名，年齢，性別等
滞在地点に関する情報	オブジェクト名または緯度経度
滞在地点への到着時間	年・月・日・時・分・秒（秒はオプション）で，到着時間と出発時間は同じでも可
当該地点からの出発時間	
当該地点での情報（オプション）	活動内容等
移動に関する情報（オプション）	移動手段，移動理由等

これらの情報を MANDARA に取り込むためには，移動データ表示用の MANDARA タグを使用します。ここでは[第 11 章]フォルダの「移動データ.xlsx」を使用して設定方法を見ていきます。移動データには，「移動主体定義レイヤ」と「移動データレイヤ」の 2 種類のレイヤを設定します。それぞれのレイヤの指定には，TYPE タグ【p.36】を使用します。

	TYPE タグのパラメータ	内容
移動主体定義レイヤ	TRIP_DEFINITION	移動主体に関する情報を入れるレイヤで，表示はできません。ここでは移動主体名を指定します。
移動データレイヤ	TRIP	移動主体定義レイヤで定義された移動主体名ごとに，滞在・移動の時間と関連情報を入れるレイヤです。移動表示モードにして表示します。

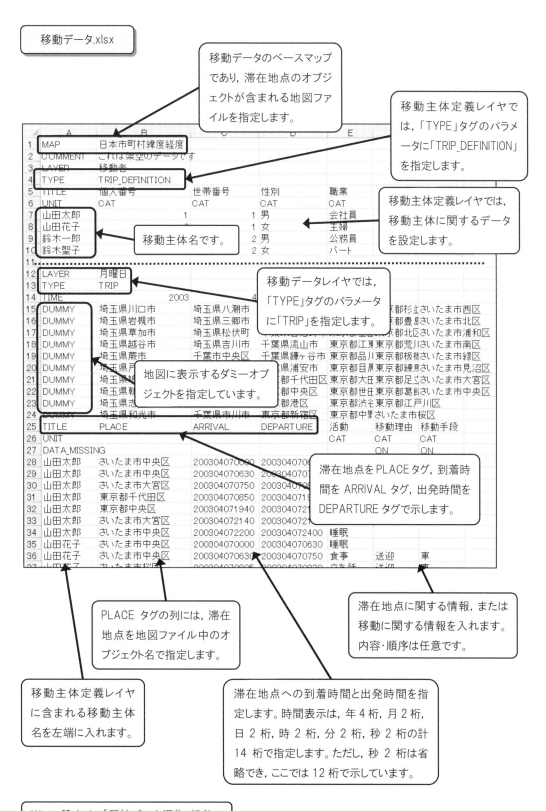

前ページの「山田太郎」さんの移動データは，2003年4月7日の次のような1日の記録から作成されています。

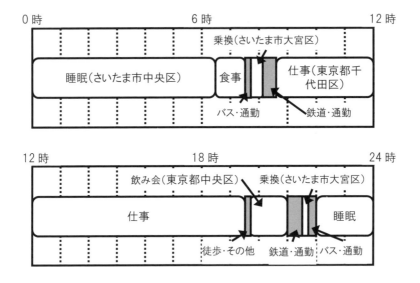

11.2 移動データの描画

「移動データ.xlsx」のデータをコピーして MANDARA に取り込みます。取り込み方法は通常のデータと同じです。

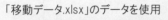

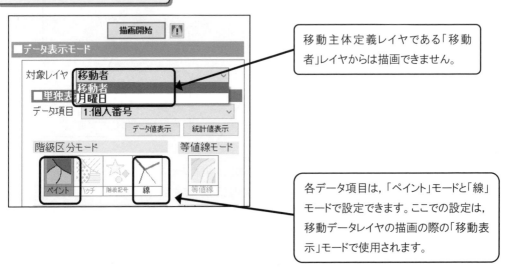

移動主体定義レイヤである「移動者」レイヤからは描画できません。

各データ項目は，「ペイント」モードと「線」モードで設定できます。ここでの設定は，移動データレイヤの描画の際の「移動表示」モードで使用されます。

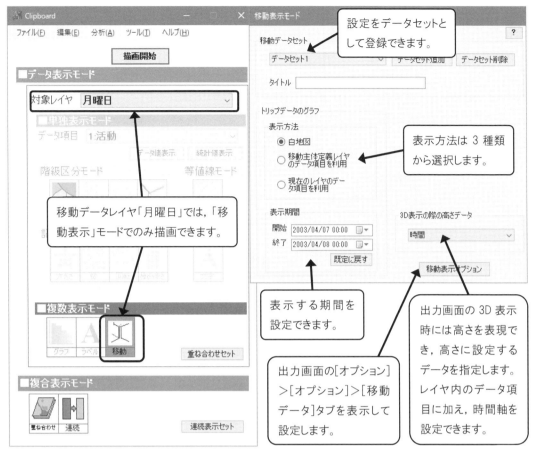

■白地図

白地図表示では移動軌跡のみが描かれます。

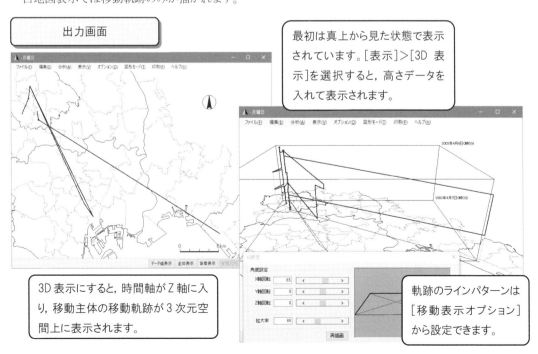

■移動主体定義レイヤのデータ項目を利用

　移動主体定義レイヤのデータ項目のペイントモードまたは線モードのラインパターンを使って移動軌跡を描きます。

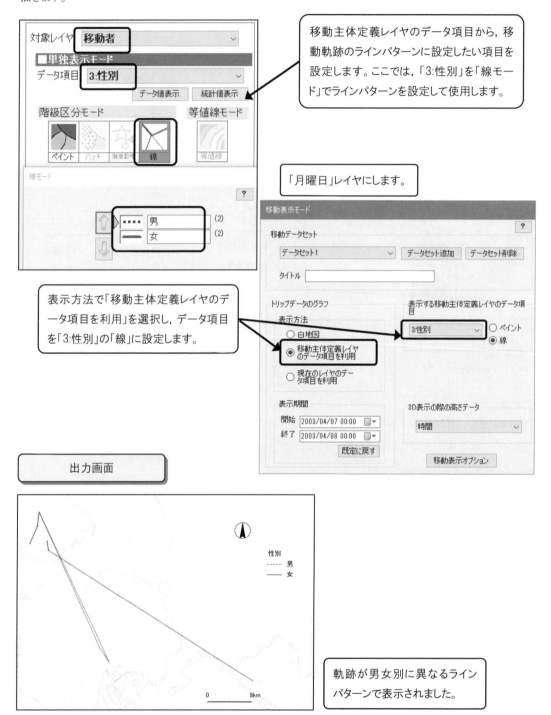

■現在のレイヤのデータ項目を利用

移動データレイヤのデータ項目を滞在部分，移動部分ごとに設定して軌跡を描きます。

［滞在データ］到着して，出発するまでの滞在時のラインで表現するデータ項目を指定します。
※3Dモードでなく，真上から見た状態の場合には，滞在地点に記号が表示され，その内部色にペイントの色が設定されます。

［移動データ］出発して，次の場所に到着するまでの移動ラインとして表現するデータ項目を設定します。

※ここで使用したデータ項目は，別に表示方法をあらかじめ設定しておきます。

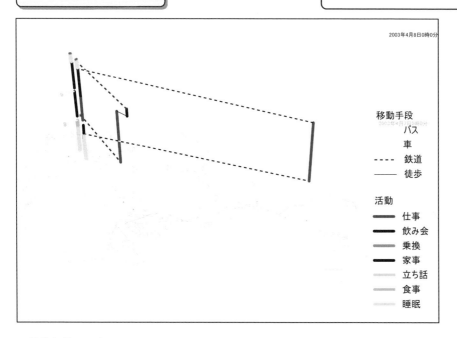

■移動主体の限定

複数の移動主体がある場合，表示する移動主体を限定することができます。設定画面の[分析]>[属性検索設定]【p.143】で属性値により限定するか，[分析]>[表示オブジェクト限定]【p.145】で直接移動主体の表示／非表示を設定してください。

11.3 オプション設定

出力画面の[オプション]>[オプション]の[移動データ]タブから軌跡に関する設定を行います。

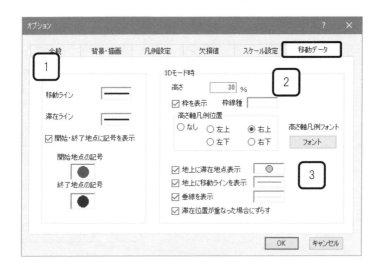

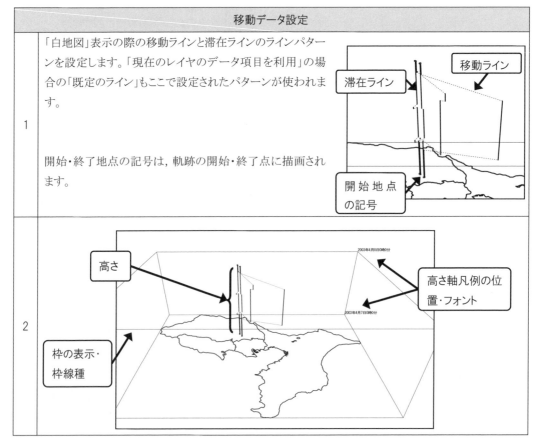

	移動データ設定	
1	「白地図」表示の際の移動ラインと滞在ラインのラインパターンを設定します。「現在のレイヤのデータ項目を利用」の場合の「既定のライン」もここで設定されたパターンが使われます。 開始・終了地点の記号は、軌跡の開始・終了点に描画されます。	
2		

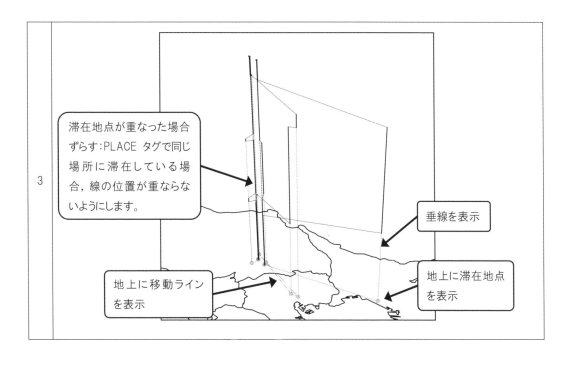

11.4 緯度経度による滞在地点指定

「移動データ.xlsx」のデータでは，滞在地点を地図ファイル中のオブジェクトで指定しましたが，緯度経度で指定することもできます。ここでは，[第11章]フォルダの「2016台風経路.xlsx」を使用します。

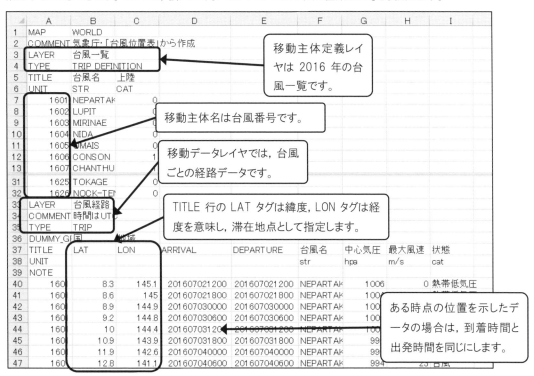

出力画面

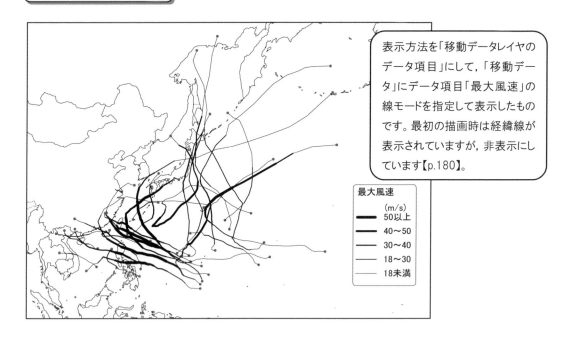

表示方法を「移動データレイヤのデータ項目」にして、「移動データ」にデータ項目「最大風速」の線モードを指定して表示したものです。最初の描画時は経緯線が表示されていますが、非表示にしています【p.180】。

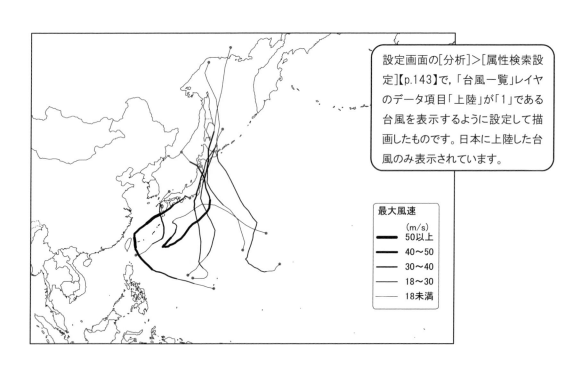

設定画面の[分析]＞[属性検索設定]【p.143】で、「台風一覧」レイヤのデータ項目「上陸」が「1」である台風を表示するように設定して描画したものです。日本に上陸した台風のみ表示されています。

11.5 GPXファイルのデータの取り込み

次に，GPSデータのファイルであるGPXファイルを読み込んでみます。GPS内に保存してあるGPXファイルをパソコン内に移してください。ここでは，[第11章]フォルダの「GPXデータ.gpx」を使用します。このファイルは，豊橋から名古屋までの新幹線および名古屋から津までの近鉄の乗車時のGPSデータが入っています。

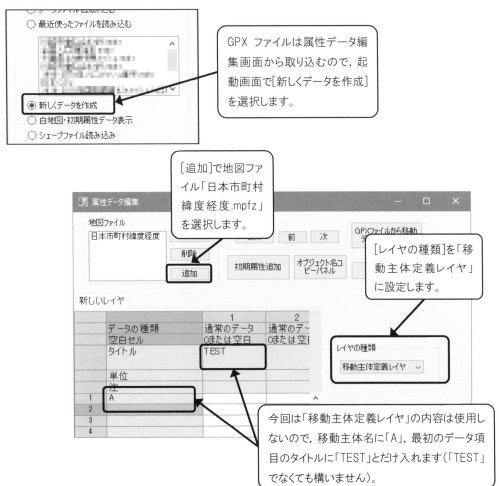

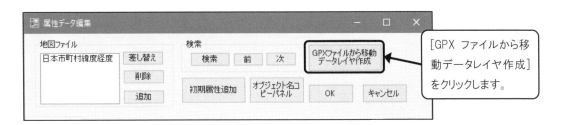

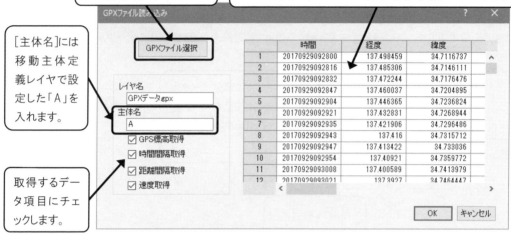
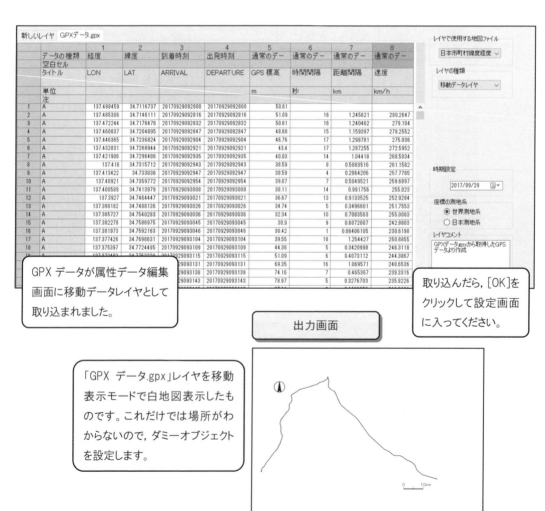

■ダミーオブジェクトの設定

［第11章］フォルダの「GPXダミーオブジェクト.xlsx」をExcelで開き，A列の市区町村名リストをコピーします。次に，出力画面の［表示］＞［ダミーオブジェクト・グループ変更］【p.171】で，レイヤを「GPXデータ.gpx」として，［クリップボードから追加］でダミーオブジェクトに追加して下さい。

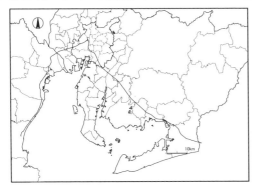

周辺の市区町村がダミーオブジェクトとして表示されました。

■速度を表示

あらかじめ，データ項目「4:速度」を線モードで階級区分とラインパターンを設定して，移動データモードにします。

「現在のレイヤのデータ項目を利用」にします。

[移動データ]を「4:速度」の「線」とし，[3D表示の際の高さデータ]も「4:速度」とします。

出力画面

[移動表示オプション]で「枠を表示」のチェックを外し，「地上に移動ラインを表示」にチェック，「垂線を表示」にチェックした状態で3D表示したものです。

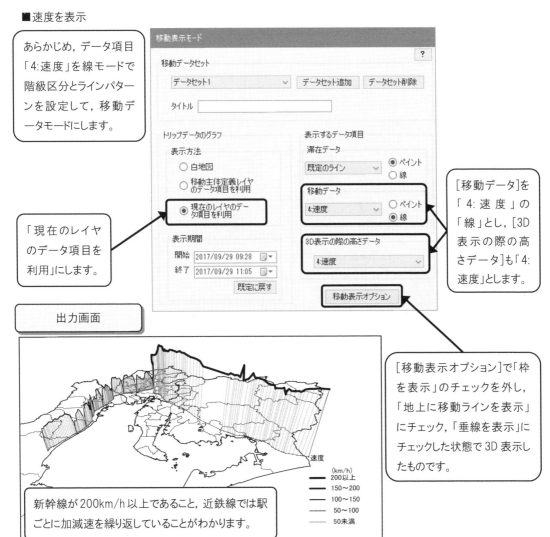

新幹線が200km/h以上であること，近鉄線では駅ごとに加減速を繰り返していることがわかります。

第 12 章　共通ウィンドウ

　MANDARAでは，共通の設定ウィンドウをシステムの各所から利用しています。ここではこの共通ウィンドウの機能を解説します。

12.1　ハッチ設定画面

　階級区分モードのハッチモードのほか，記号の内部設定などから呼び出されます。

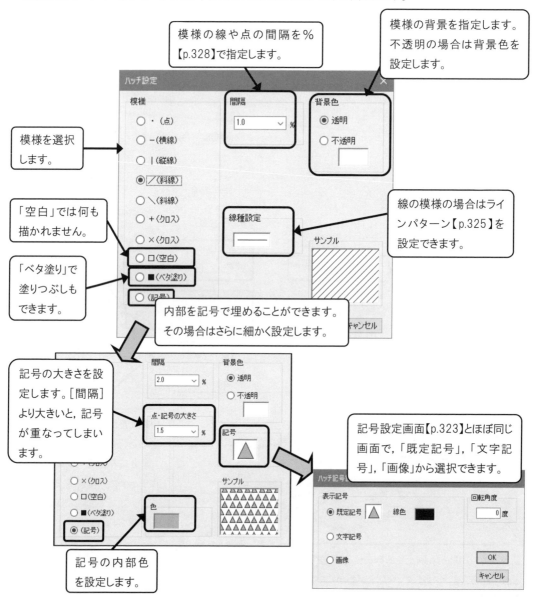

12.2 記号設定画面

階級区分モードの階級記号モード，記号モードなどから呼び出されます。

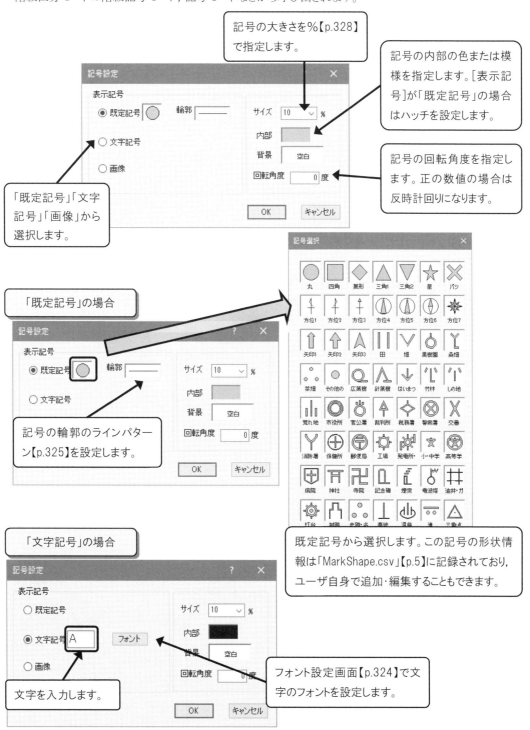

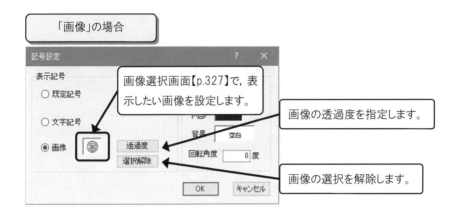

12.3 フォント設定画面

文字のフォントを設定します。いろいろな箇所から呼び出されます。

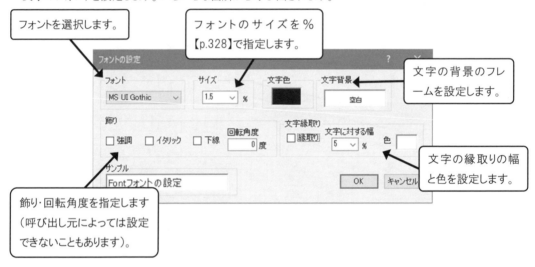

12.4 背景フレーム設定画面

文字等のコンテンツを囲む枠線と背景を設定します。

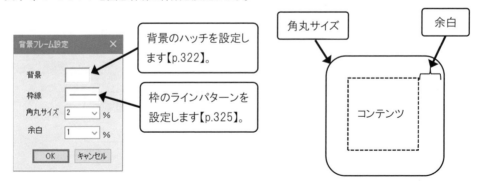

12.5 ラインパターン設定画面

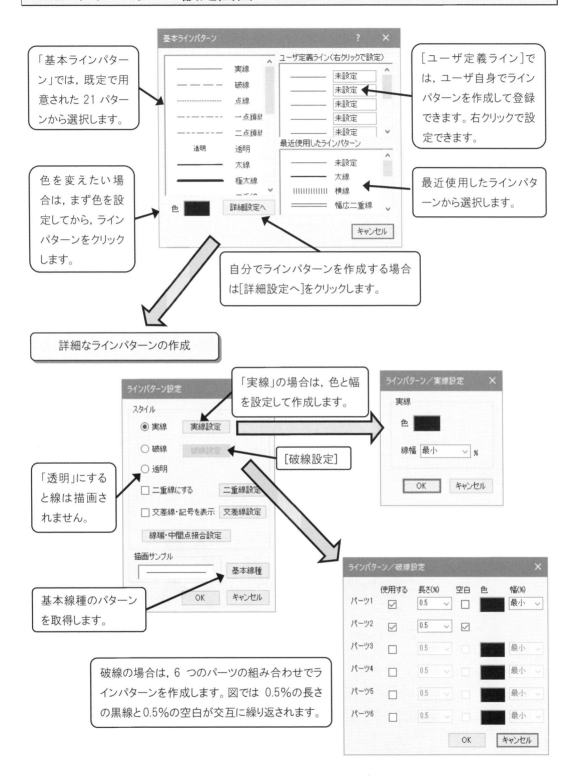

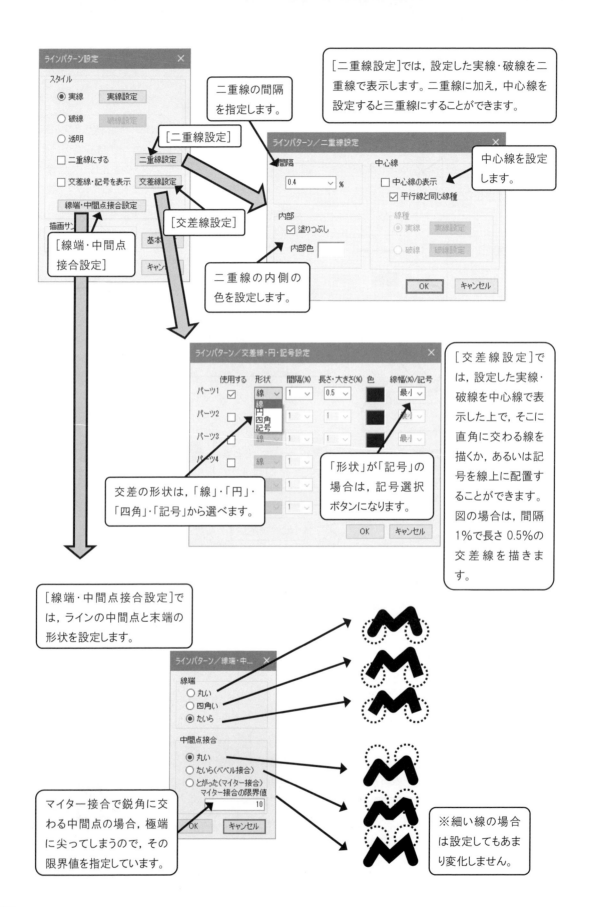

12.6 画像選択画面

記号として使用する画像アイコン，あるいは出力画面の図形モードで表示する画像などを，まとめて管理する画面です。ここで登録した画像は，MANDARA内の各所から共通して参照することができます。

画像の取得

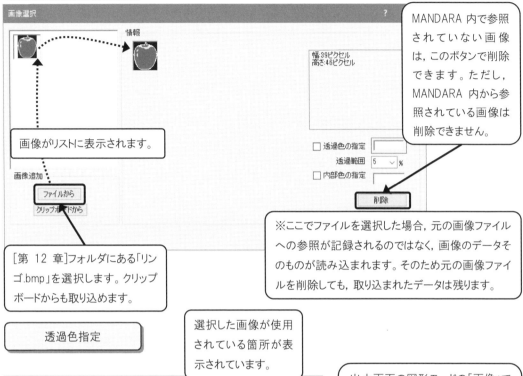

画像がリストに表示されます。

MANDARA内で参照されていない画像は，このボタンで削除できます。ただし，MANDARA内から参照されている画像は削除できません。

[第12章]フォルダにある「リンゴ.bmp」を選択します。クリップボードからも取り込めます。

※ここでファイルを選択した場合，元の画像ファイルへの参照が記録されるのではなく，画像のデータそのものが読み込まれます。そのため元の画像ファイルを削除しても，取り込まれたデータは残ります。

透過色指定

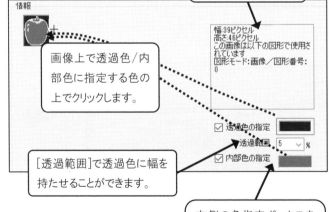

選択した画像が使用されている箇所が表示されています。

画像上で透過色/内部色に指定する色の上でクリックします。

[透過範囲]で透過色に幅を持たせることができます。

右側の色指定ボックスをクリックして，画像上をクリックすると，クリックした箇所の色が透過色/内部色に設定されます。

出力画面の図形モードの「画像」で表示したものです。画像選択画面で背景色に指定した色が透過されています。また，内部色に指定した部分は，図形モードで指定した色に置き換えられています。

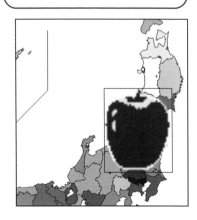

12.7 サイズ・間隔・%について

MANDARAでは記号の大きさや線の幅など，大きさを指定する際に「%」を使いますが，これは次の s の値を100%としたものです。この値は，地図領域の面積に等しい正方形の一辺の長さとなります。

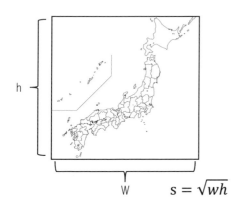

出力画面の地図領域を拡大した際のサイズについては，出力画面の[オプション]>[オプション]の[全般]タブでの設定により異なります。「タイトル等の位置・記号のサイズ」を「地図上に固定」とした場合は，地図が拡大されるのに比例して記号の大きさや線の幅も拡大されます。一方，「ウィンドウ上に固定」とした場合は，地図を拡大しても記号の大きさや線の幅は変化しません。この点については【p.179】を参照してください。

また，幅を「最小」に設定した際の「最小」の定義については，出力画面の[オプション]で設定できます【p.178】。

コラム　今昔マップ旧版地形図タイル画像配信・閲覧サービス

MANDARAの背景画像として利用できる「今昔マップ」【p.174】は，筆者開発の「今昔マップ旧版地形図タイル画像配信・閲覧サービス」（谷 2017）の配信画像を利用しています。全国13地域の明治以降の旧版地形図を収録したデータセットで，首都圏・中京圏・京阪神圏等の大都市圏を中心にデータを整備しています。今昔マップの地形図画像は，MANDARAの背景画像で表示できるだけでなく，閲覧用のWebサイトとして「今昔マップ on the web」(http://ktgis.net/kjmapw/)を使えば，Webブラウザやスマートフォンから閲覧することができます。また，専用のWindowsソフトとして「今昔マップ3」もあり，さまざまな組み合わせで旧版地形図を閲覧することができます。

筆者は，大学で大都市圏の発展過程について講義しているのですが，その際過去の地形図を学生に示すのにいろいろ苦労してきました。そこで作成したのがこのシステムで，2005年から開発を継続しています（谷 2009a）。地理教育や防災，都市研究，廃線探索，郷土研究など，いろいろな用途で使っていただいています。

右の図は，「今昔マップ on the web」の首都圏編で東京のお台場付近の明治42年の地形図と左側に，右側には「地理院地図」を表示したものです。幕末に江戸防衛のために設置された砲台である「台場」がまだそのまま残っていることがわかります。現在では第三台場と第六台場のみ残っています。このように，新旧の地形図を簡単に表示して比較することができます。

文 献

有川正俊・太田守重監修・著(2007)『GIS のためのモデリング入門』ソフトバンククリエイティブ.

伊理正夫監修・腰塚武志編(1986)『bit 別冊 計算幾何学と地理情報処理』共立出版.

岩崎亘典・デイビッド S. スプレイグ・小柳知代・古橋大地・山本勝利(2009) FOSS4G を用いた歴史的農業環境閲覧システムの構築.「GIS－理論と応用」, 17(1), 83-92.

小坂和夫(1982)『教程 地図編集と投影』山海堂.

後藤真太郎・谷 謙二・酒井聡一・加藤一郎(2004)『MANDARA と EXCEL による市民のための GIS 講座－パソコンで地図をつくろう－』古今書院.

後藤真太郎・谷 謙二・酒井聡一・加藤一郎(2007)『新版 MANDARA と EXCEL による市民のための GIS 講座－フリーソフトでここまで地図化できる－』古今書院.

後藤真太郎・谷 謙二・酒井聡一・坪井塑太郎・加藤一郎(2013)『MANDARA と EXCEL による市民のための GIS 講座 第 3 版－地図化すると見えてくる－』古今書院.

杉浦芳夫(1990) 多次元尺度構成法(MDS)による認知地図研究の進展－1980 年代を中心に－. 理論地理学ノート, 7, 45-65.

杉浦芳夫(2003) 点分布パターン分析. 杉浦芳夫編『シリーズ〈人文地理学〉3 地理空間分析』朝倉書店, 1-23.

総務庁統計局編(1999)『地域メッシュ統計の概要』日本統計協会.

谷 謙二(1994) 主題図作成・分析支援ソフト「MANDARA」. 地理, 39(10), 128-129.

谷 謙二(2002) 時空間管理機能をもつ地理教育用 GIS の開発とその応用. 地理情報システム学会講演論文集, 11, 215-220.

谷 謙二・佐藤俊樹・大西宏治・岡本耕平・奥貫圭一(2002) 中学校における地理教育用 GIS の開発と教育実践. GIS-理論と応用. 10(2), 69-77.

谷 謙二(2004) 時空間情報システムと統計データ処理－地理情報分析支援システム「MANDARA」を利用して－. 統計, 55(8), 15-19.

谷 謙二(2007) 時空間情報システムと大正期から昭和期にかけての南関東における人口分布の変化. 森田武教授退官記念会編『森田武教授退官記念論文集 近世・近代日本社会の展開と社会諸科学の現在』新泉社, 525-543.

谷 謙二(2008) オブジェクト指向による行政領域の階層的表現の有効性について－「MANDARA」への実装を通じて－. 地理情報システム学会講演論文集, 17, 561-566.

谷 謙二(2009a) 時系列地形図閲覧ソフト『今昔マップ 2』(首都圏編・中京圏編・京阪神圏編)の開発. GIS-理論と応用, 17(2), 1-10.

谷 謙二(2009b) オブジェクト指向の概念を用いた時間情報を持つ地図データの作成－大正～昭和初期にかけての MANDARA 用東海・近畿地方行政界地図データ－. 埼玉大学教育学部地理学研究報告, 29, 13-25.

谷 謙二(2010) ジオコーディングと地図化の Web サイトの構築とその活用－Google Maps API を利用して－. 埼玉大学教育学部地理学研究報告, 30, 1-12.

谷 謙二(2011)『フリーGIS ソフト MANDARA パーフェクトマスター』古今書院.

谷 謙二(2015) 標高タイルを利用した等高線作成 Web サイト「Web 等高線メーカー」の開発とそのアルゴリズム. 埼玉大学教育学部地理学研究報告, 35, 20-31.

谷 謙二(2017)「今昔マップ旧版地形図タイル画像配信・閲覧サービス」の開発. GIS-理論と応用, 25(1), 1-10.

統計 GIS 研究会(1998)『統計情報と空間情報処理－統計 GIS 研究会報告書－』財団法人統計情報研究開発センター.

日本地図センター(2005)『新版 地図と測量のQ&A』日本地図センター.

野々垣進・西岡芳晴・川畑大作・根本達也・北尾 馨(2013)フリーオープンソースソフトウェアを用いた日本シームレス地質図 Web Map Tile Service の利用法. 情報地質, 24(3), 125-132.

野村正七(1983)『地図投影法』日本地図センター.

畑山満則・松野文俊・角本繁・亀田弘行(1999)時空間地理情報システム DiMSIS の開発. GIS－理論と応用, 7(2), 25-33.

林 悌二郎・根岸幸生・大沢 裕(2001)時空間情報システム STIMS における属性情報の管理と検索. 地理情報システム学会講演論文集, 10, 1-4.

ファウラー, M 著・羽生田栄一訳(2005)『UMLモデリングのエッセンス 第3版』翔泳社.

藤田和史・村山祐司・森本健弘・山下亜紀郎・渡邉敬逸(2006)既存デジタルデータを活用した旧市区町村境界復元手法－平成12年国勢調査町丁字別地図境域データを利用して－. 地理情報システム学会講演論文集, 15, 143-146.

政春尋志(2011)『地図投影法』朝倉書店.

若林芳樹(1989)認知地図の歪みに関する計量的分析. 地理学評論, 62A, 339-358.

渡邉敬逸・村山祐司・藤田和史(2008)「歴史地域統計データ」の整備とデータ利用－近代日本を中心として－. 地学雑誌, 117, 370-386.

索引

数字・記号	
20万分の1シームレス地質図	174
3Dモード	177,313
％	328

A～W	
ASTER GDEM	222
BMPファイル	154
COMMENTタグ	34,39
CATタグ	23,41
CSVファイル経由で読み込み	21
DATA_MISSINGタグ	24,40
DUMMYタグ	27,39
DUMMY_GROUPタグ	28,39
e00形式	215
EMFファイル	154
ETOPO5	226
Google Earth	155
Googleマップに出力	158
GPXファイル	190,319
HTMLファイル	112
KML形式	155,214
LAT/LONタグ	26,42,317
LAYERタグ	26,32,33,35
MANDARAタグ	20
一一覧	34
MAPタグ	20,34
MAPフォルダ	4,6,149,198
MDR,MDRM形式	6
MDRZ形式	115
MDRMZ形式	115,119
MISSINGタグ	35
MPFファイル	6
MPFX,MPFZファイル	6,197
NOTEタグ	24,40
OSMファイル	218
PNGファイル	154
SHAPEタグ	31,38
SRTM3	225
SRTM30	224
SRTM30Plus	225
STRタグ	23,41

TIMEタグ	25,38
TITLEタグ	20,23,40
TRIPタグ	36,310
TRIP_DEFINITIONタグ	36,310
TYPEタグ	26,30,36,310
UML	300
UNITタグ	20,23,40
URLタグ	23,41
URL_NAMEタグ	23,41

あ	
アドレスマッチング	195
アンインストール	3

い	
位相構造	11,118,261,297
移動データ	310
移動主体定義レイヤ	310
移動データレイヤ	310
緯度経度座標系	19,119,173,**228**
印刷	195
インストール	3
インストール不要版	3

う	
ウインドウ内余白	181

え	
エクスポート	7
エクスポート形式(e00)ファイル	215
エラー	
－属性データ読み込み時	43
－地図ファイル保存時	198
円(図形モード)	191
円グラフモード	93

お	
帯グラフモード	95
オブジェクト	10
－の合併・編入	285,291
－の形状	11
－の継承設定	210,279,291,309

－の結合 248,285
－の削除 249,253
オブジェクトグループ 10,28,171,239
　　　－の追加 252
　　　－連動型線種 282,301
オブジェクト円(図形モード) 192
オブジェクト指向 299
オブジェクト番号 201
オブジェクト編集 196
　　　－メニュー 201
オブジェクト名 10,20, 248
　　　－一括変換 204
　　　－入れ替え 148
　　　－検索 166,248
　　　－コピーパネル 50
　　　－置換 204
　　　－の有効期間 203,278
　　　－のクリック割り当て 205
　　　－編集 202
オブジェクト名・データ値表示 177
オブジェクト名リスト 148,202
オプション
　　　－設定画面 149
　　　－出力画面 178
　　　－マップエディタ 231
オープンストリートマップ 174,218
折れ線グラフモード 96

か

階級記号モード 68
階級区分モード 58,61
階級区分の方法 62
拡張子 4,6
重ね合わせ表示モード 102
　　　－の描画順序 105
飾りグループボックス 180
画像(図形モード) 194
画像の保存 154
画像選択画面 178,**327**
カテゴリーデータ 23,71
画面設定保存・切り替え 170
画面領域 181

き

期間データ 210
記号設定画面 323
記号の大きさモード 58,75

－線形状オブジェクト 91
記号の数モード 77
記号の回転モード 78
記号表示位置 80,146
記号モード 74
起動画面 14
基盤地図情報 216
　　　－25000WMS 配信サービス 174
　　　－5m, 10m メッシュ(標高) 223
境界線自動設定 264,265,272
距離・面積測定
　　　－設定画面 129
　　　－出力画面 168

く

空間インデックス 88,152
空間検索 122,152
空間属性 10
空中写真 174
グラフ表示モード 92
クリッピング 172
クリップボード経由で読み込み 21
クリップボードにデータのコピー 121
クロス集計 140

け

経緯線 181
継承 134,210,279,286,291
欠損値 24
　　　－の凡例 185

こ

合成オブジェクト 134,137
今昔マップ 174,328

さ

サイズ 328
最大サイズの値 76
座標系 118,**228**
サンプルデータ 4

し

シェープファイル 117,200,214
ジオコーディング 195
四角形(図形モード) 191
時間オブジェクト名編集 203

時間情報の一括設定	290
時間属性	277
時空間モード地図ファイル	16,25,134,200,**276**
時空間モードオブジェクト編集パネル	234
時系列集計	134
時点データ	210
四分木	88
集成オブジェクト	299
出力画面	150
初期属性データ	10,14,51,**207**,232
初期属性表示	213
初期時間属性データ	208,281
初期時間属性データ編集	208
新規オブジェクト	236
新規ライン	241

す

数値地図 50m, 250m, 1km メッシュ(標高)	222
図形一覧	194
図形モード	187
スケール設定	186

せ

設定画面	55
設定メニュー	228
線・多角形(図形モード)	189
線種	178,240
－の追加	250
－ラインパターン	178
線種・点ダミーオブジェクトの凡例	185
線モード	69
－線形状オブジェクト	91

そ

総描	179
属性検索設定	143
属性データ	18,23
属性データの新旧対応設定	53
属性データ編集機能	45
測地系	228

た

代表点	10
－座標の一括設定	206
タイルマップ	158,162,175
－出力	160

ダウンロード	3
ダミーオブジェクト	27,171
ダミーオブジェクトグループ	28,171
ダミーオブジェクト・グループ変更	171
段彩図	81
端点結合	211,235
単独表示モード	61

ち

地図画面サイズ変更	169
地図データ取得メニュー	214
地図ファイル	6,**10**,196
－の挿入	199
地図領域	181
地点定義レイヤ	26,36
地物	10
地理院地図	174

つ

常に重ねる	105
ツールメニュー	146

て

データ項目設定コピー	109
データ挿入	115
データ表示モード	55
点(図形モード)	192
点形状オブジェクト	
－の作成	244
－の取り込み	254
点取り込み(図形モード)	193

と

同一オブジェクト名のオブジェクトを結合	259
投影法	178,**229**
統計 GIS 国勢調査小地域データ	219
等高線取得	226,227
等値線の描き方	86
等値線モード	81

な

内部データ	68,74

は

バージョン	9
背景画像	**173**,196

背景フレーム設定画面 324	マップエディタ 196
白地図・初期属性データ表示 14	

め

ハッチ設定画面 322	メッシュオブジェクト 274
ハッチモード 67	メッシュレイヤ 29,36
バッファ 122	面積取得
凡例設定 182	－出力画面 168
	－設定画面 132
	－マップエディタ 207

ひ

も

表示オブジェクト限定 145	文字(図形モード) 188
表示メニュー 169	文字データ 23,89,99
表示範囲指定 170	文字モード 89
標準偏差楕円 164	

や

ふ

ファイルメニュー	矢印 69
－設定画面 114	
－出力風面 154	

ら

－マップエディタ 197	ラインパターン設定画面 325
フォント設定画面 324	ライン結合 211,235
複数オブジェクト選択	ライン
－出力画面 166	－の共有部分を別ラインに 260
－マップエディタ 232	－の結節点化 238, 288
複数ライン編集パネル 235	－の削除 246
分割&結節点 245,288	－の取り込み
分析メニュー	－出力画面 190
－出力画面 164	－マップエディタ 212
－設定画面 122	－編集 211
	－編集パネル 234
	－を交点で切断 271

へ

平面直角座標系 229	ライン番号 211
ペイントモード 65	ラスター 9
－線形状オブジェクト 90	ラベル表示モード 99
－点形状オブジェクト 72	ラベル表示位置 101,146
ベクター 10,117	
編集メニュー	

り

－出力風面 163	リンク 23,151
－設定画面 121	
－マップエディタ 200	

れ

ほ

ポイント・ループ間引き 179,273	レイヤ 13,26,35
方位 150,228	レイヤ間オブジェクト集計 138
棒グラフモード 97	歴史的農業環境閲覧 WMS 配信サービス..174
棒の高さモード 79	連続表示モード 109
	－のファイル出力 112
	－にまとめてデータ追加 110

ま

著者紹介

谷　謙二（たに けんじ）

1971年愛知県生まれ，名古屋大学大学院文学研究科博士課程修了，
日本学術振興会特別研究員を経て，
現在，埼玉大学教育学部准教授．博士（地理学）

主な著書・論文

『フリーGISソフトMANDARA10入門』古今書院，2018年。

『フリーGISソフトMANDARAパーフェクトマスター』古今書院，2011年。

『第3版MANDARAとEXCELによる市民のためのGIS講座－地図化すると見えてくる－』（共著）古今書院，2013年。

「今昔マップ旧版地形図タイル画像配信・閲覧サービスの開発」『GIS-理論と応用』25(1)，2017年。

「中学校における地理教育用GISの開発と教育実践」（共著）『GIS-理論と応用』10(2)，2002年。

ホームページ　http://ktgis.net/

書　名	フリーGISソフトMANDARA10 パーフェクトマスター
コード	ISBN978-4-7722-8119-5　C1055
発行日	2018（平成30）年6月10日　初版第1刷発行
著　者	谷　謙二 Copyright　©2018 TANI Kenji
発行者	株式会社古今書院　橋本寿資
印刷所	理想社
発行所	（株）古今書院 〒101-0062　東京都千代田区神田駿河台2-10
電　話	03-3291-2757
ＦＡＸ	03-3233-0303
ＵＲＬ	http://www.kokon.co.jp/

検印省略・Printed in Japan

いろんな本をご覧ください
古今書院のホームページ

http://www.kokon.co.jp/

★ 800点以上の**新刊・既刊書**の内容・目次を写真入りでくわしく紹介
★ 地球科学やGIS，教育など**ジャンル別**のおすすめ本をリストアップ
★ 月刊『地理』最新号・バックナンバーの特集概要と目次を掲載
★ 書名・著者・目次・内容紹介などあらゆる語句に対応した**検索機能**

古今書院
〒101-0062　東京都千代田区神田駿河台 2-10
TEL 03-3291-2757　　FAX 03-3233-0303
☆メールでのご注文は　order@kokon.co.jp　へ